U0205595

HUAZHUANGPIN
HUOXINGTAI
YUANLIAOSHOUCE

化妆品
活性肽
原料手册

王建新
刘海峰 编著
杨　敏

化学工业出版社

·北京·

内 容 简 介

本手册对肽中的氨基酸、肽的分类、肽的由来、肽的衍生物等肽基础知识进行了概述，选择了 300 余种结构明确、文献公开报道并有比较详实数据的肽原料，详细介绍了它们的来源、结构、衍生物、产品形式、安全管理情况、副作用、与化妆品相关的药理作用和研究、在化妆品中的功能应用等内容。

本手册可供化妆品生产技术人员、化妆品原料供应商、化妆品研究人员、皮肤医学工作者、美容工作者、化验检测以及相关人员选用，同时可供精细化工等相关专业的师生参考。

图书在版编目（CIP）数据

化妆品活性肽原料手册/王建新，刘海峰，杨敏编著.
—北京：化学工业出版社，2022.3
ISBN 978-7-122-40535-7

Ⅰ.①化…　Ⅱ.①王…　②刘…　③杨…　Ⅲ.①生物活性-肽-应用-化妆品-生产工艺-手册　Ⅳ.①TQ658-62

中国版本图书馆 CIP 数据核字（2022）第 000247 号

责任编辑：张　艳　　　　　　　　　文字编辑：焦欣渝　林　丹
责任校对：李雨晴　　　　　　　　　装帧设计：王晓宇

出版发行：化学工业出版社（北京市东城区青年湖南街 13 号　邮政编码 100011）
印　　装：河北鑫兆源印刷有限公司
710mm×1000mm　1/16　印张 20¼　字数 394 千字　2022 年 7 月北京第 1 版第 1 次印刷

购书咨询：010-64518888　　　　　　售后服务：010-64518899
网　　址：http://www.cip.com.cn
凡购买本书，如有缺损质量问题，本社销售中心负责调换。

定　　价：128.00 元　　　　　　　　　　　　　版权所有　违者必究

蛋白质是组成人体细胞、组织、机体的重要成分，氨基酸是蛋白质的最基本单位，而肽则是蛋白质中若干相连氨基酸组成的小组合。

人体内天然存在多种多样的肽，称为内源性肽。现在已经发现几乎所有的细胞都可生成这样的肽；与此相应，这些肽都对细胞有作用，主导着人体的生长、发育、繁衍、代谢等生命过程。

内源性肽虽然品种多，但毕竟数量有限，也不可以随意取用。更多的肽化合物来源于蛋白质链的选择性分解的片段，或是合成这些片段，或是对它们进行细微的改造，这类肽也称作外源性肽，数目已过亿；这些活性肽的功能类似于原蛋白质或内源性肽，但由于可以规模化生产，应用面更广，使得它们成为化妆品肽原料的主要形式。

肽的应用涉及生命科学的方方面面，而在化妆品中的应用仅是其中的一小部分——但也是极其重要的一部分，因为它使生命变得更精彩。现今肽应用是化妆品中最活跃的方向。

有些肽的作用非常了得，极低的浓度即有显效，因此经常可以看到微克级、纳克级的使用单位。但同时，肽应用也是很有风险的，有些肽的浓度稍高便会导致伤害，即使是内源性肽也不例外。因此化妆品的用肽受到严格的限制。CTFA（美国化妆品、盥洗用品和香料协会）列出的化妆品用肽为 1000 多种，而在国家食品药品监督管理总局发布的"已使用化妆品成分名单"中则不到 20 种。

本书以 CTFA 2016 版化妆品原料手册 *International Cosmetic Ingredient Dictionary and Handbook* 为依据，结合国家食品药品监督管理总局（现更名为国家药品监督管理局）的文件，采用中国香料香精化妆品工业协会（简称"中国香化协会"）2017

年发布的《国际化妆品原料标准中文名称目录》中的标准命名，选择那些结构明确、文献公开报道并有比较详实数据的肽原料，介绍它们的来源、结构、衍生物、产品形式、安全管理情况、副作用、与化妆品相关的药理作用和研究、在化妆品中的功能应用等内容。

本书由王建新（江南大学）、刘海峰（The Austrian Centre of Industrial Biotechnology）和杨敏（Clariant Chemicals (China) LTD）共同编著。文献浩繁，疏漏难免，有不到之处，敬请指正。

目
录

CONCENTS

第三章　三肽　047

第六章 六肽 148

第七章 七肽 179

第八章 八肽 188

第九章 九肽 197

第十章　十肽　　　　　　　　　　　　　　　　　　　　209

第十一章　十三肽　　　　　　　　　　　　　　　　　229

第十二章　寡肽　　　　　　　　　　　　　　　　　　231

第十三章　多肽　　　　　　　　　　　269

索引　　　　　　　　　　　　　309

1

第一章
肽基本知识

第一节 肽中的氨基酸

肽是由两个或两个以上氨基酸通过肽键共价连接形成的聚合物。氨基酸是构成肽的最基本单位。

氨基酸是广泛存在于动植物中的一种含氮有机物质，由于它的分子中同时含有氨基和羧基，所以称为氨基酸。

氨基在氨基酸中的位置非常重要，在自然界中存在的氨基酸绝大部分属于 α-氨基酸，因此常常把 α 的标识省略。但如果该氨基在氨基酸中的位置不在 α 位，必须予以标明，生成的键也不能称为肽键。

同理，与氨基结合的羧酸基的位置也很重要，如果该氨基酸有两个羧酸基团，也要标明其位置。

一、氨基酸的标识

常见氨基酸的英文缩写和编号见表 1-1。

表 1-1　常见氨基酸英文缩写和编号

氨基酸中文名、英文名	英文缩写	单字母编号
丙氨酸 alanine	Ala	A
精氨酸 arginine	Arg	R
天冬酰胺 asparagine	Asn	N
天冬氨酸 aspartic acid	Asp	D
天冬氨酸/酰胺 x-asparagine	Asx[②]	B[①]
半胱氨酸 cystein	Cys	C
谷氨酸 glutamic acid	Glu	E
谷酰胺 glutamine	Gln	Q

氨基酸中文名、英文名	英文缩写	单字母编号
谷氨酸/酰胺 x-glutamine	Glx[②]	Z[①]
甘氨酸 glycine	Gly	G
组氨酸 histidine	His	H
羟脯氨酸 hydroxy proline	Hyp	O[①]
异亮氨酸 isoleucine	Ile	I
亮氨酸 leucine	Leu	L
赖氨酸 lysine	Lys	K
蛋氨酸 methionine	Met	M
苯丙氨酸 phenylalanine	Phe	F
脯氨酸 proline	Pro	P
丝氨酸 serine	Ser	S
苏氨酸 thereonine	Thr	T
色氨酸 tryptophan	Trp	W
酪氨酸 tyrosine	Tyr	Y
缬氨酸 valine	Val	V

①为不通用的形式；②指该处的氨基酸可以是其酰胺或羧酸。

如层粘连蛋白中存在的三肽：赖氨酸-天冬氨酸-异亮氨酸，最明确的表示方式是 NH₂-Lys-Asp-Ile-OH，英文缩写形式是：Lys-Asp-Ile。单字母编号形式是：KDI。

不常见的氨基酸的英文缩写如下：

Xaa—任何氨基酸；Xle—亮氨酸或异亮氨酸；Pyl—吡咯赖氨酸（pyrrolysine）；Sec—硒代半胱氨酸（selenocysteine）；pGlu—焦谷氨酸等。

二、氨基酸来源分类

氨基酸现有几千个品种，以其来源划分的话，可大致分成三类：

 蛋白质来源氨基酸

这类氨基酸存在于各种蛋白质。蛋白质又有人体蛋白质、动物蛋白质、微生物蛋白质、植物蛋白质等之分。表 1-1 中所列氨基酸都来源于人体，组成化妆品用肽的基本是这些氨基酸。

 非蛋白质来源氨基酸

不参与动物蛋白质的组成。如茶叶中存在的茶氨酸：

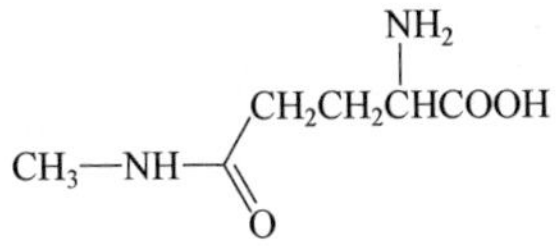

$$CH_3-NH-\overset{\displaystyle \overset{NH_2}{|}}{\underset{\displaystyle \overset{\|}{O}}{C}}-CH_2CH_2CHCOOH$$

3 人工合成氨基酸

这些氨基酸在自然界中不存在。

如 β-丙氨酸：

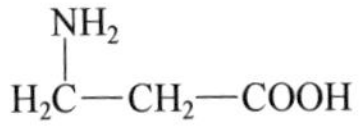

$$H_2C-CH_2-COOH$$
$$\overset{NH_2}{|}$$

如苯甘氨酸（phenylglycine）：

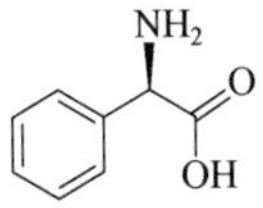

三、氨基酸重要性分类

蛋白质来源氨基酸有 20 多种，大致可以分为三类：必需氨基酸、半必需氨基酸和非必需氨基酸。

必需氨基酸指人体不能合成，必须由食物蛋白供给的氨基酸。包括赖氨酸、色氨酸、苯丙氨酸、蛋氨酸、苏氨酸、异亮氨酸、亮氨酸、缬氨酸 8 种。

半必需氨基酸是人体合成的能力不足以满足自身的需要，部分需要从食物中摄取的氨基酸。它们是精氨酸和组氨酸两种。

其余的都是非必需氨基酸，人体可以自身合成，不必靠食物补充。

相对而言，必需氨基酸和半必需氨基酸重要性更明显，化妆品肽原料基本是以必需氨基酸、半必需氨基酸为核心的。

四、氨基酸的立体异构分类

甘氨酸是唯一没有光学异构的氨基酸。其余的蛋白质来源氨基酸均有光学异构，即它们有 L 型或 D 型两种构型。

绝大多数的天然来源的氨基酸是 L 型，D 型出现的概率不大，因此如同 α-氨基酸的表达一样，常常把 L 型的标识省略。

但肽中某个氨基酸是 D 型的话，则必须予以注明。

如人神经组织中存在的脑啡肽（五肽-18）中含 D 型的丙氨酸。它的肽链表达为：

Tyr-D-Ala-Gly-Phe-Leu

在生物蛋白质或肽中，D 型氨基酸出现的概率虽然不大，但它们经常存在于人体非常关键的地方。为什么会这样？至今没有答案。

化妆品用肽原料中 D 型氨基酸出现的概率就大多了。原因：其一是既然它们存在于重要的地方，必然具有重要的性能，这是化妆品用肽原料开发的重点；其二是出于对功能肽改造的需要，如同样的肽，将其中一个氨基酸转换为 D 型后，它的半衰期将大大延长，效果增加明显。

由于成本的因素，常见的 D 型氨基酸包括 D 型丙氨酸、D 型苯丙氨酸、D 型亮氨酸等几种。

五、酸碱性分类

通常根据羧基和氨基的数目来确定氨基酸的酸碱性，分子中羧基数目大于氨基的氨基酸为酸性氨基酸；分子中羧基数目小于氨基的氨基酸为碱性氨基酸；分子中羧基数目等于氨基的氨基酸为中性氨基酸。

组成人体蛋白质的常见氨基酸中：

碱性氨基酸有精氨酸、赖氨酸、组氨酸三种。它们的等电点都大于 7。精氨酸为 10.76，赖氨酸为 9.74，组氨酸为 7.59。

酸性氨基酸有谷氨酸和天冬氨酸两种，它们的等电点都小于 7。谷氨酸为 3.22，天冬氨酸为 2.97。

中性氨基酸包括甘氨酸、丙氨酸、亮氨酸、异亮氨酸、半胱氨酸、色氨酸、苏氨酸、丝氨酸、苯丙氨酸、甲硫氨酸、酪氨酸、缬氨酸等。它们的等电点都略小于 7。

氨基酸的性质及其在化妆品中应用，可参见《化妆品天然成分原料手册》（化学工业出版社）。

肽也有等电点，取决于所含氨基酸的种类。

第二节　肽的分类

肽都是具有特殊生理、药理作用的活性物质，它们的作用远大于内含氨基酸单体的混合组合。肽物质活性的大小主要取决于肽中所含氨基酸的种类以及氨基酸之间的排列方式。因此，对活性肽在化妆品中的应用研究的兴趣，要大于氨基酸本身，难度也显著增加。

可以根据肽所含氨基酸的数目、理化性质和功能等来对肽进行分类。

一、按氨基酸数目分类

由两个以上氨基酸通过肽键相连的化合物称为肽。

那么肽所含氨基酸的数目有无上限呢？即超过此数目的肽不应该称作肽，而是属于蛋白质了。有说此上限数目为 100，有说是 1000，但至今没有一个定数。本书中出现的最大的肽是表皮生长因子（EGF），由 1207 个氨基酸组成。

由两个氨基酸缩合而成的叫作二肽（dipeptide），由三个氨基酸缩合而成的叫三肽（tripeptide），以此类推。本书涉及的肽的最大的氨基酸数是 13，即十三肽，如十三肽-1。

也是为了归类，有些有机化学教科书将十个氨基酸或十个以下氨基酸组成的简单肽类化合物或小分子肽统称为寡肽（oligopeptide），由十个以上氨基酸组成的肽叫多肽（polypeptide）。但这一说法并没有得到广泛公认和严格执行，有不少的例外。

如上述说到的由 1207 个氨基酸组成的表皮生长因子（EGF），本书中采用的命名为重组寡肽-1、合成人寡肽-1 等（这是 CTFA 的规定命名，原国家食品药品监督管理局也认可），与上述定义相差甚远。在肽行业中，这种不合常理的命名比比皆是。

肽原料的命名充满了随意性，掺杂着公司的商品名、多样化的译名、CAS 命名等，肽原料名称的多样性是肽原料产品的特色之一。

本书无意讨论这些命名的科学性和合理性。对肽的命名统一采用国家食品药品监督管理总局（现为国家药品监督管理局）和 CTFA（美国化妆品协会）公示的命名（上述两单位的命名方法一致），并将它们归类分列章节。

一个肽原料有多个名字，还以表皮生长因子（EGF）为例，国家食品药品监督管理总局和 CTFA 的命名为重组寡肽-1，也称人表皮生长因子、人寡肽-1 等。本书中统一称为重组寡肽-1（rh-寡肽-1）。

二、肽的理化性质分类

化妆品应用中，最关心的肽理化性质是其酸碱性和水溶性。

肽的等电点大于 pH7 的，称为碱性肽，小于 pH7 的称为酸性肽。从肽的结构也可判断该肽的酸碱性，含碱性氨基酸多的是碱性肽，含酸性氨基酸多的是酸性肽。

碱性肽易溶于偏酸性缓冲溶液，酸性肽则易溶于偏碱性缓冲溶液（肽在化妆品使用中，经常采用的溶剂体系是磷酸氢二钠/磷酸二氢钠类的缓冲溶液）。

在化妆品中应用的肽大多数溶于水或者缓冲水溶液。

肽的衍生物特别是长链脂肪酰化的肽，其水溶性不大，但具乳化性，有稳定乳状液的作用，当然这种作用对肽制品来说，是不值一提的。

三、肽的功能分类

可以根据肽的应用性能的不同进行分类，与植物提取物等化妆品原料相比，肽的功能相对比较单一。

出现较集中的有下列几类：

抗菌肽（antibacterial peptides）：对微生物有抑制作用的肽，又分抗真菌肽、抗霉菌肽、抗病毒肽等。这类肽均是低等动物（如蜂、蚕、蛙、蝇）特殊部位蛋白质中的片段。

神经肽（neuropeptide）：这类肽均来源于人神经系统的蛋白链片段，这些人的神经系统包括脑部神经、脊髓神经、神经生长因子等，主要用于与皮肤过敏相关疾患的防治和调理。

愈伤肽（callus peptide）：这类肽一般来源于人的白细胞介素（简称"白介素"）蛋白链片段，主要用于激活皮肤的免疫系统，抑制炎症。

美白肽（whitening peptide）：可使皮肤色泽淡化。这类肽来源于人的酪氨酸相关蛋白-1 和酪氨酸相关蛋白-2 的蛋白链。

渗透肽（osmotic peptide）：协助其他活性物经皮渗透到达靶点的肽。这类肽来源于人的膜蛋白。小分子的肽自身渗透能力都不错，但要助渗，肽的分子量太大太小都不理想。

生发肽（germinal peptide）：用于促进毛发和睫毛的生长，来源于人的骨形成蛋白等，可增殖分化毛囊细胞，或抑制它们的休止期，或延长它们的生长期。

抗皱肽（wrinkle resistant peptide）：这类肽来源于各种人生长因子的蛋白链，有显著促进皮层成纤维细胞增殖的能力。

信号肽（signal peptide）：用于指导蛋白质的跨膜转移的肽。来源于分泌蛋白的蛋白链。

第三节　肽的由来

有些肽就游离存在于各种生物体中，但更多的是作为片段存在于蛋白质中。因此肽可以经提取分离、蛋白质水解分离、化学合成、生化法发酵制取或重组技术来制取。

一、提取分离

对游离的肽，小分子的如肌肽等，大分子的如表皮生长因子等，可以从天然物中提取分离，操作方法可参考《化妆品天然功能成分》。除极少数外，大部分游离肽的含量很小或极微，因此提取成本高，且产品纯度低，影响规模化的应用。

二、蛋白质水解分离

从蛋白质水解物中分离出所需肽也是常用的方法。水解方式有酸碱水解、酶水解等，但需控制条件以选择性地水解。有一些肽可以使用此方法制取。

如四肽-36（PGPP）由脯氨酸-谷氨酸-脯氨酸-脯氨酸组成，在Ⅳ型胶原蛋白中出现的频率较高，见图1-1。

```
MGPRLSVWLL LLPAALLLHE EHSRAAAKGG CAGSGCGKCD CHGVKGQKGE
RGLPGLQGVI GFPGMQGPEG PQGPPGQKGD TGEPGLPGTK GTRGPPGASG
YPGNPGLPGI PGQDGPPGPP GIPGCNGTKG ERGPLGPPGL PGFAGNPGPP
GLPGMKGDPG EILGHVPGML LKGERGFPGI PGTPGPGGLP GLQGPVGPPG
FTGPPGPPGP PGPPGEKGQM GLSFQGPKGD KGDQGPGSGPP GVPGCQAQVQE
PGFFGEPGYP GLIGRQGPQG EKGEAGPGP PGIVIGTGPL GEKGERGYPG
TPGPRGEPGP KGFPGLPGQP GPPGLPVPGQ AGAPGFPGER GEKGDRGFPG
TSLPGPSGRD GLPGPPGSPG PPGQPGYTNG IVSCQPGPPG DQGPPGIPGQ
PGFIGEIGEK GQKGESCLIC DIDGYRGPPG PQGPPGEIGF PGQPGAKGDR
GLPGRDGVAG VPGPQGTPGL IGQPGAKGEP GEFYFDLRLK PKGDKGDPGFPG
QPGMPGRAGS PGRDGHPGLP GPKGSPGSVG LKGERGPPGG VGFPGSRGDT
GPPGPPGYGP AGPIGDKGQA GFPGGPGSPG LPGPKGEPGK IVPLPGPPGA
EGLPGSPGFP GPQGDRGFPG TPGRPGLPGE KGAVGQPGIG FPGPPGPKGV
DGLPGDMGPP GTPGRPGFNG LPGNPGVQGQ KGEPGVGLPG LKGLPGLPGI
PGTPGEKGSI GVPGVPGEHG AIGPPGLQGI RGEPGPPGLP GSVGSPGVPG
IGPPGARGPM GGQGPPGLSG PPGIKGEKGF PGFPGLDMPG PKGDKGAQGL
PGITGQSGLP GLPGQQGAPG IPGFPGSKGE MGVMGTPGQP GSPGPVGAPG
LPGEKGDHGF PGSSGPRGDP GLKGDKGDVG LPGKPGSMDK VDMGSMKGQK
GDQGEKGQIG PIGEKGSRGD PGTPGVPGKD GQAGQPGQPG PKGDPGISGT
PGAPGLPGPK GSVGGMGLPG TPGEKGVPGI PGPQGSPGLP GDKGAKGEKG
QAGPPGIGIP GLRGEKGDQG IAGFPGSPGE KGEKGSIGIP GMPGSPGLKG
SPGSVGYPGS PGLPGEKGDK GLPGLDGIPG VXGEAGLPGT PGPTGPAGQK
GEPGSDGIPG SAGEKGEPGL PGRGFPGFPG AKGDKGSKG VGFPGLAGSP
GIPGSKGEQG FMGPPGPQGQ PGLPGSPGHA TEGPKGDRGP QGQPGLPGLP
GPMGPPGLPG IDGVKGDKGN PGWPGAPGVP GPKGDPGFQG MPGIGGSPGI
TGSKGDMGPP GVPGFQGPKG LPGLQGIKGD QGDQGVPGAK GLPGPPGPPG
PYDIIKGEPG LPGPEGPPGL KGLQGLPGPK GQQGVTGLVG IPGFPPGIPGF
DGAPGQKGEM GPAGPTGPRG FPGPPGPDGL PGSMGPPGTP SVDHGFLVTR
HSQTIDDPQC PSGTKILYHG YSLLYVQGNE RAHGQDLGTA GSCLRKFSTM
PFLFCNINNV CNFASRNDYS YWLSTPEPMP MSMAPITGEN IRPFISRCAV
CEAPAMVMAV HSQTIQIPPC PSGWSSLWIG YSFVMHTSAG AEGSGQALAS
PGSCLEEFRS APFIECHGRG TCNYYANAYS FWLATIERSE MFKKPTPSTL
KAGELRTHVS RCQVCMRRT
```

图1-1 Ⅳ型胶原蛋白的氨基酸顺序

采用选择性的酶水解，然后分离提取，可制取四肽-36。

其实四肽-36在Ⅳ型胶原蛋白中的含量并不高，已经很少见了。

通过蛋白质水解分离的肽品种仅限于胶原蛋白、弹性蛋白、丝蛋白等中的一些构成较简单的肽。

三、化学合成

化学合成主要通过氨基酸缩合反应来实现。为得到具有特定顺序的合成多肽，当合成原料中含有不同氨基酸单体时，应将不需要反应的基团暂时保护起来，然后再进行连接反应，以保证合成的定向进行。多肽的化学合成有固相合成和液相合成，其主要的区别在于是否使用固相载体。此技术至今已非常成熟。

通过肽的全合成可以规模化地生产任意肽片段，也可以对此片段进行改造，研究结构与功能的关系。

所谓片段的改造即是改变其某位置上的一个氨基酸，通常是类型相近的氨基酸之间的互换，如丙氨酸与缬氨酸、亮氨酸或异亮氨酸之间的互换；精氨酸与赖氨酸之间的互换；谷氨酸和天冬氨酸、谷酰胺与天冬酰胺之间的互换；苏氨酸和丝氨酸之间的互换等。目的是提高肽的应用性能，或降低合成成本和难度。

化学合成的难点并不在于合成本身，而在于其纯度要求要高，因为光学异构体的分离尤其困难。

肽的生物活性极高，其光学异构体的生物活性不可能不高，但不幸的是，这种相关物质的生物活性往往对人体极度不利。

如二肽甜味剂纽甜（neotame），化学名为 *N*-[*N*-(3,3-二甲基丁基)-L-α-天冬氨酰-L-苯丙氨酸 1-甲酯。

其光学异构体 *N*-[*N*-(3,3-二甲基丁基)-D-α-天冬氨酰-L-苯丙氨酸 1-甲酯则是有毒物质，极低浓度即致癫痫类疾病。

如化学合成的小肽、寡肽或多肽与人类蛋白质中的片段相同，则可加上前缀"sh"-（synthesis human polypeptide），表示是人工合成的。

四、生化法发酵制取

使用微生物发酵法制取肽是一种很经济的方法，如利用芽孢杆菌类微生物制取聚谷氨酸。聚赖氨酸、聚天冬氨酸、多聚组氨酸等都可采用此方法制取。

使用微生物发酵法制取的一般是由单一氨基酸组成的肽。

五、重组技术

基因工程法主要以 DNA 重组技术为基础，通过合适的 DNA 模板来控制多肽的序列合成。如利用大肠杆菌、酵母菌等生产。

基因工程重组技术非数语可以说明，请参考相关书籍。

重组技术中采用的原始基因来自人类细胞，如此得到的多肽前面需加上前缀"rh"-（recombinant human polypeptide），作为标志。

基因工程法合成多肽具有表达定向性强、安全卫生、原料来源广泛和成本低等优点，但因存在高效表达、不易分离、产率低的问题，实现规模化生产有相当的难度。

第四节　肽的衍生物

有些肽可以直接作为化妆品原料用于配方，有些需要转化成为衍生物后使用。原因比较复杂，但总的目的很简单，就是要发挥肽的最大功能。

一、使用肽衍生物的原因

1　防止肽的降解

肽特别是机体同源类的肽，极易被皮肤渗透吸收，这是好事，但也极易被机体中的生物酶所降解和消化，这样肽即失去原有的功效了。肽同时又是一种高营养性物质，是各种微生物喜欢的食物，因此肽的生物半衰期很短。

而肽的衍生物半衰期相对较长。

如来自胸腺素中的片段八肽-2、衍生物乙酰八肽-2 和胸腺素稳定性的比较见图1-2。

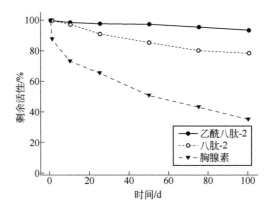

图1-2　来自胸腺素中的片段八肽-2、衍生物
乙酰八肽-2 和胸腺素稳定性的比较

如图 1-2 所示，衍生物的活性比单纯肽的好；肽的活性又比原来的天然蛋白肽好。

2　增加其油溶性

小分子的肽经皮渗透性强，它的衍生物大多是长链脂肪酸的酰化物。这些肽衍生物可以减少其渗透的速度，较长时间停留在皮肤表层。

3　使药效更全面

大多数肽不但对微生物基本无抵抗力，也容易被氧化，应用性能也较单一。

选择有抗氧作用的芳香酸如咖啡酸与肽制备成咖啡酰肽，则对氧自由基有消除作用；选择维生素类物质如烟酸（维生素 B_2）与肽制备成烟酰肽，则增加了调理功能。

这些衍生物必须易于实现，不涉及肽中关键的手性结构，并且无害。

二、肽衍生物的种类

 将肽端尾的羧酸转变为酰胺

可将肽端尾氨基酸的—OH 变成酰胺基团，改变了其等电性。

如四肽-30 的氨基酸结构为 Pro-Lys-Glu-Lys-NH$_2$，是由 Pro-Lys-Glu-Lys-OH 酰胺化而得。

酰胺化了的肽的性能与原肽相近，但稳定性大大提高。

 乙酰类衍生物

乙酰类肽衍生物是添加的最小基团，既不影响其渗透性，又使其变得与有机体不同，减少其被降解的速度，也有利于肽的稳定，不易被微生物破坏。

如乙酰六肽-8、乙酰四肽-3 等。

 长碳链脂肪酰基衍生物

在肽上连接一长碳链脂肪酰基，可改变肽化合物的亲水亲油平衡，如此渗透性差了，但可更多地让肽滞留在皮肤表面。此类肽具表面活性，有助于乳化作用，有利于制取脂质体，也更方便了化妆品配制。

一般长碳链饱和脂肪酸为己酸、辛酸、癸酸、月桂酸、肉豆蔻酸、棕榈酸等，碳链更长的脂肪酸如硬脂酸已不适用。至于某种肽与哪种脂肪酸组成，应视肽的性质而定。

如己酰基四肽-3；月桂酰 sh-四肽-1；肉豆蔻酰六肽-12；棕榈酰四肽-7 等。

也可选择不饱和脂肪酸如椰子油酸、油酸、反式油酸、亚油酸、亚麻酸、花生酸等，如油酰四肽-31，在皮肤调理的基础上，还有抗氧等作用。

 功能性羧酸的酰基衍生物

许多所谓的双功能肽（bifunctional peptide）或多功能肽（miltifunctional peptide）就是功能性羧酸和肽的结合物。这些功能性羧酸有：

（1）烟酰胺　烟酸（nicotinic acid）又名尼克酸，是人体必需的 13 种维生素之一，是一种水溶性维生素，属于 B 族维生素。如烟酰三肽-1。与三肽-1 比较，增加了抗氧、螯合和皮肤护理功能（如抗溃疡、愈合伤口、治疗粉刺、预防御皮肤被日光照射后发生红肿、粗糙等现象），可显著减轻对三肽-1 皮肤的刺激感，有活血和增进血液流通的功效。

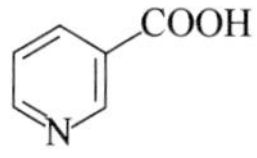

烟酸的结构式

（2）抗坏血酰胺　抗坏血酸（ascorbic acid）即维生素 C。维生素 C 是广泛存在于新鲜水果蔬菜及许多生物中的一种重要的维生素，作为一种高活性物质，它参与新陈代谢过程，具备抗氧化、抗自由基、维持免疫功能、抑制酪氨酸酶的形成等作用，从而达到美白，淡斑等功效。如抗坏血酰五肽-6。

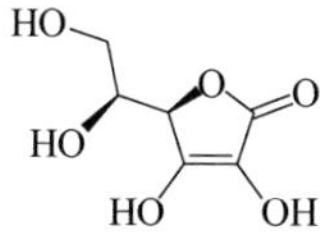

维生素C的结构式

（3）硫辛酰胺　硫辛酸（lipoic acid）即维生素 B_1，属于 B 族维生素，是一种存在于线粒体中的辅酶，能消除导致加速老化与致病的多种自由基；能加速多种生化活动。如硫辛酰基四肽-3 酰胺，与四肽-3 比较，抗皱作用更加显著，还增加了促进生发功能。

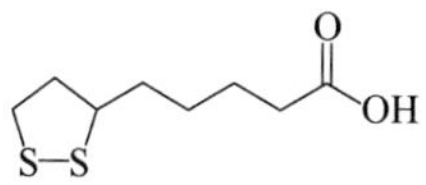

硫辛酸的结构式

（4）咖啡酰胺　咖啡酸（caffeic acid）存在于柠檬果皮等植物中，属于多羟基肉桂酸系列。咖啡酸有很强和广谱的抗氧性和抗菌性，能抑制脂质过氧化物的生成。如咖啡酰十肽-9，作用有抗衰、抗氧、抗皱、防晒和护肤。

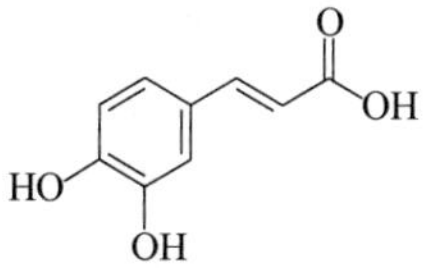

咖啡酸的结构式

（5）香豆酰胺　香豆酸（coumaric acid）属于羟基肉桂酸，羟基比咖啡酸少一个，主要分布在禾本科植物的茎干中。香豆酸对金黄色葡萄球菌、痢疾杆菌、大肠杆菌及铜绿假单胞菌均有不同程度的抑制作用。因此香豆酰二肽-3 增加了抑菌性，不易被微生物降解。

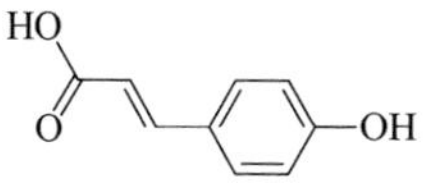

香豆酸的结构式

（6）没食子酰胺　没食子酸（gallic acid）广泛存在于五倍子、掌叶大黄、山茱萸等植物中，是自然界存在的一种多酚类化合物，是性能优良的食品抗氧化剂抗菌抗病毒剂。如没食子酸酰六肽-48，有皮肤调理、护肤、抗氧等作用。

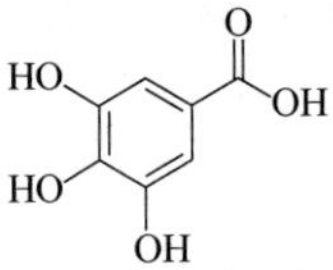

没食子酸的结构式

（7）三萜皂苷酰胺　齐墩果酸（oleanolic acid）是分布最广的 β 香树脂醇型皂苷，从木樨科植物齐墩果（olea europaea）叶中分离。齐墩果酸有一定的表面活性，对乳状液的稳定有辅助作用；齐墩果酸的抗菌性，结合其对 5α-还原酶活性的抑制，可用于对痤疮的防治。如齐墩果酰五肽-4，即赋予了齐墩果酸上述作用。

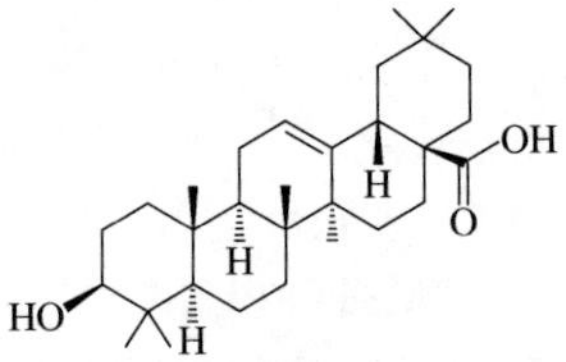

齐墩果酸的结构式

（8）维甲酰胺　维甲酸（retinoic acid）也称维 A 酸，是人体内维 A 醛的氧化代谢产物。在皮肤上渗透性强，对皮肤角质层有溶解作用，与果酸等配合，可增加换皮的效果；维甲酸能影响和改善皮肤深层的细胞生长，能促进皮肤细胞再生，促进伤口愈合，也可用于治疗粉刺。维甲酸酰五肽-4 即具有维甲酸和五肽-4 的双重功效。

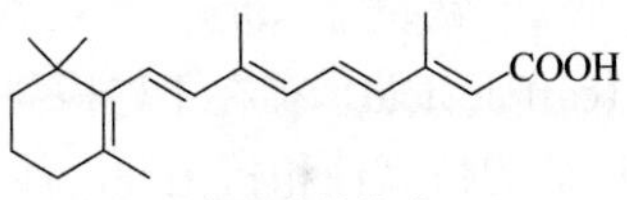

维甲酸的结构式

（9）透明质酰胺　透明质酸（hyaluronic acid）是以 N-乙酰葡萄糖胺和葡萄糖醛酸结合双糖为一单元而聚合得到的直链型动物杂多糖。透明质酸主要存在于关节液、软骨、结缔组织基质、皮肤、脐带、玻璃体液等。透明质酸的多糖苷键有相当的坚牢度，在水溶液中能形成黏弹性网络组织，能支承很大的水化容积，有优秀的保湿性能。透明质酰 rh-表皮生长因子-1 有促进表皮生长和皮肤保湿双重功效。

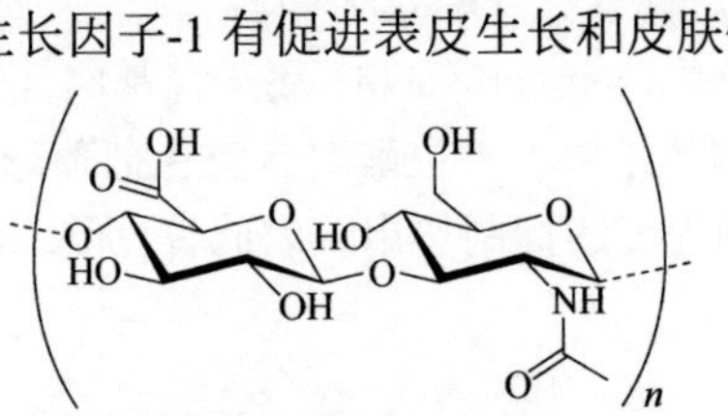

透明质酸的结构式

（10）生物素酰胺　生物素（biotin）也称生长因子或维生素 B_7，在所有的活细胞中都有存在，较富集的部位是动物的肝脏、肾、胎盘、奶液和酵母。生物素配合其他维生素对皮肤有很好的调理效果，如与肽、维生素等配合，可缓解皮肤干燥。如生物素三肽-1，有抗皱、调理、保湿三重作用。

生物素的结构式

还有杜鹃花酸、鞣花酸、α-羟基脂肪酸、凝血酸等酰化衍生物。

5　肽与金属离子的螯合物

肽与过渡金属离子很容易进行螯合，最常见的是三肽-1 铜，是皮肤伤口愈合的促进剂。因它可促进神经组织和血管生成、免疫相关细胞的生长、分裂和分化。

三肽-1 铜的结构式

脂肪酰的肽类也能与过渡金属螯合，如棕榈酰五肽-14，可与铜离子螯合。

参考文献

[1]　Howl J. Bioactive peptides [M]. New York: CRC Press, 2015.

[2]　Poian A. Integrative human biochemistry: a textbook for medical biochemistry [M]. New York: Springer, 2015.

[3]　Banga A K. Therapeutic peptides and proteins[M]. New York: CRC Press, 2015.

[4]　Reddy B. Bioactive oligopeptides in dermatology[J]. Exp Derimental, 2012, 21: 563-568.

[5]　王建新. 化妆品天然功能成分[M]. 北京: 化学工业出版社, 2007.

第二章
二肽

1 二肽-1 Dipeptide-1

二肽-1 即酪氨酰精氨酸（tyrosylarginine）为二肽化合物，在人的血液中存在，从牛脑中也可分离出这种物质。商品名为 Kyotorphin（称为京都啡肽），因其类似吗啡（或内啡肽）的镇痛活性而得名，是一种神经活性二肽。但它不与阿片受体相互作用。相反，它的作用是释放甲脑啡肽、稳定甲脑啡肽并不使其降解。它也可能具有神经介质/神经调节剂的特性。已有研究表明，在持续性疼痛患者的脑脊髓液中京都啡肽的浓度较低。二肽-1 现在可采用化学法合成。CTFA 列入的二肽-1 重要的衍生物为乙酰二肽-1 鲸蜡酯 [acetyl dipeptide-1 cetyl ester，商品名 Sensicalmine（Sederma）]，CAS 号为 196604-48-5。

二肽-1的结构式 乙酰二肽-1鲸蜡酯的结构式

[**理化性质**] 二肽-1 为白色至米黄色粉末，可溶于水，室温水溶解度约 2%，分子量为 337.4，CAS 号为 70904-56-2。

[**安全管理情况**] 国家药品监督管理局（原国家食品药品监督管理局）和 CTFA 将二肽-1 作为化妆品原料，未见其外用不安全的报道。

[**药理作用**] 二肽-1 与化妆品相关的药理研究见表 2-1。

[**化妆品中应用**] 二肽-1 对核心蛋白聚糖的生成有促进，核心蛋白聚糖（Decorin）可激活表皮生长因子受体；极低浓度即能显著促进胶原蛋白的生成，可

愈合皮肤伤口，对皮肤和头发都有调理作用，可抗皱和改善皮肤松弛；二肽-1 具抗炎和抗氧化性。二肽-1 的常用使用浓度为 1～10mg/kg，与烟酰胺、生育酚或维生素 E、α-硫辛酸、白藜芦醇、视黄醇等配合效果更好。乙酰二肽-1 鲸蜡酯可用作头发调理剂。烟酰二肽-1 有屏蔽蓝光作用，100μmol/L 时对 B-16 黑色素细胞生成黑色素的抑制率为 21%。

表2-1 二肽-1 与化妆品相关的药理研究

试验项目	浓度	效果说明
对成纤维细胞增殖的促进	10μg/mL	促进率 63.1%
对正常人皮肤纤维母细胞增殖的促进	6mg/kg	促进率 94%
细胞培养对弹性蛋白生成的促进	2mg/kg	促进率 82%
对肌原纤维蛋白-1（myofibrillar protein）生成促进	4mg/kg	促进率 81%
对谷氨酰胺转移酶活性的促进	6mg/kg	促进率 75%
对核心蛋白聚糖（decorin）生成的促进	6mg/kg	促进率 68%
对氧自由基的消除		每克相当于 1.0μmol 水溶性 VE(Trolex)
UVB（100mJ/cm²）照射下对前列腺素 PGE_2 生成的抑制	20μg/mL	抑制率 83.7%

参考文献

Schoelermann A M. Comparison of skin calming effects of cosmetic products containing 4-t- butylcyclohexanol or acetyl dipeptide-1 cetyl ester on capsaicin-induced facial stinging in volunteers with sensitive skin[J]. JEADV ,2016,30 (Suppl. 1):18-20.

2 二肽-2 Dipeptide-2

二肽-2 即缬氨酰色氨酸（valyltryptophan），小麦蛋白和大米蛋白中含有多个这个片段。现在以化学法合成。

二肽-2的结构式

[理化性质] 二肽-2 为白色粉末，易溶于水，在酒精中不溶，分子量 303.36。CAS 号为 24587-37-9。

[**安全管理情况**]　国家药品监督管理局和 CTFA 将二肽-2 作为化妆品原料，未见其外用不安全的报道。

[**药理作用**]　二肽-2 与化妆品相关的药理研究见表 2-2。

表 2-2　二肽-2 与化妆品相关的药理研究

试验项目	浓度	效果说明
对血管紧张素转换酶活性的抑制	10mg/kg	抑制率 27.3%
	50mg/kg	抑制率 83.4%
脂肪细胞培养对甘油三酯生成的抑制	1.0mg/kg	抑制率 67.3%
对金属蛋白酶 MMP-1 活性的抑制	0.001%	抑制率 23%
对氧自由基的消除		每克相当于 2.9μmol 的 Trolex

[**化妆品中应用**]　二肽-2 对血管紧张素转换酶活性有抑制，可减少血管紧张素的生成，增强活血；在眼圈周围使用，可增强眼部淋巴循环，促进水分排出，改善皮肤松弛，防治眼袋。二肽-2 有甜味，其 5mmol/L 浓度与 20mmol/L 的蔗糖溶液的甜度相同。也可用作减肥剂；有抗炎作用，对皮肤疾患有防治作用，与积雪草全草、望春花提取物配合效果更好。配方中用量 0.001%～0.1%。

参考文献

Lubach D. Recent findings on the angioarchitecture of the lymph vessel system of human skin[J]. Br J Dermatol ,1996, 135(5): 733-737.

3　二肽-3　Dipeptide-3

二肽-3 即精氨酰丙氨酸（arginyl alanin），在生物体内普遍存在，如蛋白激酶 PKG 中的片段。现在采用化学法合成，产品通常为其乙酸盐形式。CTFA 列入的二肽-3 衍生物有香豆酰二肽-3（coumaroyl dipeptide-3）、乙酰二肽-3 酰-6-氨基己酸（acetyl dipeptide-3 aminohexanoate，CAS 号为 1265905-30-3）和己酰二肽-3 酰正亮氨酸的乙酸盐（hexanoyl dipeptide-3 norleucine acetate，CAS 号为 860627-90-3）。

· CH₃COOH

二肽-3的乙酸盐的结构式

[**理化性质**]　二肽-3 乙酸盐为白色粉末，易溶于水，在酒精中不溶，分子量 245.3。CAS 号为 40968-45-4。

[**安全管理情况**]　　CTFA 将二肽-3 作为化妆品原料，中国香化协会（中国香料香精化妆品工业协会）2010 年版的《国际化妆品原料标准中文名称目录》中列入，未见其外用不安全的报道。

[**药理作用**]　　二肽-3 及其衍生物与化妆品相关的药理研究见表 2-3。

表 2-3　二肽-3 及其衍生物与化妆品相关的药理研究

试验项目	浓度	效果说明
己酰二肽-3 酰正亮氨酸的乙酸盐对皮肤角质去除的促进	1%涂敷	促进率 60.6%
二肽-3 对 LPS（脂多糖）诱发 TNF-α 生成的抑制	50μmol/L	抑制率 17%

[**化妆品中应用**]　　二肽-3 可用作皮肤调理和护肤剂，香豆酰二肽-3 可用作皮肤调理剂。己酰二肽-3 酰正亮氨酸的乙酸盐可使老化的角质自然流失，改善皮肤细胞水合作用，与独行菜和啤酒花提取物、透明质酸等配合更好，用于痤疮的防治和调理。

4　二肽-4　Dipeptide-4

二肽-4 即半胱氨酰甘氨酸（cysteinyl glycine），在人的血浆、原生质、细胞质都有游离存在。现在可化学合成。

二肽-4的结构式

[**理化性质**]　　二肽-4 为白色粉末，易溶于水，溶解度约 5%，在酒精中不溶，分子量 178.2。CAS 号为 19246-18-5。

[**安全管理情况**]　　国家药品监督管理局和 CTFA 将二肽-4 作为化妆品原料，未见其外用不安全的报道。

[**药理作用**]　　二肽-4 与化妆品相关的药理研究见表 2-4。

表 2-4　二肽-4 与化妆品相关的药理研究

试验项目	浓度	效果说明
对酪氨酸酶活性的抑制		IC_{50} 6.81μmol/L
对 B-16 黑色素细胞生成黑色素的抑制	10μg/mL	抑制率 9.68%
对脂质过氧化的抑制	0.4mmol/L	抑制率 10.5%
对 SOD（超氧化物歧化酶）活性的促进	2mg/kg	促进率 123.1%
对过氧化氢酶活性的促进	2mg/kg	促进率 111.3%
对皮肤角化紊乱（disturbed keratinization）的抑制	0.4%	抑制率 50%

[**化妆品中应用**]　　二肽-4 在低浓度时对 SOD 和过氧化氢酶的活性都有促进作

用，可提高消除超氧自由基和过氧化氢的能力，可用作抗氧剂、护肤性调理剂；二肽-4 也有皮肤美白作用。二肽-4 含巯基，在发制品中可用作毛发角蛋白还原剂，在永久型饰发烫发中有护发作用，配方中用量在 10mg/kg 左右，使用 pH6.5～9.0。可用作毛发角蛋白还原剂的有巯基乙酸酯和半胱氨酸，前者对眼睛和皮肤具刺激性，并有致敏作用；后者会被空气中的氧气迅速氧化成水不溶性胱氨酸，发丝上形成难以去除的白色细屑，使用二肽-4 则可避免上述问题。硫辛酰二肽-4 对黑色素细胞生成黑色素有抑制，也可屏蔽蓝光。乙酰二肽-4 有抗炎性，可提升皮肤的免疫功能和抑制过敏。

参考文献

Corso A D. Physiological thiols as promoters of glutathione oxidation and modifying agents in protein *S*-Thiolation[J]. Archives of Biochemistry and Biophysics, 2002, 397(2): 392-398.

5　二肽-5　Dipeptide-5

二肽-5 即缬氨酰赖氨酸（valyl lysine），在蛋白质中以片段存在，在大豆蛋白中出现较多。现在以化学法合成，产品一般采用其盐酸盐的形式。CTFA 列入的二肽-5 的衍生物有棕榈酰二肽-5 酰-2,4-二氨基丁酸的三氟乙酸盐（palmitoyl dipeptide-5 diaminohydroxybutyrate）和棕榈酰二肽-5 酰-2,4-二氨基丁酰苏氨酸的三氟乙酸盐（palmitoyl dipeptide-5 diaminobutyroyl hydroxythreonine）。前者应是一个三肽的结构，后者应是一个四肽的衍生物，以二肽-5 为核心。

二肽-5的结构式

棕榈酰二肽-5酰-2,4-二氨基丁酸的三氟乙酸盐的结构式

棕榈酰二肽-5酰-2,4-二氨基丁酰苏氨酸的三氟乙酸盐的结构式

[理化性质]　二肽-5 盐酸盐为无色结晶，易溶于水，在酒精中不溶。CAS 号为 22677-62-9。棕榈酰二肽-5 酰-2,4-二氨基丁酸的三氟乙酸盐为白色粉末，CAS 号为 794590-34-4。棕榈酰二肽-5 酰-2,4-二氨基丁酰苏氨酸的三氟乙酸盐为白色粉末，CAS 号为 883558-32-5，它们均溶于水。

[安全管理情况]　CTFA 将二肽-5 作为化妆品原料，未见其外用不安全的报道。

[药理作用]　二肽-5 与化妆品相关的药理研究见表 2-5。

表 2-5　二肽-5 与化妆品相关的药理研究

试验项目	浓度	效果说明
对 B-16 黑色素细胞生成黑色素的抑制	10μg/mL	抑制率 53.31%
对血管紧张素转换酶活性的抑制		IC_{50} 13μmol/L
对成纤维细胞增殖的促进	10μg/mL	促进率 25%
HepG$_2$ 细胞培养对甘油三酯生成的抑制	5mg/mL	抑制率 43.9%
对金属蛋白酶 MMP-1 活性的抑制	10mg/mL	抑制率 25.5%
在 UVB（100 mJ/cm^2）照射下对前列腺素 PGE$_2$ 生成的抑制	20μg/mL	抑制率 42.0%

[化妆品中应用]　二肽-5 可用作化妆品的肤用调理剂和美白剂。二肽-5 对血管紧张素转换酶活性有抑制，可减少血管紧张素的生成，可增强活血和防止红血丝；二肽-5 可抑制油脂（如甘油三酯）的生成，有减肥/消脂作用；在眼圈周围使用，可增强眼部淋巴循环，促进水分和脂肪排出，对眼袋的形成有防治作用；并有一定的抗炎和防晒性能。棕榈酰二肽-5 酰-2,4-二氨基丁酸的三氟乙酸盐和棕榈酰二肽-5 酰-2,4-二氨基丁酰苏氨酸的三氟乙酸盐都可用作皮肤调理剂，最大用量 100mg/kg。

参考文献

Harnedy P A. Bioactive peptides from marine processing waste and shellfish: A review[J]. Journal of Functional Foods, 2011, 4(1):6-24.

6　二肽-6　Dipeptide-6

二肽-6 即脯氨酰羟脯氨酸（prolyl hydroxyproline），在胶原蛋白中存在，是胶原蛋白的基本单位，也在人尿中游离存在。现在可采用生化法制取。

二肽-6的结构式

[理化性质]　二肽-6 为白色粉末，易溶于水，在酒精中不溶，分子量 228.2，CAS 号为 18684-24-7。

[安全管理情况] CTFA 将二肽-6 作为化妆品原料，中国香化协会 2010 年版的《国际化妆品原料标准中文名称目录》中列入，未见其外用不安全的报道。

[药理作用] 二肽-6 与化妆品相关的药理研究见表 2-6。

表 2-6 二肽-6 与化妆品相关的药理研究

试验项目	浓度	效果说明
成纤维细胞培养对胶原蛋白生成的促进	20μg/mL	促进率 72.6%
细胞培养对紧密蛋白产生的促进	0.1mmol/L	促进率 48%
人纤维芽细胞培养对弹性蛋白生成的促进	50μmol/L	促进率 18%
在 UVB（5mJ/cm²）照射下人纤维芽细胞培养对弹性蛋白生成的促进	50μmol/L	促进率 18%
成肌细胞培养对原肌球蛋白（tropomyosin）生成的促进	100μmol/L	促进率 207%
对丝氨酸棕榈酰基转移酶活性的促进	0.1mmol/L	促进率 124%
对胶原蛋白酶活性的抑制	1mg/mL	抑制率 5.9%
对胶原凝胶体积的收缩作用	1mg/mL	收缩率 6.9%

[化妆品中应用] 二肽-6 可促进纤维芽细胞的增殖，可促进胶原蛋白的生成，对透明质酸合成酶的活性有促进作用，也可促进透明质酸的生成，可用作皮肤调理剂，有利于伤口的愈合、皮肤的保湿，并有抵御紫外线的能力，也有抗皱紧致皮肤的作用。配方中建议用量 0.1%。

参考文献

[1] Tanaka M. Effects of collagen peptide ingestion on UV-B induced skin damage[J]. Journal of Agricultural and Food Chemistry, 2009, 57:444-449.

[2] Hiroki O. Collagen-derived dipeptide, proline-hydroxyproline, stimulates cell proliferation and hyaluronic acid synthesis in cultured human dermal fibroblasts[J]. Journal of Dermatology, 2010, 37: 330-338.

7 二肽-7 Dipeptide-7

二肽-7 即赖氨酰苏氨酸（lysyl threonine），可见于胶原蛋白 I 型的边端。现在可化学合成。CTFA 认可的二肽-7 衍生物为棕榈酰二肽-7（palmitoyl dipeptide-7，皮肤调理剂）。

二肽-7的结构式

[理化性质] 二肽-7 为无色结晶，易溶于水，在酒精中不溶，分子量 247.3，

CAS 号为 23161-31-1。棕榈酰二肽-7 为白色粉末，熔点 163～164℃（降解），CAS 号为 911813-90-6。

[**安全管理情况**] CTFA 将二肽-7 作为化妆品原料，MTT 法测定棕榈酰二肽-7 在 50μg/mL 时对角质形成细胞的毒性为 45.9%，未见其外用不安全的报道。

[**药理作用**] 二肽-7 及其衍生物与化妆品相关的药理研究见表 2-7。

表 2-7　二肽-7 及其衍生物与化妆品相关的药理研究

试验项目	浓度	效果说明
二肽-7 对 B-16 黑色素细胞生成黑色素的抑制	10μg/mL	抑制率 53.56%
棕榈酰二肽-7 对 I 型胶原蛋白生成的促进	1mg/kg	促进率 21%
棕榈酰二肽-7 对粘连蛋白（fibronectin）生成的促进	1mg/kg	促进率 29%
二肽-7 对 LPS 诱发 TNF-α 生成的抑制	50μmol/L	抑制率 26%
在 UVB（100 mJ/cm^2）照射下二肽-7 对前列腺素 PGE$_2$ 生成的抑制	20μg/mL	抑制率 77.8%

[**化妆品中应用**] 在真皮成纤维细胞培养中，棕榈酰二肽-7 可增加胶原蛋白 I 型、胶原蛋白 IV 型和粘连蛋白的生成，对松弛皮肤有紧致作用，可用作肤用抗衰抗皱调理剂。在这方面，棕榈酰二肽-7 的效果比二肽-7 显著，其促进效果随使用浓度增大而增大，但配方中用量不要超过 10mg/kg。二肽-7 可抑制皮肤黑色素的生成，可用作皮肤美白剂；二肽-7 也有抗炎和防晒活性。

参考文献

Yuki T. In vitro skin biomarker responses to a new antiaging peptide, Pal-KT[J]. Journal of the American Academy of Dermatology, 2009, 60(3):1-60.

8　二肽-8　Dipeptide-8

二肽-8 即丙氨酰羟脯氨酸（alanyl hydroxyproline），是胶原蛋白蛋白链中的常见片段。现在可从胶原蛋白的水解物中分离，也可化学合成。

二肽-8 的结构式

[**理化性质**] 二肽-8 为白色结晶粉末，可溶于水，不溶于乙醇，分子量 202.2。

[**安全管理情况**] CTFA 将二肽-8 作为化妆品原料，未见其外用不安全的报道。

[**药理作用**] 二肽-8 与化妆品相关的药理研究见表 2-8。

表2-8 二肽-8与化妆品相关的药理研究

试验项目	浓度	效果说明
对丝氨酸棕榈酰基转移酶活性的促进	0.1mmol/L	促进率26%
细胞培养对紧密蛋白产生的促进	0.1mmol/L	促进率15%
细胞培养对胶原蛋白生成的促进	0.1mmol/L	促进率87.9%
人纤维芽细胞培养对弹性蛋白生成的促进	50μmol/L	促进率62%
在UVB（5mJ/cm^2）照射下人纤维芽细胞培养对弹性蛋白生成的促进	500μmol/L	促进率110%

　　[化妆品中应用]　二肽-8对构成皮肤表皮各层（基底层、棘层、颗粒层、角质层）的细胞功能均有增强作用，对丝氨酸棕榈酰基转移酶活性的促进显示可促进皮层中神经酰胺的生成；对紧密蛋白、胶原蛋白的生成都有促进作用，可用作皮肤调理剂，有抗皱保湿紧致皮肤的功能，并有防紫外线的作用，与二肽-6、二肽-17等配合效果更好，用量在0.1%。

参考文献

Iwai K. Identification of food-derived collagen peptides in human blood after oral ingestion of gelatin hydrolysates[J]. Journal of Agricultural and Food Chemistry, 2005, 53(16): 6531-6536.

9　二肽-9　Dipeptide-9

　　二肽-9即ε-谷氨酰赖氨酸（ε-glutamyl lysine），在人血浆的血纤维蛋白等中以片段存在，这片段也见于毛发和皮肤的胶原蛋白链中。二肽-9可以化学法合成。CTFA列入的衍生物是二鲸蜡酰二肽-9（dicetyl dipeptide-9）。

二肽-9的结构式

　　[理化性质]　二肽-9为白色结晶粉末可溶于水，25℃时的水溶解度为49%，不溶于乙醇，分子量275.3，CAS号为17105-15-6。
　　[安全管理情况]　CTFA将二肽-9作为化妆品原料，未见其外用不安全的报道。
　　[药理作用]　二肽-9与化妆品相关的药理研究见表2-9。

表2-9 二肽-9与化妆品相关的药理研究

试验项目	浓度	效果说明
对血管紧张素转换酶活性的抑制		IC$_{50}$ 885μmol/L
对成纤维细胞增殖的促进	10μg/mL	促进率26.7%
对B-16黑色素细胞生成黑色素的促进	10μg/mL	促进率18.65%

试验项目	浓度	效果说明
对成纤维细胞增殖的促进	10μg/mL	促进率 15.6%
在 UVB（100mJ/cm^2）照射下对前列腺素 PGE$_2$ 生成的抑制	20μg/mL	抑制率 76.5%

[**化妆品中应用**]　二肽-9 是表皮型转谷氨酰胺酶（TGase3）中蛋白链的核心片段，对该酶有活化作用，TGase3 的主要功能是参与角质化细胞的终末分化过程，因此二肽-9 可促进生发，并对毛发有调理和增黑作用；二肽-9 有吸湿性，有皮肤保湿调理作用，并有抗炎和防晒性。二肽-9 对血管紧张素转换酶活性有抑制，可减少血管紧张素的生成，可增强活血，恢复皮肤光泽，提高皮肤的屏障功能。二鲸蜡酰二肽-9 可用作皮肤调理剂。

参考文献

Yuki T. Tight junction proteins in keratinocytes: localization and contribution to barrier function[J]. Experimental Dermatology, 2007,16(4):324-330.

10　二肽-10　Dipeptide-10

　　二肽-10 也称肌肽（carnosine），是由 β-丙氨酸和组氨酸组成的二肽，为动物肌肉细胞中非蛋白质的含氮化学成分，肌肽能用沸水从磨碎的肌肉（家禽肉）中提取。CTFA 列入的肌肽衍生物有壬二酰二肌肽（azelaoyl bis-dipeptide-10）、辛酰肌肽（capryloyl carnosine, CAS 号为 209681-12-9）、椰油酰肌肽（cocoyl sarcosine, CAS 号为 68411-97-2）和棕榈酰肌肽（palmitoyl dipeptide-10, CAS 号为 1206592-01-9）。

肌肽的结构式

[**理化性质**]　肌肽为无色结晶，熔点 246～250℃（分解），能溶于水，显碱性，不溶于醇，比旋光度[α]+21.9（1%，水溶液），分子量 226.24，CAS 号为 305-84-0。

[**安全管理情况**]　国家药品监督管理局和 CTFA 都将肌肽作为化妆品原料，MTT 法测定在 100μg/mL 时对成纤维细胞无细胞毒性，未见其外用不安全的报道。

[**药理作用**]　肌肽与化妆品相关的药理研究见表 2-10。

[**化妆品中应用**]　肌肽在肌肉中的功能尚不清楚，有人认为肌肽与肌肉收缩机能的发展有关，也有人认为肌肽可促进氧化磷酸化作用，从而使肌肉积累更多的 ATP 和 CP，有利于肌肉收缩。成纤维细胞在肌肽的稀水溶液中存活时间明显延长，这说明肌肽不仅是营养剂，同时又能促进细胞的新陈代谢，延缓衰老。药用膏霜中

加入肌肽作为愈伤促进剂。肌肽能俘获游离氧自由基，特别有效地防止蛋白质类成分的氧化，有增白功能；与尿刊酸共用可预防光敏性皮炎；肌肽也易为皮肤、头发和头皮吸收，并有助渗作用；在发制品中使用，可软化头发，提高梳理性，控制头屑。

表 2-10　肌肽与化妆品相关的药理研究

试验项目	浓度	效果说明
对胡萝卜素氧化的抑制	100mmol/L	抑制率 28.4%
对羟基自由基的消除	1.67mmol/L	消除率 65.7%
对成纤维细胞在 4mmol/L 双氧水作用下的保护作用	0.05%	保护率 37.6%
对成纤维细胞在 100mmol/L 的 AAPH 作用下的保护作用	100mg/kg	保护率 76.8%
50Gy 剂量 X 射线下对 DNA 的保护	1.0 mmol/L	保护率 66.0%
对弹性蛋白酶活性的抑制	50μg/mL	抑制率 25%
成纤维芽细胞培养对胶原蛋白生成的促进	10μg/mL	促进率 61.7%
对酪氨酸酶活性的抑制	0.4mmol/L	抑制率 24.3%

　　壬二酰二肌肽作为强大的自由基清除剂和抑制糖基化反应。它保护皮肤免受环境和内源性氧化损伤，同时防止老化和皮肤下垂。此肽产品推荐用于抗糖基化、抗氧化和防紫外线产品。辛酰肌肽可用作皮肤调理剂。椰油酰肌肽可用作头发调理剂、表面活性剂、洁肤剂。棕榈酰肌肽可用作皮肤调理剂，也可用作助渗剂，经皮渗透提高 1 倍以上。

参考文献

Goebel A S B. Dermal peptide delivery using enhancer molecules and colloidal carrier systems[J]. Skin Pharmacol Physiol, 2012, 25:281-287.

11　二肽-11　Dipeptide-11

　　二肽-11 即半胱氨酰赖氨酸（cysteinyl lysine），是若干活性多肽中的关键片段，如人酸性成纤维生长因子、神经肽等。现在以化学法合成。

二肽-11的结构式

　　［理化性质］　　二肽-11 为白色结晶粉末，可溶于水，室温水中溶解度约 4%，不溶于乙醇，分子量 249.3，CAS 号为 71190-90-4。

　　［安全管理情况］　CTFA 将二肽-11 作为化妆品原料,未见其外用不安全的报道。

　　［药理作用］　　二肽-11 与化妆品相关的药理研究见表 2-11。

表 2-11 二肽-11 与化妆品相关的药理研究

试验项目	浓度	效果
对成纤维细胞增殖的促进	10μg/mL	促进率 14.9%
对 B16 黑色素细胞生成黑色素的抑制	10μg/mL	抑制率 26.7%

[化妆品中应用] 二肽-11 对成纤维细胞的增殖有促进作用,具有皮肤表皮细胞的自我更新、再生修复的能力,改善皮肤的松弛,用作皮肤调理剂。二肽-11 还有美白皮肤的作用,用量 0.01%。

二肽-12 Dipeptide-12

二肽-12 即赖氨酰赖氨酸(lysyllysine),多见于微生物细胞壁的蛋白链,现在可用生化或化学法合成。产品形式为二肽-12 的二盐酸盐。

二肽-12的结构式

[理化性质] 二肽-12 为白色粉末,溶于水,不溶于乙醇,分子量 274.4,CAS 号为 13184-13-9。其二乙酸盐的 $[\alpha]_D^{21} + 0.4°(c = 1mol/L,水)$。

[安全管理情况] CTFA 将二肽-12 作为化妆品原料,棕榈酰二肽-12 在 50μg/mL 时对角质形成细胞的毒性为 43.3%,未见其外用不安全的报道。

[药理作用] 二肽-12 衍生物与化妆品相关的药理研究见表 2-12。

表 2-12 二肽-12 衍生物与化妆品相关的药理研究

试验项目	浓度	效果说明
二肽-12 酰胺乙酸盐对大鼠被动皮肤过敏反应(PCA)的抑制效果		IC$_{50}$ 2mg/kg
二肽-12 酰胺乙酸盐对 TNF-α 生成的抑制	50μmol/L	抑制率 20%
二肽-12 酰胺乙酸盐对 B16 黑色素细胞生成黑色素的抑制	10μg/mL	抑制率 9.5%
烟酰二肽-12 对胶原蛋白酶活性的抑制	100μmol/L	抑制率 84%

[化妆品中应用] 二肽-12 可用作皮肤抗皱调理剂,可改善皮肤松弛,对皮肤过敏有防治作用;对 TNF-α 的生成有抑制,显示具抗炎作用,并有辅助的皮肤美白功能。

二肽-13 Dipeptide-13

二肽-13 即 α-谷氨酰色氨酸(α-glutamyl tryptophan),在人白细胞介素-1 受体等中作为片段存在。现可采用化学法合成。此品种注意不要与 γ 位的谷氨酰色氨酸混淆。CTFA 列入的二肽-13 的衍生物为肉豆蔻酰二肽-13（myristoyl dipeptide-13）、棕榈酰二肽-13（palmitoyl dipeptide-13）和泛酰二肽-13（pantothenoyl dipeptide-13）。

二肽-13 的结构式

[理化性质] 二肽-13 为白色至类白色粉末，溶于水和 DMF N, N-二甲基甲酰胺，微溶于含水酒精，纯酒精、氯仿和乙醚中不溶，$[\alpha]_D^{22} +12.6(C = 0.5mol / L, H_2O)$，分子量 332.3，CAS 号为 38101-59-6。

[安全管理情况] CTFA 将二肽-13 作为化妆品原料，未见其外用不安全的报道。

[药理作用] 二肽-13 与化妆品相关的药理研究见表 2-13。

表 2-13 二肽-13 与化妆品相关的药理研究

试验项目	浓度	效果说明
小鼠试验对环磷酸腺苷生成的促进	10μg/kg	促进率346.4%
对新血管异常增生（neovascularization）的抑制	1μg/皿	抑制率58%
对氧自由基的消除		每克相当于 2.89μmol 的 Trolex
动物试验对急性革兰氏阴性细菌感染的抑制	10μg/kg	抑制率80%
动物试验对大肠杆菌感染的抑制	100μg/kg	抑制率95%
动物试验对铜绿假单胞菌感染的抑制	10μg/kg	抑制率60%
对 B16 黑色素细胞生成黑色素的促进	10μg/mL	促进率6.4%
对 TNF-α肿瘤坏死因子生成的抑制	50μmol/L	抑制率21%

[化妆品中应用] 环磷酸腺苷可显著调节细胞的生理活动与物质代谢，有活肤和调理皮肤的作用；二肽-13 在小鼠试验中可抑制多种细菌的感染，它提高了自身免疫能力，而不仅是对细菌的抑制；新血管异常增生与一些皮肤病，如皮肤光老化、银屑病、寻常痤疮、酒渣鼻等密切相关，涂敷二肽-13 可防治红血丝等皮肤疾患；二肽-13 对 TNF-α生成的抑制说明有抗炎功能。肉豆蔻酰二肽-13、棕榈酰二肽-13 和泛酰二肽-13 都是皮肤调理剂，有与二肽-13 类似的作用。

参考文献

Werner G H. Immunomodulating peptide[J]. Experientia, 1986, 42:521-531.

14 二肽-14 Dipeptide-14

二肽-14 即丙氨酰苏氨酸（alanyl threonine），以片段出现于人成纤维细胞生长因子-10 中，现在可用化学法合成。

二肽-14的结构式

［理化性质］ 二肽-14 为白色结晶粉末，易溶于水，不溶于有机溶剂，分子量为 190.2，CAS 号为 24032-50-6。

［安全管理情况］ CTFA 将二肽-14 作为化妆品原料，未见其外用不安全的报道。

［药理作用］ 二肽-14 与化妆品相关的药理研究见表 2-14。

表 2-14　二肽-14 与化妆品相关的药理研究

试验项目	浓度	效果说明
对 B-16 黑色素细胞生成黑色素的抑制	10μg/mL	抑制率 50.58%
对 LPS 诱发 TNF-α 生成的抑制	50μmol/L	抑制率 16%
烟酰二肽-14 对胶原蛋白酶活性的抑制	100μmol/L	抑制率 89%

［化妆品中应用］ 二肽-14 用作化妆品调理剂，有美白皮肤、抗皱和保湿作用，并有抗炎性。烟酰二肽-14 的建议用量 1%。

15 二肽-15 Dipeptide-15

二肽-15 即甘氨酰甘氨酸（glycyl glycine），也称双甘肽，是最简单的二肽，此片段在蛋白肽链中普遍存在。现在采用化学法合成。CTFA 认可的二肽-15 的衍生物为油酰二肽-15（oleoyl dipeptide-15，CAS 号为 244608-20-6）。

二肽-15的结构式

［理化性质］ 甘氨酰甘氨酸为白色叶状结晶，熔点 260～262℃，可溶于水，微溶于乙醇，不溶于乙醚。25℃时水中溶解度为 13.4g/100mL。等电点 pH 为 5.65。分子量 132.1，CAS 号为 556-50-3。

［安全管理情况］ CTFA 将二肽-15 作为化妆品原料，未见其外用不安全的报道。

［药理作用］ 二肽-15 与化妆品相关的药理研究见表 2-15。

表 2-15　二肽-15 与化妆品相关的药理研究

试验项目	浓度	效果说明
对成纤维细胞增殖的促进	10μg/mL	促进率 15.6%
pH 在等电点时的助渗促进作用	200μmol/L	促进率 100%
涂敷对皮肤毛孔的收缩作用	200μmol/L	面积收缩率 15.1%
对亚油酸过氧化的抑制		相当于相同浓度维生素 E 作用的 76.8%
细胞培养对雌激素分泌的促进（雌二醇）	0.2mmol/L	促进率 27%
对化妆品中蛋白酶活性的稳定促进	2%	蛋白酶活性的残存率提高 1 倍
对生物活性物质如促红细胞生成素的稳定性的促进	0.1%	10 周后测定基本不分解（空白分解 7%～26%）
细胞培养对毛发根鞘细胞增殖的促进	10mg/kg	促进率 13%
在 UVB（100 mJ/cm^2）照射下对前列腺素 PGE$_2$ 生成的抑制	20 μg/mL	抑制率 26.1%

[**化妆品中应用**]　二肽-15 对皮肤的渗透性好，并有助渗作用，pH 高一些的话，助渗促进作用更强，对皮肤和毛发都有护理和调理功能。易被皮肤吸收，可用作营养剂；易被毛发吸附，有促进毛发生长的作用（与雌激素的增加有关）；甘氨酰甘氨酸有果酸样性质，可加速老化角质层的去除，有紧致皮肤缩小毛孔作用，并有少许抗炎性和防晒性；二肽-15 是一种上皮细胞稳定剂，有一定的抑菌性，并对溶菌酶等有稳定作用，可协助维护眼膜的安全。油酰二肽-15 除具皮肤调理功能外，还有表面活性。

参考文献

赵玉莲. 某些氨基酸及小分子肽对大鼠卵泡颗粒细胞雌激素与孕激素分泌的影响[J].基础医学与临床，1993, 2:40-44.

16　二肽-16　Dipeptide-16

二肽-16 即亮氨酰亮氨酸（leucyl leucine），在燕麦蛋白、乳清蛋白以片段存在，在乳清蛋白中含量较高。现在以化学法合成。

二肽-16的结构式

[**理化性质**]　二肽-16 为白色粉末，可溶于水和 DMSO，水溶解度大于 5%，不溶于酒精，分子量 244.3，CAS 号为 3303-31-9。

[**安全管理情况**]　CTFA 将二肽-16 作为化妆品原料，未见其外用不安全的

报道。

[**药理作用**]　二肽-16 及其衍生物与化妆品相关的药理研究见表 2-16。

表2-16　二肽-16 及其衍生物与化妆品相关的药理研究

试验项目	浓度	效果说明
二肽-16 对成纤维细胞增殖的促进	10µg/mL	促进率 19.2%
二肽-16 对胰岛素样作用的促进	250mg/kg	促进率 58.9%
乙酰二肽-16 对胶原蛋白生成的促进	0.4%	促进率 50%
二肽-16 对 LPS 诱发 TNF-α 生成的抑制	50µmol/L	抑制率 22%
二肽-16 对 B16 黑色素细胞生成黑色素的抑制	10µg/mL	抑制率 9.1%
十一烯酰二肽-16 对促黑激素诱发黑色素细胞生成黑色素的抑制	30mg/kg	抑制率 48%
十一烯酰二肽-16 对环磷酸腺苷(cAMP)生成的促进	30mg/kg	促进率 44%

[**化妆品中应用**]　二肽-16 对成纤维细胞的增殖有促进，可参与皮肤创伤愈合的过程，可用作皮肤营养剂和调理剂。二肽-16 有胰岛素样作用，也有抗炎性，对皮肤角化紊乱有改善作用；二肽-16 对血管紧张素转换酶也有抑制，有利于皮肤的活血和新陈代谢。乙酰二肽-16 对角质层细胞的增殖、胶原蛋白的生成、弹性蛋白的生成均有促进作用，可用作抗衰调理剂。十一烯酰二肽-16 有美白皮肤的作用，也可用作皮肤细胞激活剂和调理剂。

参考文献

Oja S. Amino acids and peptides in the nervous system[M]. New York:Springer-Verlag New York Inc, 2007:401-411.

17　二肽-17　Dipeptide-17

二肽-17 的参考结构为甘氨酰脯氨酸（glycyl proline），广泛见于大豆蛋白和胶原蛋白的片段中，也游离存在于成人的尿液，现以化学法合成。CTFA 列入的二肽-17 的衍生物为棕榈酰二肽-17 （palmitoyl dipeptide-17）、辛酰二肽-17 （capryloyl dipeptide-17）、抗坏血酸基甲酰二肽-17 （ascorbyl carbonyl dipeptide-17）和 3-抗坏血酸基甲酰二肽-17 （ascorbyl carbonyl dipeptide-17）。

二肽-17的参考结构式

[**理化性质**]　二肽-17 为白色粉末，可溶于水，$[\alpha]_D^{20}$ −111°（$c = 4$mol/L，H_2O），分子量 172.2，CAS 号为 704-15-4。

[**安全管理情况**]   CTFA 将二肽-17 作为化妆品原料，棕榈酰二肽-17 在 50μg/mL 时对角质形成细胞的毒性为 43.6%，未见其外用不安全的报道。

[**药理作用**]   二肽-17 与化妆品相关的药理研究见表 2-17。

表 2-17 二肽-17 与化妆品相关的药理研究

试验项目	浓度	效果说明
对人成纤维细胞增殖的促进	1mg/mL	促进率 10.2%
对血管紧张素转移酶（ACE）活性的抑制		IC$_{50}$ 360μmol/L
人的表皮细胞培养对角蛋白-10 生成的促进	0.5mmol/L	促进率 156%
对谷氨酰胺转氨酶（transglutaminase）活性的促进	0.5mmol/L	促进率 115%
对外皮蛋白（involucrin）生成的促进	0.5mmol/L	促进率 118%
对中间丝相关蛋白（filaggrin）生成的促进	0.5mmol/L	促进率 621%
对透明质酸合成酶活性的促进	0.5mmol/L	促进率 208%
对胶原凝胶的收缩作用	1mg/mL	收缩率 13.1%

[**化妆品中应用**]   二肽-17 对人成纤维细胞的增殖有促进，有抗皱调理保湿作用；对血管紧张素转移酶活性的抑制显示可缓解血管的收缩，提高血流量，有活血作用。对胶原凝胶的收缩作用，有紧肤作用。护肤品中用量 0.1%，浓度过大则呈反作用。

辛酰二肽-17 在促进成纤维细胞的增殖、胶原蛋白生成方面与二肽-17 性能相似，有抗皱调理作用。辛酰二肽-17 还具助渗作用，是二肽-17 所有衍生物中最好的。棕榈酰二肽-17、抗坏血酸基甲酰二肽-17 和 3-抗坏血酸基甲酰二肽-17 均有二肽-17 样的护肤和调理作用。

参考文献

Lajtha A. Handbook of neurochemistry and molecular neurobiology[M]. New York: Springer, 2007: 401-411.

18 二肽-18 Dipeptide-18

二肽-18 即甘氨酰组氨酸（glycyl histidine），在人碱性成纤维细胞生长因子等以片段存在。现以化学法合成。CTFA 列入的二肽-18 衍生物为棕榈酰二肽-18（palmitoyl dipeptide-18）。

二肽-18的结构式

［**理化性质**］　二肽-18 为白色结晶粉末，熔点 178℃，室温下 1L 水中可溶解 850g，不溶于酒精，分子量 212.2，CAS 号为 2489-13-6。

［**安全管理情况**］　CTFA 将二肽-18 作为化妆品原料，MTT 法测定棕榈酰二肽-18 在 50μg/mL 时对角质形成细胞的毒性为 44.4%，未见其外用不安全的报道。

［**药理作用**］　二肽-18 及其衍生物与化妆品相关的药理研究见表 2-18。

表 2-18　二肽-18 及其衍生物与化妆品相关的药理研究

试验项目	浓度	效果说明
二肽-18 对酪氨酸酶活性的抑制	0.4mmol/L	抑制率 8%
二肽-18 对生物活性物质（如促红细胞生成素）的稳定性的促进	0.1%	10 周后测定基本不分解，（空白分解 7%～26%）
棕榈酰二肽-18 对抗真菌剂经皮渗透的促进	5%	促进率 279.1%
二肽-18 对 LPS 诱发 TNF-α 生成的抑制	50μmol/L	抑制率 34%
在 UVB（100mJ/cm^2）照射下二肽-18 对前列腺素 PGE$_2$ 生成的抑制	20μg/mL	抑制率 23.9%
烟酰二肽-18 对胶原蛋白酶活性的抑制	100μmol/L	抑制率 69%

［**化妆品中应用**］　二肽-18 用作皮肤调理剂和营养剂，可促进眼睫毛和毛发的生长，对多种生化物质有稳定保护作用，并有一些美白、抗皱、抗炎和防晒功能，用量 0.1%～1.0%。棕榈酰二肽-18 可增黏，也有皮肤调理作用；用于抗真菌外用制剂时，对抗真菌剂经皮渗透有显著促进作用，并提高它们在皮肤的驻留值；也用于治疗甲癣药物等，可协助药物经指甲渗透，提高治疗效果。

19 二肽-19　Dipeptide-19

二肽-19 即 γ-谷氨酰亮氨酸（γ-glutamyl leucine），在谷物蛋白如燕麦蛋白中片段存在。现以化学法合成。注意此品种与 α-谷氨酰亮氨酸的区别。

二肽-19的结构式

［**理化性质**］　二肽-19 为白色粉末，可溶于水和生理盐水，不溶于乙醇，分子量为 260.3，CAS 号为 2566-39-4。

［**安全管理情况**］　CTFA 将二肽-19 作为化妆品原料，未见其外用不安全的报道。

［**药理作用**］　二肽-19 与化妆品相关的药理研究见表 2-19。

表2-19　二肽-19与化妆品相关的药理研究

试验项目	浓度	效果说明
对成纤维细胞增殖的促进	10μg/mL	促进率 16.0%
对超氧自由基的消除		IC_{50} 63.1μmol/L
对胰岛素样作用的促进	1mg/mL	促进率 35.9%
在 UVB（100mJ/cm²）照射下对前列腺素 PGE_2 生成的抑制	20μg/mL	抑制率 56.2%

　　[化妆品中应用]　　二肽-19 具抗氧化性，可用作皮肤抗衰类调理剂；有胰岛素样作用，可参与皮肤创伤愈合、组织更新等多个过程。二肽-19 还有抗炎和防晒作用，对黑色素细胞有细微的促黑激活影响。

20　二肽-20　Dipeptide-20

　　二肽-20 即 ε-蛋氨酰赖氨酸（methionyl lysine），多见于肉类蛋白的，以鸡肉蛋白居多。现可以化学法合成。

二肽-20的结构式

　　[理化性质]　　二肽-20 为固体粉末，其盐酸盐可溶于水，不溶于乙醇，分子量为 277.4，CAS 号为 71816-20-1。

　　[安全管理情况]　　CTFA 将二肽-20 作为化妆品原料，未见其外用不安全的报道。

　　[药理作用]　　二肽-20 与化妆品相关的药理研究见表 2-20。

表2-20　二肽-20与化妆品相关的药理研究

试验项目	浓度	效果说明
细胞培养对成纤维细胞增殖的促进	10μg/mL	促进率 12.3%
对氧自由基的消除		每克相当于 0.33μmol 的 Trolex
对 B16 黑色素细胞生成黑色素的抑制	10μg/mL	抑制率 5.8%

　　[化妆品中应用]　　二肽-20 可加速成纤维细胞的增殖，激活皮肤的自然恢复周期，可减少皮肤细纹，改善皱纹深度，用作皮肤调理剂。

21　二肽-21　Dipeptide-21

　　二肽-21 即 γ-谷氨酰谷氨酰胺（γ-glutamyl glutamine），片段多见于鸡肉蛋白、鱼肉蛋白，是其中的鲜味成分之一。现可用生化法制取。CTFA 列入的二肽-21 的衍生物为癸酰二肽-21 （caproyl dipeptide-21，CAS 号为 1321521-87-2）。

二肽-21 的结构式

[理化性质]　二肽-21 为白色粉末，可溶于水，不溶于乙醇，分子量为 275.0，CAS 号为 1466-50-8。

[安全管理情况]　CTFA 将二肽-21 作为化妆品原料，未见其外用不安全的报道。

[药理作用]　二肽-21 及其衍生物与化妆品相关的药理研究见表 2-21。

表 2-21　二肽-21 及其衍生物与化妆品相关的药理研究

试验项目	浓度	效果说明
二肽-21 对 B16 黑色素细胞生成黑色素的促进	10μg/mL	促进率 42.2%
二肽-21 对成纤维细胞增殖的促进	10μg/mL	促进率 37.5%
二肽-21 对金属蛋白酶 MMP-1 活性的抑制	10mg/mL	抑制率 24.9%
UV 490nm 测定烟酰二肽-21 对蓝光的屏蔽	100μmol/L	屏蔽率 10%

[化妆品中应用]　二肽-21 对胶原蛋白酶、弹性蛋白酶的活性有抑制，结合其对成纤维细胞增殖的促进，可用作皮肤抗皱的调理剂；低浓度的二肽-21 对黑色素的生成有促进作用，可用于促晒黑类制品；高浓度对黑色素的生成有抑制，有美白皮肤作用，并有抗炎性。二肽-21 护肤配方用量 1%，与谷胱甘肽、烟酰胺、厚朴酚、乳香提取物等协同效果显著。癸酰二肽-21 有抗氧性，也有与二肽-21 类似的皮肤调理和护理作用，癸酰二肽-21 用量 3%。

参考文献

Hammond J W. Reduced glutathione, gamma-glutamylcysteine, cysteine and gamma-glutamylglutamine in gamma-glutamyltransferase deficiency[J]. Journal of Inherited Metabolic Disease, 1999, 22:235-239.

22　二肽-22　Dipeptide-22

二肽-22 即缬氨酰丝氨酸（valyl serine），片段多见于弹性蛋白蛋白链，现可化学法合成。CTFA 列入的二肽-22 的衍生物为烟酰二肽-22（nicotinoyl dipeptide-22）。

二肽-22的结构式

[理化性质]　二肽-22 为白色粉末，易溶于水，室温下 1L 水可溶解 940g，分子量为 204.2，CAS 号为 13588-94-8。

[安全管理情况]　CTFA 将二肽-22 作为化妆品原料，未见其外用不安全的报道。

[药理作用]　二肽-22 及其衍生物与化妆品相关的药理研究见表 2-22。

表 2-22　二肽-22 及其衍生物与化妆品相关的药理研究

试验项目	浓度	效果说明
二肽-22 对 B16 黑色素细胞生成黑色素的抑制	10μg/mL	抑制率 28.6%
UV 490nm 测定二肽-22 对蓝光的屏蔽	100mg/kg	屏蔽率 22%
UV 490nm 测定烟酰二肽-22 对蓝光的屏蔽	100μmol/L	屏蔽率 35%
烟酰二肽-22 对胶原蛋白酶活性的抑制	100μmol/L	抑制率 28%

[化妆品中应用]　二肽-22 和烟酰二肽-22 都可用作皮肤抗皱调理剂。可以屏蔽蓝光对皮肤的伤害，有美白效果。烟酰二肽-22 的用量为 0.1%。

23　二肽-23　Dipeptide-23

二肽-23 的结构为脯氨酰丝氨酸（prolyl serine），以片段存在于人干细胞因子中，现在可化学法合成。CTFA 列入的二肽-23 的衍生物有曲酸基甲酰二肽-23（kojyl carboxy dipeptide-23）和烟酰二肽-23（nicotinoyl dipeptide-23）。

二肽-23的结构式

[理化性质]　二肽-23 为白色粉末，可溶于水，不溶于乙醇，分子量为 202.1。

[安全管理情况]　CTFA 将二肽-23 作为化妆品原料，未见其外用不安全的报道。

[药理作用]　二肽-23 及其衍生物与化妆品相关的药理研究见表 2-23。

表 2-23　二肽-23 及其衍生物与化妆品相关的药理研究

试验项目	浓度	效果说明
二肽-23 对酪氨酸酶活性的抑制	10μg/mL	抑制率 52.7%
曲酸基甲酰二肽-23 对酪氨酸酶活性的抑制	1mmol/L	抑制率 81.2%
曲酸基甲酰二肽-23 对黑色素细胞生成黑色素活性的抑制	1mmol/L	抑制率 47.0%
UV 490nm 测定二肽-23 对蓝光的屏蔽	100mg/kg	屏蔽率 8%
UV 490nm 测定烟酰二肽-23 对蓝光的屏蔽	100μmol/L	屏蔽率 44%
二肽-23 对糖化反应的抑制	2mg/mL	抑制率 45%
二肽-23 对 LPS 诱发 TNF-α 生成的抑制	50μmol/L	抑制率 26%
在 UVB（100 mJ/cm^2）照射下二肽-23 对前列腺素 PGE$_2$ 生成的抑制	20 μg/mL	抑制率 71.3%

[化妆品中应用] 二肽-23、曲酸基甲酰二肽-23 和烟酰二肽-23 都可用作皮肤调理剂，对黑色素的生成有抑制作用，施用于皮肤有亮肤效果，可用于美白类护肤品。二肽-23 还有抗衰、抗炎和防晒作用。

24 二肽-24 Dipeptide-24

二肽-24 即苏氨酰谷氨酸（threonyl glutamic acid），在大豆蛋白、鸡肉蛋白、蚕蛹蛋白等以片段存在。现可化学法合成。CTFA 列入的二肽-24 的衍生物为烟酰二肽-24（nicotinoyl dipeptide-24）。

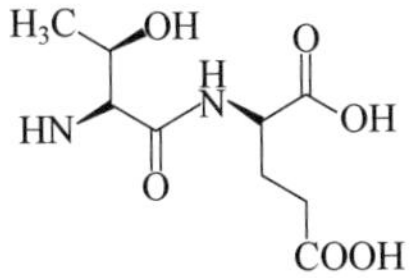

二肽-24的结构式

[理化性质] 二肽-24 为白色粉末，可溶于水，分子量为 248.2，CAS 号为 54532-73-9。

[安全管理情况] CTFA 将二肽-24 作为化妆品原料，未见其外用不安全的报道。

[药理作用] 二肽-24 与化妆品相关的药理研究见表 2-24。

表 2-24 二肽-24 与化妆品相关的药理研究

试验项目	浓度	效果说明
对血管紧张素转化酶活性的抑制	2.0mg/mL	抑制率 97.5%
对成纤维细胞增殖的促进	10μg/mL	促进率 44.7%
UVB（100mJ/cm²）照射下对前列腺素 PGE_2 生成的抑制	20μg/mL	抑制率 32.5%

[化妆品中应用] 二肽-24 可用作皮肤调理剂；对血管紧张素转化酶活性的抑制显示，其可强烈抑制血管的紧张程度，增强活血，对红血丝等疾患有防治作用；二肽-24 还有抗衰抗皱、防晒抗炎功能。烟酰二肽-24 为皮肤调理剂。

25 二肽-25 Dipeptide-25

二肽-25 即精氨酰色氨酸（arginyl tryptophan），可见于大豆蛋白的片段。精氨酰色氨酸可采用化学法制取，产品一般是其盐酸盐的形式。CTFA 列入的二肽-25 的衍生物为咖啡酰二肽-25 酰胺（caffeoyl dipeptide-25 amide）。

二肽-25盐酸盐的结构式

[**理化性质**] 二肽-25 为固体粉末，可溶于水，二肽-25 盐酸盐的分子量为 396.9，CAS 号为 25615-38-7。

[**安全管理情况**] CTFA 将二肽-25 作为化妆品原料，未见其外用不安全的报道。

[**药理作用**] 二肽-25 与化妆品相关的药理研究见表 2-25。

表 2-25 二肽-25 与化妆品相关的药理研究

试验项目	浓度	效果说明
二肽-25 对黄嘌呤氧化酶活性的抑制		IC_{50} 1.14mmol/L
二肽-25 对氧自由基的消除		每克相当于 2.3μmol 的 Trolex
二肽-25 对成纤维细胞增殖的促进	10μg/mL	促进率 28.3%
咖啡酰二肽 25 对 B-16 黑色素细胞生成黑色素的抑制	50μmol/L	抑制率 61.8%
二肽-25 对 LPS 诱发 TNF-α生成的抑制	50μmol/L	抑制率 20%
UVB（100 mJ/cm²）照射下对前列腺素 PGE_2 生成的抑制	20μg/mL	抑制率 34.9%

[**化妆品中应用**] 二肽-25 可用作皮肤抗皱类调理剂，对黄嘌呤氧化酶活性的抑制显示有抗氧作用，对 TNF-α的抑制显示其抗过敏的作用，也有防晒性和抗炎性。咖啡酰二肽-25 也有抗氧性，可抑制黑色素的生成，可用于皮肤调理、护肤和亮肤。

参考文献

Powell M F. Effect of single amino acid substitution and glycosylation on peptide reactivity in human serum [J]. Pharmaceutical Research, 1993, 10(9): 1268-1273.

26 二肽-26 Dipeptide-26

二肽-26 即精氨酰缬氨酸（arginyl valine）为一碱性肽，可见于人白介素-1 的片段，产品一般采用精氨酰缬氨酸乙酸盐的形式，用化学法制取。CTFA 列入的二肽-26 衍生物为烟酰二肽-26（nicotinoyl dipeptide-26）。

二肽-26的结构式

[**理化性质**]　二肽-26 乙酸盐为白色粉末，可溶于水，分子量为 333.4，CAS 号为 56926-65-9。

[**安全管理情况**]　CTFA 将二肽-26 作为化妆品原料，未见其外用不安全的报道。

[**药理作用**]　二肽-26 与化妆品相关的药理研究见表 2-26。

表 2-26　二肽-26 与化妆品相关的药理研究

试验项目	浓度	效果说明
对 B-16 黑色素细胞生成黑色素的促进	$10\mu g/mL$	促进率 64.5%
对成纤维细胞增殖的促进	$10\mu g/mL$	促进率 24.4%
对 LPS 诱发 TNF-α 生成的抑制	$50\mu mol/L$	抑制率 22%
对金属蛋白酶 MMP-1 活性的抑制	$10mg/mL$	抑制率 34.2%
UVB（$100mJ/cm^2$）照射下对前列腺素 PGE_2 生成的抑制	$20\mu g/mL$	抑制率 67.3%

[**化妆品中应用**]　二肽-26 可用作皮肤营养抗皱类调理剂，涂敷对黑色素的生成有促进作用，用于晒黑类护肤品，并有防晒性能；对 TNF-α 生成等的抑制显示二肽-26 具抗炎作用。烟酰二肽-26 可用作皮肤调理剂。

27　二肽-27　**Dipeptide-27**

二肽-27 即亮氨酰甘氨酸（leucyl glycine），是在乳蛋白中存在的片段，现可采用化学法制取。CTFA 列入的二肽-27 衍生物为对羟基肉桂酰二肽-27 酰胺（hydroxycinnamoyl dipeptide-27 amide）。

二肽-27的结构式

[**理化性质**]　二肽-27 为白色粉末，熔点 245℃（分解），溶于水，室温下水中溶解度为 300g/L，$[\alpha]_D^{20}86°$（$c = 2mol/L$，H_2O），分子量 188.2，CAS 号为 686-50-0。

[**安全管理情况**]　CTFA 将二肽-27 作为化妆品原料，未见其外用不安全的报道。

[**药理作用**]　二肽-27 与化妆品相关的药理研究见表 2-27。

表2-27 二肽-27 与化妆品相关的药理研究

试验项目	浓度	效果说明
对透明质酸生成的促进	1μg/mL	促进率 25%
对原胶原蛋白生成的促进	100μg/mL	促进率 9.1%
对弹性蛋白生成的促进	1.3%	促进率 8%
对弹性蛋白酶活性的抑制	10μg/mL	抑制率 32.1%
对由 LPS 诱发前列腺素 E_2 生成的抑制	1μg/mL	抑制率 32.7%
对 LPS 诱发 TNF-α 生成的抑制	50μmol/L	抑制率 37%
对自由基 DPPH 的消除	1μg/mL	消除率 40.5%

[化妆品中应用] 二肽-27 用作皮肤调理剂，对皮肤有营养作用。有抗皱抗衰抗氧抗炎活肤作用，能提升局部雌激素的水平。用量在 0.1%左右。对羟基肉桂酰二肽-27 也用作皮肤调理剂，并有防御 UVB 和护肤的作用。其他衍生物如咖啡酰二肽-27 酰胺 50μmol/L 时对黑色素细胞生成黑色素生成的抑制率为 41%、对酪氨酸酶活性的抑制率为 24.2%，可用作皮肤美白剂。

参考文献

Lee H S. Synthesis and evaluation of coumaroyl dipeptide amide as potential whitening agents[J]. Bulletin-Korean Chemical Society, 2013, 34(10): 3017-3021.

28 二肽-28 Dipeptide-28

二肽-28 即苏氨酰丝氨酸（threonyl serine），在菌类蛋白、牛颌下腺黏蛋白等中以片段存在。现采用化学法合成。

二肽-28的结构式

[理化性质] 二肽-28 为白色结晶粉末，易溶于水，分子量 206.2。
[安全管理情况] CTFA 将二肽-28 作为化妆品原料，未见其外用不安全的报道。
[药理作用] 二肽-28 及其衍生物与化妆品相关的药理研究见表2-28。

表2-28 二肽-28 及其衍生物与化妆品相关的药理研究

试验项目	浓度	效果说明
二肽-28 对 LPS 诱发 TNF-α 生成的抑制	50μmol/L	抑制率 18%
UVB（100mJ/cm^2）照射下二肽-28 对前列腺素 PGE_2 生成的抑制	20μg/mL	抑制率 55.7%
二肽-28 对 B-16 黑色素细胞生成黑色素的抑制	10μg/mL	抑制率 5.8%
烟酰二肽-28 对胶原蛋白酶活性的抑制	100μmol/L	抑制率 76%

［化妆品中应用］　二肽-28 有防晒和抗炎性，并有保湿作用，可用作皮肤抗皱调理剂；二肽-28 还有细微的美白皮肤的作用。

29　二肽-29　Dipeptide-29

二肽-29 即丙氨酰色氨酸（alanyl tryptophan），是人促进生长激素中的片段，也是一曲霉的代谢产物。现在可采用生化法或化学法制取。

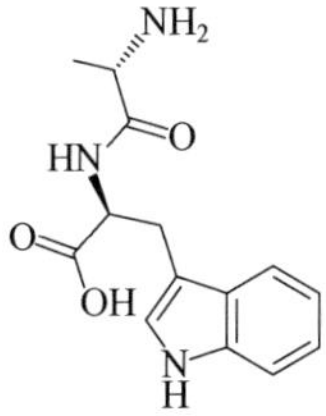

二肽-29的结构式

［理化性质］　二肽-29 为白色固体粉末，溶于水，室温下 pH6.5 水溶液 100g 中可溶解 5g，$[\alpha]_D^{20}15°$（$c = 2mol/L, H_2O$），分子量 275.3。CAS 号为 16305-75-2。

［安全管理情况］　CTFA 将二肽-29 作为化妆品原料，未见其外用不安全的报道。

［药理作用］　二肽-29 与化妆品相关的药理研究见表 2-29。

表 2-29　二肽-29 与化妆品相关的药理研究

试验项目	浓度	效果说明
对 B-16 黑色素细胞生成黑色素的抑制	10μg/mL	抑制率 53.4%
对氧自由基的消除		每克相当于 3.0μmol 的 Trolex
对成纤维细胞增殖的促进	10μg/mL	促进率 21.1%
对金属蛋白酶 MMP-1 活性的抑制	10 mg/mL	抑制率 37.8%

［化妆品中应用］　二肽-29 可用作皮肤调理剂，并有抗氧、抗炎、抗衰和美白皮肤的功能。

30　二肽-30　Dipeptide-30

二肽-30 即组氨酰脯氨酸（histidyl proline），主要以片段存在于神经有关的蛋白质、甲状腺激素中，现可化学法合成。

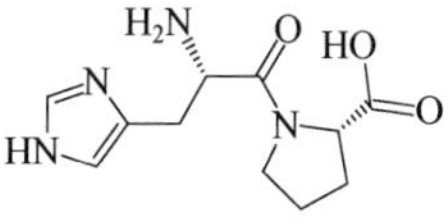

二肽-30 的结构式

[**理化性质**] 二肽-30 为固体粉末，可溶于水，不溶于乙醇，分子量为 252.3，CAS 号为 20930-58-9。

[**安全管理情况**] CTFA 将二肽-30 作为化妆品原料，未见其外用不安全的报道。

[**药理作用**] 二肽-30 与化妆品相关的药理研究见表 2-30。

表 2-30 二肽-30 与化妆品相关的药理研究

试验项目	浓度	效果说明
对 B-16 黑色素细胞生成黑色素的促进	10μg/mL	促进率 16.2%
UVB（100mJ/cm²）照射下对前列腺素 PGE$_2$ 生成的抑制	20μg/mL	抑制率 26.3%

[**化妆品中应用**] 二肽-30 处于神经组织的较核心部位，二肽-30 的若干衍生物均用于神经病患方面的治疗，有抑制忧郁、促进睡眠等作用；二肽-30 外用可缓解皮肤的紧张状态，防治过敏；二肽-30 可用作皮肤调理剂，也用于晒黑类制品，并有防晒和抗炎作用。

参考文献

Coggins P J. Histidylproline: A potentially neuroactive metabolite of TRH [J]. Regulatory Peptides, 1984, 9(4): 356-366.

31 二肽-31 Dipeptide-31

二肽-31 的结构为缬氨酰丙氨酸（valyl alanine），以片段多次在成纤维细胞生长因子中出现，现可采用化学法合成。CTFA 列入的衍生物为乙酰二肽-31 酰胺（acetyl dipeptide-31 amide）。

二肽-31 的结构式

[**理化性质**] 二肽-31 为白色粉末，可溶于水（室温下 pH6.5 的 100g 水中溶解 30g 以上），不溶于乙醇，分子量为 188.2，CAS 号为 27493-61-4。

[**安全管理情况**] CTFA 将二肽-31 作为化妆品原料，未见其外用不安全的报道。

[**药理作用**] 二肽-31 及其衍生物与化妆品相关的药理研究见表 2-31。

表 2-31 二肽-31 及其衍生物与化妆品相关的药理研究

试验项目	浓度	效果说明
乙酰二肽-31 酰胺对成纤维细胞增殖的促进	0.4%	促进率 89%
二肽-31 对 B-16 黑色素细胞生成黑色素的抑制	10μg/mL	抑制率 77.3%
UV 490nm 测定烟酰二肽 31 对蓝光的屏蔽	100μmol/L	屏蔽率 17%
UVB(100mJ/cm²)照射下二肽-31 对前列腺素 PGE$_2$ 生成的抑制	20μg/mL	抑制率 64.7%

[化妆品中应用] 乙酰二肽-31 酰胺对成纤维细胞、角质细胞的增殖均有促进作用，促进角质层细胞完整性，增强皮肤屏障功能；有抗炎性，并提高其免疫功能，对皮肤过敏也有抑制作用，用作皮肤调理剂，护肤品用量 0.1%。二肽-31 也可用作皮肤调理剂，对黑色素细胞有良好的抑制作用，可用于美白品，并有防晒和抗炎作用。

32 二肽-32 Dipeptide-32

二肽-32 即酪氨酰酪氨酸（tyrosyl tyrosine），在血红蛋白、乳蛋白中以片段存在，现以化学法合成。CTFA 列入的衍生物为乙酰二肽-32 酰胺（acetyl dipeptide-32 amide）。

二肽-32的结构式

[理化性质] 二肽-32 为白色粉末，可溶于水，分子量为 362.4。CAS 号为 1050-28-8。

[安全管理情况] CTFA 将二肽-32 作为化妆品原料，未见其外用不安全的报道。

[药理作用] 二肽-32 及其衍生物与化妆品相关的药理研究见表 2-32。

表 2-32 二肽-32 及其衍生物与化妆品相关的药理研究

试验项目	浓度	效果说明
二肽-32 对 B-16 黑色素细胞生成黑色素的促进	10μg/mL	促进率 37.7%
二肽-32 对酪氨酸酶活性的抑制	0.4mmol/L	抑制率 39.3%
二肽-32 对羟基自由基的消除	1.67mmol/L	消除率 70.9%
二肽-32 对双氧水的消除	150μmol/L	消除率 86.2%
二肽-32 对超氧自由基的消除	330μmol/L	消除率 10.5%
二肽-32 对氧自由基的消除		每克相当于 1.9μmol 的 Trolex
二肽-32 对成纤维细胞增殖的促进	10μg/mL	促进率 50.1%
乙酰二肽-32 酰胺成纤维细胞增殖的促进	0.2%	促进率 98%
UVB（100 mJ/cm²）照射下二肽-32 对前列腺素 PGE₂ 生成的抑制	20μg/mL	抑制率 83.5%

[化妆品中应用] 二肽-32 有抗氧性，可用作皮肤调理剂。低浓度使用时对黑色素细胞生成黑色素有促进，可用于晒黑类护肤品和乌发剂；但高浓度时，则为抑制，有美白皮肤作用。乙酰二肽-32 酰胺对角质细胞的增殖、对成纤维细胞的增殖、对胶原蛋白和弹性蛋白的生成均有促进作用，可使促进角质层细胞完整性，增强皮肤屏障功能；有强烈的防晒性和抗炎性，并提高其免疫功能，对皮肤过敏也有抑制

作用，可用作皮肤调理剂，用量 0.1%。

参考文献

Mor A. Skin peptide tyrosine [J]. Proceedings of the National Academy of Sciences of the United States of America, 1994, 91(22):10295-10299.

33 二肽-33 Dipeptide-33

二肽-33 即精氨酰甘氨酸（arginyl glycine），以片段在人成纤维细胞生长因子-10 中出现，现在采用化学法制取，产品形式是其盐酸盐。CTFA 认可的衍生物是二肽-33 薯蓣皂苷脂盐酸盐（diosgenin dipeptide-33 HCl）。

二肽-33的结构式

[理化性质] 二肽-33 为白色粉末，易溶于水，不溶于乙醇，分子量 231.3。CAS 号为 2418-67-9。

[安全管理情况] CTFA 将二肽-33 作为化妆品原料，未见其外用不安全的报道。

[药理作用] 二肽-33 与化妆品相关的药理研究见表 2-33。

表 2-33 二肽-33 与化妆品相关的药理研究

试验项目	浓度	效果说明
对成纤维细胞增殖的促进	10µg/mL	促进率 46.6%
对 LPS 诱发 TNF-α生成的抑制	50µmol/L	抑制率 21%
对金属蛋白酶 MMP-1 活性的抑制	10mg/mL	抑制率 23.1%
UVB（100mJ/cm^2）照射下对前列腺素 PGE$_2$ 生成的抑制	20µg/mL	抑制率 32.8%

[化妆品中应用] 二肽-33 对成纤维细胞的增殖有促进，可用作化妆品皮肤抗皱调理剂；对 TNF-α生成的抑制显示可防治皮肤炎症，并有防晒性能。二肽-33 薯蓣皂苷脂为皮肤调理剂。

参考文献

Li H B. Theoretical spectroscopic studies on chemical and electronic structures of arginylglycine [J]. Physical Chemistry Chemical Physics (PCCP), 2015, 17:24754-24760.

34 二肽-34 Dipeptide-34

二肽-34 即天冬氨酰缬氨酸（aspartyl valine），片段存在于酪蛋白、乳铁蛋白、乳清蛋白中，现在以化学法合成。

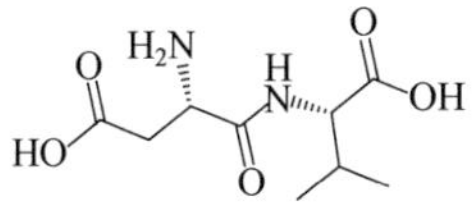

二肽-34的结构式

[理化性质] 二肽-34 为白色粉末，可溶于水，分子量为 232.3。CAS 号为 13433-04-0。

[安全管理情况] CTFA 将二肽-34 作为化妆品原料，未见其外用不安全的报道。

[药理作用] 二肽-34 与化妆品相关的药理研究见表 2-34。

表 2-34 二肽-34 与化妆品相关的药理研究

试验项目	浓度	效果说明
对 B-16 黑色素细胞生成黑色素的抑制	$10\mu g/mL$	抑制率 56.23%
对 LPS 诱发 TNF-α 生成的抑制	$50\mu mol/L$	抑制率 22%
UVB（$100mJ/cm^2$）照射下对前列腺素 PGE_2 生成的抑制	$20\mu g/mL$	抑制率 30.7%

[化妆品中应用] 二肽-34 可用作化妆品皮肤调理剂，对黑色素细胞的活性有抑制，可用于美白类护肤品。二肽-34 对 TNF-α 的生成有强烈抑制，有镇痛抑敏效果，可用作抗炎剂，并有防晒作用。

参考文献

Berta T. Extracellular caspase-6 drives murine inflammatory pain via microglial TNF-α secretion [J]. The Journal of Clinical Investigation, 2014, 124(3):1173-1186.

35 二肽-35 Dipeptide-35

二肽-35 即甘氨酰丝氨酸（glycyl serine），是蚕丝蛋白中的主要结构片段，在血小板生长因子等中以片段存在，可从蚕丝水解物中分离，也可以化学法合成。

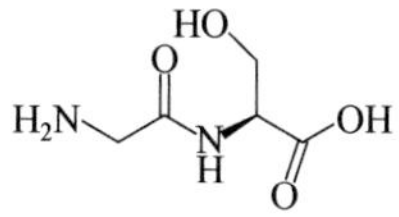

二肽-35的参考结构

[理化性质]　二肽-35 为白色粉末，易溶于水，熔点 $201 \sim 202\,^{\circ}\mathrm{C}$，$[\alpha]_{\mathrm{D}}^{20} -9^{\circ}$（$c = 2\mathrm{mol/L}$，水），分子量 162.2。CAS 号为 7361-43-5。

[安全管理情况]　CTFA 将二肽-35 作为化妆品原料，未见其外用不安全的报道。

[药理作用]　二肽-35 与化妆品相关的药理研究见表 2-35。

表 2-35　二肽-35 与化妆品相关的药理研究

试验项目	浓度	效果说明
二肽-35 对血管紧张素转换酶活性的抑制		IC$_{50}$ 3.8mmol/L
二肽-35 对毛发根鞘细胞增殖的促进	10mg/kg	促进率 49%
UVB（100 mJ/cm^2）照射下二肽-35 对前列腺素 PGE$_2$ 生成的抑制	20μg/mL	抑制率 22.7%
二肽-35 对 LPS 诱发 TNF-α生成的抑制	50μmol/L	抑制率 21%
月桂酰二肽-35 对泡沫高度的促进	5%	提高 43.8%
油酰二肽-35 对经皮水分蒸发的抑制	5%	抑制率 32%

[化妆品中应用]　二肽-35 用作化妆品皮肤的调理剂，并有保湿、防晒和抗炎性；对血管紧张素转换酶活性有抑制，可减少血管紧张素的生成，可增强活血，防治黑眼圈。对毛发根鞘细胞增殖的促进，可用于生发制品。

36　鹅肌肽　*Anserine*

鹅肌肽也称胺肌肽，是一种含有 β-丙氨酸和组氨酸的二肽，可以在哺乳动物的骨骼肌和鸟类的大脑中发现，常与肌肽（carnosine）伴存。鹅肌肽可从禽肉中提取。

鹅肌肽的结构式

[理化性质]　鹅肌肽为白色粉状固体，可溶于水，不溶于酒精，水溶液的 pH 值为 7.04，分子量 240.3。鹅肌肽的 CAS 号为 584-85-0。

[安全管理情况]　CTFA 将鹅肌肽作为化妆品原料，中国香化协会 2010 年版的《国际化妆品原料标准中文名称目录》中列入，未见其外用不安全的报道。

[药理作用]　鹅肌肽与化妆品相关的药理研究见表 2-36。

[化妆品中应用]　鹅肌肽作为药品在抗疲劳、避免神经组织退化、增强免疫机能、加速愈伤等方面有广泛的应用，例如人体皮层的成纤维细胞在鹅肌肽的水溶液中存活时间明显增长，说明鹅肌肽不但是营养剂，还能促进细胞的新陈代谢，在护肤品中使用可用于抗氧化、清除有害自由基、调理皮肤等产品。

表 2-36　鹅肌肽与化妆品相关的药理研究

试验项目	浓度	效果说明
对透明质酸水解的抑制	200μmol/L	抑制率 42.3%
对 DPPH 自由基的消除	3mmol/L	消除率 17.9%
在 50Gy 剂量 X 射线下对 DNA 的保护	1mmol/L	保护率 51.9%

参考文献

Fu H Y. Free radical scavenging and radioprotective effects of carnosine and anserine[J]. Radiation Physics and Chemistry, 2009, 78(12):1192-1197.

37　甘氨酰酪氨酸　Glycyl-L-tyrosine

甘氨酰酪氨酸为二肽化合物，作为一个片段广泛存在于蛋白链中，在动物蛋白质中更多见，在许多蛋白质的水解物中存在，现可用化学合成法制取。

甘氨酰酪氨酸的结构式

[**理化性质**]　甘氨酰酪氨酸为白色或淡黄色粉末，熔点 278~285℃（分解），可溶于水（1000g 中溶解 33g），不溶于酒精，$[\alpha]$47.5°（c=1mol/L，水），分子量 238.0。CAS 号为 39630-46-1 和 658-79-7。

[**安全管理情况**]　2016 年版 CTFA 将甘氨酰酪氨酸作为化妆品原料，中国香化协会 2010 年版的《国际化妆品原料标准中文名称目录》中列入，未见其外用不安全的报道。

[**药理作用**]　甘氨酰酪氨酸与化妆品相关的药理研究见表 2-37。

表 2-37　甘氨酰酪氨酸与化妆品相关的药理研究

试验项目	浓度	效果说明
对黑色素细胞生成黑色素的促进	10μg/mL	促进率 35.8%
对酪氨酸酶活性的抑制	0.4mmol/L	抑制率 50%
对自由基 DPPH 的消除		IC_{50} 5.08mg/mL
对氧自由基的消除		每克相当于 1.5μmol 的 Trolex
对血管紧张素转换酶活性的抑制		IC_{50} 259μmol/L
对生物活性物质如促红细胞生成素的稳定性的促进	0.1%	10 周后测定基本不分解（空白分解 7%~26%）

[化妆品中应用] 甘氨酰酪氨酸对血管紧张素转换酶活性有抑制，可减少血管紧张素的生成，可增强活血；在眼圈周围使用，可增强眼部淋巴循环，促进水分排出，防治眼袋。低浓度的甘氨酰酪氨酸可促进黑色素的生成，可用于乌发制品或晒黑护肤品；浓度较大为抑制作用，其衍生物硫辛酰甘氨酰酪氨酸则对黑色素细胞生成黑色素有抑制，也可屏蔽蓝光。甘氨酰酪氨酸有抗氧性，有调理作用，还可用作保湿剂。

参考文献

Yasunobu K. Tyrosine peptides as precursors of melanin in mammals [J]. Nature, 1957, 180:441-442.

 38 酪氨酰组氨酸　**Tyrosyl-L-histidine**

酪氨酰组氨酸为二肽化合物，在海藻蛋白质的水解物中含量较集中。酪氨酰组氨酸现可用化学法合成，产品采用其盐酸盐的形式。

酪氨酰组氨酸的结构式

[理化性质] 酪氨酰组氨酸为白色粉末，易溶于水，不溶于乙醇，分子量318.3。CAS号为3788-44-1。酪氨酰组氨酸盐的CAS号为94111-42-9。

[安全管理情况] 国家药品监督管理局、CTFA都将酪氨酰组氨酸盐作为化妆品原料，未见其外用不安全的报道。

[药理作用] 酪氨酰组氨酸盐与化妆品相关的药理研究见表2-38。

表2-38 酪氨酰组氨酸盐与化妆品相关的药理研究

试验项目	浓度	效果说明
对B-16黑色素细胞活化的促进	$10\mu g/mL$	促进率43.2%
对血管紧张素转化酶活性的抑制		IC_{50} 10.1$\mu mol/L$

[化妆品中应用] 酪氨酰组氨酸对B-16黑色素细胞活化有促进作用，可用于晒黑性护肤品，也可用于乌发制品；可减少血管紧张素的生成，可增强活血和防治红血丝。

第三章

三肽

1　三肽-1　Tripeptide-1

　　三肽-1 即甘氨酰组氨酰赖氨酸（glycyl histidyl lysine），在乳蛋白中以片段存在。现在可化学法合成。

　　三肽-1 有多种衍生物，如乙酰三肽-1（acetyl tripeptide-1，皮肤调理剂）、肉豆蔻酰三肽-1（myristoyl tripeptide-1，皮肤调理剂）、棕榈酰三肽-1（palmitoyl tripeptide-1，皮肤调理剂）、烟酰三肽-1（nicotinoyl tripeptide-1，抗氧剂、螯合剂和护肤剂）、咖啡酰三肽-1（caffeoyl tripeptide-1，抗氧剂、抗痤疮剂和护肤剂）、维甲酰三肽-1（retinoyl tripeptide-1，抗氧剂和护肤剂）、生物素三肽-1（biotinoyl tripeptide-1，生发调理剂）、香豆酰三肽-1（coumaroyl tripeptide-1，抗氧剂、皮肤美白剂和护肤剂）、三肽-1 铜（copper tripeptide-1，皮肤调理剂）、三肽-1 锰（manganese tripeptide-1，皮肤调理剂）等。

三肽-1的结构式　　　　　　　　三肽-1铜的结构式

　　[理化性质]　　三肽-1 为白色粉末，可溶于水，分子量为 607.7。CAS 号为72957-37-0。

　　[安全管理情况]　　国家药品监督管理局和 CTFA 都将三肽-1 和三肽-1 铜作为化妆品原料。MTT 法测定棕榈酰三肽-1 在 50μg/mL 时对角质形成细胞的毒性为27.7%，未见其外用不安全的报道。

　　[药理作用]　　三肽-1 及其衍生物与化妆品相关的药理研究见表 3-1。

表3-1　三肽-1及其衍生物与化妆品相关的药理研究

试验项目	浓度	效果说明
细胞培养三肽-1对胶原蛋白I型生成的促进	0.1μmol/L	促进率205%
细胞培养三肽-1对粘连蛋白生成的促进	0.1μmol/L	促进率55%
细胞培养三肽-1对弹性蛋白生成的促进	0.1μmol/L	促进率15%
棕榈酰三肽-1对胶原蛋白生成的促进	1μg/mL	促进率20%
三肽-1锰对成纤维细胞增殖的促进	10μg/mL	促进率22.0%
三肽-1对酪氨酸酶活性的抑制		IC_{50} 0.1nM/L
三肽-1锰对黑色素细胞生成黑色素的抑制	10μg/mL	抑制率88%
三肽-1对真皮乳头细胞增殖的促进	1nmol/L	促进率61%
三肽-1铜对脱发的抑制	30mg/kg	抑制率68%

[**化妆品中应用**]　三肽-1作用于真皮层,能促进细胞外基质如Ⅰ和Ⅲ型胶原蛋白、弹性蛋白、结构糖蛋白(如层粘连蛋白和纤维连接蛋白)的合成,促进伤口恢复和组织更新重建,加强真皮网状结构,使皮肤屏障功能更加完整、紧致,皱纹得到舒缓,对抗紫外线照射的能力更强,可用作皮肤调理剂。三肽-1可促进脂肪的分解,10ng/mL即有作用,可用于减肥制品。对真皮乳头细胞增殖的促进显示三肽-1有促进生发的功能,三肽-1铜的作用类似。三肽-1的衍生物有类似的作用。三肽-1的浓度0.01μg/mL时即有作用,因此施用浓度不可过高。三肽-1也被称为信号肽,因此需与其他物质配合才能发挥更大功效,如泛醇、肉碱、尿囊素和植物提取物等。

参考文献

Pickart L. GHK and DNA: Resetting the human genome to health [J]. Biomed Research International, 2014, 3(2):11-16.

2　三肽-2　Tripeptide-2

　　三肽-2即缬氨酰酪氨酰缬氨酸(valyl tyrosyl valine)。片段存在于人的血管紧张素酶中。现在以化学法合成。CTFA列入的衍生物为三氟乙酰三肽-2(trifiuoroacetyl tripeptide-2,CAS号为64577-63-5)。

三肽-2的结构式

[理化性质] 三肽-2 为类白色至浅棕色粉末，微溶于水，室温下 1L 水溶解 2.8g，不溶于乙醇，分子量为 379.0。CAS 号为 17355-22-5。

[安全管理情况] 国家药品监督管理局和 CTFA 都将三肽-2 作为化妆品原料，未见其外用不安全的报道。

[药理作用] 三肽-2 及其衍生物与化妆品相关的药理研究见表 3-2。

表 3-2 三肽-2 及其衍生物与化妆品相关的药理研究

试验项目	浓度	效果说明
三肽-2 对氧自由基的消除		每克相当于 0.83μmol 的 Trolex
三氟乙酰三肽-2 对胶原蛋白生成的促进	0.004%	促进率 23%

[化妆品中应用] 三肽-2 可用作皮肤调理剂，有抗皱抗衰作用，三氟乙酰三肽-2 低浓度对胶原蛋白生成即有显著促进，与月见草等提取物、生化产品腺苷等配合效果更好，用于对皮肤细纹的改善，建议用量 0.01%以下。

参考文献

Estelle L. trifluoroacetyl-tripeptide-2 to target senescence for anti-aging benefits[J]. Cosmetics & Toiletries, 2012, 127(4):274-280.

3 三肽-3 Tripeptide-3

三肽-3 即丝氨酰甘氨酰缬氨酸（seryl glycyl valine），见于降钙素基因相关肽（CGRP）中的重要片段，现可化学合成，商品名为 Atpeptide。CGRP 广泛分布于人体中枢神经系统、外周和其他系统中，在脊髓中含量最高。CGRP 与受体结合后，激活腺苷酸环化酶，使细胞内 cAMP 升高，发挥其生物学效应。

三肽-3的结构式

[理化性质] 三肽-3 为白色粉末，可溶于水，分子量为 261.0。CAS 号为 100590-70-3。

[安全管理情况] 国家药品监督管理局和 CTFA 都将三肽-3 作为化妆品原料，未见其外用不安全的报道。

[药理作用] 三肽-3（浓度 0.01%）与化妆品相关的药理研究见表 3-3。

[化妆品中应用] 三肽-3 对细胞活化剂三磷酸腺苷（ATP）有促进作用，可用作皮肤调理剂，有抗皱抗衰活肤作用，并能减肥；三肽-3 也有保湿和提升 SPF 功能，与有抗氧化能力的植物提取物配合效果更好，配方建议浓度在 0.01%以下。

表 3-3　三肽-3（浓度 0.01%）与化妆品相关的药理研究

试验项目	效果说明
成纤维细胞培养对三磷酸腺苷（ATP）生成的促进	促进率 140%
成纤维细胞培养对环磷酸腺苷（cAMP）生成的促进	促进率 44.3%
脂肪细胞培养对脂肪分解的促进	促进率 50%
涂敷对防晒系数（SPF）的提升	SPF 值从空白样品的 3.5 提升至 8.2
对角质层含水量的提升	促进率 12.5%
对经皮水分蒸发量的抑制	抑制率 11.3%

4　三肽-4　Tripeptide-4

　　三肽-4 即甘氨酰组氨酰精氨酸（glycyl histidyl arginine），可见于成纤维细胞生长因子-10（FGF-10）的片段。CTFA 列入的衍生物为肉豆蔻酰三肽-4（myristoyl tripeptide-4）和棕榈酰三肽-4（palmitoyl tripeptide-4）。

三肽-4的结构式

　　[理化性质]　三肽-4 为白色粉末，可溶于水，室温时溶解度为 2.5%，分子量 368.4。CAS 号为 82224-83-7。

　　[安全管理情况]　CTFA 将三肽-4 作为化妆品原料，中国香化协会 2010 年版的《国际化妆品原料标准中文名称目录》中列入，未见其外用不安全的报道。

　　[药理作用]　三肽-4 及其衍生物与化妆品相关的药理研究见表 3-4。

表 3-4　三肽-4 及其衍生物与化妆品相关的药理研究

试验项目	浓度	效果说明
三肽-4 对胶原蛋白 I 型生成的促进	0.1μmol/L	促进率 175%
三肽-4 对弹性蛋白生成的促进	0.1μmol/L	促进率 12%
UV 490nm 测定烟酰三肽-4 对蓝光的屏蔽	100μmol/L	屏蔽率 25%

　　[化妆品中应用]　三肽-4 具成纤维细胞生长因子-10 样作用，可用作皮肤调理剂，有显著促进胶原蛋白和弹性蛋白生成的作用，改善胶原蛋白的维护和重塑，有抗皱作用。肉豆蔻酰三肽-4 和棕榈酰三肽-4 都是类似的皮肤抗皱调理剂。三肽-4 可部分消除蓝光的辐射，有增白皮肤的作用，可与植物提取物黄酮类成分配合。

Furlan M. Inhibition of fibrin polymerization by fragment D is affected by calcium, Gly-Pro-Arg and Gly-His-Arg [J]. Biochimica Et Biophysica Acta, 1983, 742(1):25-32.

 5 　三肽-5　Tripeptide-5

三肽-5 即赖氨酰缬氨酰赖氨酸（Lys-Val-Lys），以片段存在于胶原蛋白。CTFA 列出的衍生物为棕榈酰三肽-5（palmitoyl tripeptide-5，CAS 号为 623172-56-5），产品多采用其二乙酸盐或二 (三氟乙酸盐) 的形式。

三肽-5的结构式

[理化性质]　棕榈酰三肽-5 为白色粉末，稍溶于水，分子量为 611.9。棕榈酰三肽-5 要先与一缩二丙二醇或甘油、CMC、海藻糖、透明质酸、表面活性剂、防腐剂等制成脂质体，棕榈酰三肽-5 的浓度 0.01%。

[安全管理情况]　CTFA 将三肽-5 作为化妆品原料，中国香化协会 2010 年版的《国际化妆品原料标准中文名称目录》中列入，未见其外用不安全的报道。

[药理作用]　棕榈酰三肽-5 及其盐与化妆品相关的药理研究见表 3-5。

表 3-5　棕榈酰三肽-5 及其盐与化妆品相关的药理研究

试验项目	浓度	效果说明
棕榈酰三肽-5 对I型胶原蛋白生成的促进	1mg/kg	促进率 35.5%
棕榈酰三肽-5 对Ⅲ型胶原蛋白生成的促进	1mg/kg	促进率 127.5%
棕榈酰三肽-5 对粘连蛋白生成的促进	1mg/kg	促进率 116.0%
棕榈酰三肽-5 对胶原蛋白生成的促进	10mg/kg	促进率 29%
棕榈酰三肽-5·2AcOH 对胶原蛋白生成的促进	25μmol/L	促进率 4%
棕榈酰三肽-5·2TFA 对透明质酸生成的促进	10μmol/L	促进率 120%
棕榈酰三肽-5·2TFA 对核心蛋白多糖（decorin）生成的促进	25μmol/L	促进率 100%
棕榈酰三肽-5·2TFA 对人基膜聚糖（lumican）生成的促进	10μmol/L	促进率 20%

[化妆品中应用]　核心蛋白多糖富有生物学活性，可激活表皮生长因子受体，消除瘢痕；人基膜聚糖也作用于上皮损伤，促使肉芽组织的生长，棕榈酰三肽-5·2TFA 可用于疤痕的消除。纤维芽细胞培养显示，棕榈酰三肽-5 对多型胶原蛋白的生成有促进作用，改善皱纹的深度，恢复皮肤弹性，也有保湿功能，可用作抗衰抗皱类的

皮肤调理剂。配方用量 0.05%，与维生素 A、维生素 B、维生素 C、维生素 E 和乙酰葡萄糖胺等配合效果更好。

参考文献

苏晨灿. 棕榈酰三肽-5 在化妆品中的应用 [J]. 广东化工, 2017,5(22):106-107.

 6 三肽-6 Tripeptide-6

三肽-6 即甘氨酰羟基脯氨酰脯氨酸（glycyl-4-hydroxyprolylproline），这一氨基酸顺序的排列组合是胶原蛋白中的多次重复基本片段。可从胶原蛋白的选择性水解物中提取，也可化学合成。

三肽-6的结构式

[**理化性质**] 三肽-6 为白色粉末，可溶于水，分子量 285.3。CAS 号为 22028-82-6。

[**安全管理情况**] CTFA 将三肽-6 作为化妆品原料，中国香化协会 2010 年版的《国际化妆品原料标准中文名称目录》中列入，未见其外用不安全的报道。

[**药理作用**] 三肽-6 与化妆品相关的药理研究见表 3-6。

表 3-6　三肽-6 与化妆品相关的药理研究

试验项目	浓度	效果说明
对丝氨酸棕榈酰基转移酶遗传子发现量的促进	0.1mmol/L	促进率 124%
对 Occludin 紧密蛋白遗传子发现量的促进	0.1mmol/L	促进率 20%
细胞培养对胶原蛋白生成的促进	0.1mmol/L	促进率 72.6%
人的表皮细胞培养对角蛋白-10 生成的促进	0.5mmol/L	促进率 281%
对谷氨酰胺转氨酶（transglutaminase）活性的促进	0.5mmol/L	促进率 436%
对外皮蛋白（involucrin）生成的促进	0.5mmol/L	促进率 75%
对中间丝相关蛋白（filaggrin）生成的促进	0.5mmol/L	促进率 432%
对透明质酸合成酶活性的促进	0.5mmol/L	促进率 145%
对脂肪干细胞增殖的促进	0.001%	促进率 10%

[**化妆品中应用**] 三肽-6 对丝氨酸棕榈酰基转移酶活性的促进显示可促进皮层中神经酰胺的生成；对紧密蛋白、胶原蛋白的生成都有促进，可用作皮肤调理剂，有抗皱、紧致、保湿、美白皮肤的功能。对外皮蛋白生成有促进作用，可以有效地

促进角化细胞分化，增强皮肤屏障完整性。在烫发制品中使用，可修复受损的发丝，有护发作用，用量在 0.02%。对脂肪干细胞增殖有促进表示可促进脂肪的生成，可用于需要形体改变的化妆品如丰乳制品。

参考文献

Iwai K. Identification of food-derived collagen peptides in human blood after oral ingestion of gelatin hydrolysates [J]. Journal of Agricultural and Food Chemistry , 2005, 53(16):6531-6536.

7 三肽-7　Tripeptide-7

三肽-7 即精氨酰甘氨酰天冬氨酸（arginyl glycyl aspartic acid），也称细胞黏附肽，以片段见于生物的黏蛋白中，是关键部位之一；也是人纤维蛋白原的活性部位。现可化学合成。CTFA 列入的三肽 7 的衍生物有 5-氨基酮戊酰三肽-7（aminolevulinoyl tripeptide-7，用作抗氧剂）、咖啡酰三肽-7（caffeoyl tripeptide-7，用作抗氧剂和护肤剂）、琥珀酰辣椒碱三肽-7（capsaicinyl succinoyl tripeptide-7，用作抗氧剂和护肤剂）和没食子酸三肽-7（galloyl tripeptide-7，用作抗氧剂和护肤剂）。

三肽-7的结构式

［**理化性质**］　三肽-7 为白色粉末，熔点 153～155℃，可溶于水，室温溶解度为 1.2%，不溶于乙醇，分子量 346.3。CAS 号为 99896-85-2。

［**安全管理情况**］　CTFA 将三肽-7 作为化妆品原料，中国香化协会 2010 年版的《国际化妆品原料标准中文名称目录》中列入，未见其外用不安全的报道。

［**药理作用**］　三肽-7 及其衍生物与化妆品相关的药理研究见表 3-7。

表 3-7　三肽-7 及其衍生物与化妆品相关的药理研究

试验项目	浓度	效果说明
涂敷三肽-7 对角质层的含水量的促进	0.02%	促进率 100%
三肽-7 对胶原蛋白生成的促进	0.02%	促进率 75%
三肽-7 对黑色素细胞生成黑色素的抑制	1.0%	抑制率 60%
没食子酸三肽-7 对酪氨酸酶活性的抑制	0.1%	抑制率 43.4%
没食子酸三肽-7 对自由基 DPPH 的消除	5μg/mL	消除率 51%
没食子酸三肽-7 对左旋多巴氧化的抑制	0.5%	抑制率 59%

试验项目	浓度	效果说明
琥珀酰辣椒碱三肽-7 对皮肤刺激的抑制	0.1μg/mL	抑制率 30.3%
没食子酸三肽-7 对环氧合酶（COX-2）活性的抑制	100mg/kg	抑制率 44.4%
三肽-7 对血小板聚集的抑制		IC$_{50}$ 60μg/mL

[化妆品中应用]　三肽-7 可促进皮肤角质层的含水量，有保湿功能，提高皮肤柔润性和弹性，用作皮肤调理剂，与透明质酸、海藻提取物等配合效果更好。三肽-7 对血小板聚集有抑制作用，有活血化瘀作用，可消除黑眼圈，0.01%涂敷施用。三肽-7 及其衍生物对黑色素细胞生成黑色素的抑制，与没食子酸、维生素 C 配合效果更好，用作皮肤美白剂。三肽-7 及其衍生物还有抗炎、抗过敏和抗氧作用。

参考文献

Plow E F. Arginyl-glycyl-aspartic acid sequences and fibrinogen binding to platelets [J]. Blood, 1987, 70: 110-115.

8　三肽-8　Tripeptide-8

三肽-8 即组氨酰苯丙氨酰精氨酸（histidyl phenylalanyl arginine），见于膜蛋白黏附因子的片段。现可化学合成。CTFA 列入的衍生物有棕榈酰三肽-8（palmitoyl tripeptide-8）。

三肽-8的结构式

[理化性质]　棕榈酰三肽-8 为白色粉末，稍溶于水，分子量为 695.6。CAS 号为 936544-53-5。

[安全管理情况]　CTFA 将三肽-8 作为化妆品原料，中国香化协会 2010 年版的《国际化妆品原料标准中文名称目录》中列入，未见其外用不安全的报道。

[药理作用]　三肽-8 与化妆品相关的药理研究见表 3-8。

[化妆品中应用]　三肽-8 用作皮肤调理剂。通过皮肤角质干细胞的增殖，提高皮肤再生能力，提高皮肤保湿力，改善皮肤弹性，改善皮肤皱纹，改善皮肤老化等皮肤状态。棕榈酰三肽-8 也可用作类似的多方位皮肤调理剂。

表3-8　三肽-8与化妆品相关的药理研究

试验项目	浓度	效果说明
对皮肤角质干细胞的增殖促进	20mg/kg	促进率70%
对表皮生长因子表达的促进	20mg/kg	促进率41%
对成纤维细胞生长因子-4表达的促进	20mg/kg	促进率115%

9　三肽-9　Tripeptide-9

三肽-9的结构为赖氨酰天冬氨酰缬氨酸（lysylaspartyl valine），是胸腺五肽的片段，现可化学合成。CTFA列入的衍生物为三肽-9酰瓜氨酰胺（tripeptide-9 citrulline）。

三肽-9酰瓜氨酰胺的结构式

[理化性质]　三肽-9酰瓜氨酰胺为白色粉末，可溶于水，分子量为517.6。CAS号为951775-32-9。

[安全性]　CTFA将三肽-9及其衍生物作为化妆品原料，中国香化协会2010年版的《国际化妆品原料标准中文名称目录》中列入，未见其外用不安全的报道。

[药理作用]　三肽-9酰瓜氨酰胺与化妆品相关的药理研究见表3-9。

表3-9　三肽-9酰瓜氨酰胺与化妆品相关的药理研究

试验项目	浓度	效果说明
对胶原蛋白生成的促进	0.1%	促进率25%
对白介素IL-2生成的抑制	0.1%	抑制率24.5%

[化妆品中应用]　三肽-9有胸腺五肽样的调理和抗炎作用。三肽-9酰瓜氨酰胺可用作皮肤调理剂，可消除细纹，减少皱纹深度，也有保湿作用。三肽-9酰瓜氨酰胺几乎可以以2:1的比例定量地螯合铜离子。二价铜离子可将双氧水分解为羟基自由基，它是对人体危害最大的自由基；三肽-9酰瓜氨酰胺有护肤抗衰作用。

参考文献

Fernández Botello A. Chelating properties of tripeptide-9 citrulline [J]. Afinidad Revista De Química Teórica Y Aplicada, 2012, 69(560): 245-250.

10 三肽-10 Tripeptide-10

三肽-10 即赖氨酰天冬氨酰异亮氨酸 (lysylaspartyl isoleucine)，是层粘连蛋白 (laminin) 中的一个三肽片段，层粘连蛋白的生物功能是细胞黏着于基质的介质，并与多种基底膜成分结合，调节细胞生长和分化。CTFA 列入的衍生物是三肽-10 酰瓜氨酸 (tripeptide-10 citrulline)。

三肽-10的结构式

[理化性质]　衍生物三肽-10 酰瓜氨酸为白色粉末，分子量为 530.6，CAS 号为 960531-53-7。

[安全性]　CTFA 将三肽-10 及其衍生物作为化妆品原料，中国香化协会 2010 年版的《国际化妆品原料标准中文名称目录》中列入，未见其外用不安全的报道。

[药理作用]　三肽-10 与化妆品相关的药理研究见表 3-10。

表 3-10　三肽-10 与化妆品相关的药理研究

试验项目	浓度	效果说明
对人脊髓神经元细胞增殖的促进	0.1μg/mL	促进率 216.3%（超过此浓度作用下降）
对人脊髓胶质细胞增殖的促进	0.1μg/mL	促进率 45.9%（超过此浓度作用下降）

[化妆品中应用]　上述数据表明，三肽-10 可促进神经或非神经组织再生，可增加免疫功能；对皮层细胞增殖也有强烈促进作用，用于伤口治疗瘢痕明显较小，为皮肤抗皱调理剂。三肽-10 酰瓜氨酸有三肽-10 类似作用。在消除细纹、减少皱纹深度方面，三肽-10 酰瓜氨酸的作用效果与浓度相同的乙酰六肽-3 相近，但需要长期施用，短期内效果不佳，一个月的施用有效，可降低皱纹深度 10%；对经皮水分蒸发的抑制方面，比浓度相同的乙酰六肽-3 略好。与透明质酸、卵磷脂、虾青素等配合效果更好。三肽- 10 酰瓜氨酸先配成 0.01% 的溶液，此溶液在配方中用 2%~4%。

参考文献

Raikou V. The efficacy study of the combination of tripeptide-10-citrulline and acetyl hexapeptide-3 [J]. Journal of Cosmetic Dermatology, 2017, 16(2):271-278.

11 三肽-11 Tripeptide-11

三肽-11 的结构为脯氨酰丙氨酰甘氨酸（prolylalanylglycine），以片段多次出现在胶原蛋白中，现在可化学合成，也可从胶原蛋白水解物中分离。

三肽-11的结构式

[理化性质] 三肽-11 为白色结晶粉末，可溶于水，分子量为 243.3。

[安全管理情况] CTFA 将三肽-11 作为化妆品原料，中国香化协会 2010 年版的《国际化妆品原料标准中文名称目录》中列入，未见其外用不安全的报道。

[药理作用] 三肽-11 与化妆品相关的药理研究见表 3-11。

表 3-11 三肽-11 与化妆品相关的药理研究

试验项目	浓度	效果说明
人的表皮细胞培养对角蛋白-10 生成的促进	0.5mmol/L	促进率增加近 3 倍
对谷氨酰胺转氨酶（transglutaminase）活性的促进	0.5mmol/L	促进率 211%
对外皮蛋白（involucrin）生成的促进	0.5mmol/L	促进率 175%
对中间丝相关蛋白（filaggrin）生成的促进	0.5mmol/L	促进率增加 4 倍多
对透明质酸合成酶活性的促进	0.5mmol/L	促进率 199%
对 RNA 中 endoserine-1 表达的抑制	0.5mmol/L	抑制率 33%

[化妆品中应用] 上述数据表明，三肽-11 可显著促进皮肤相关蛋白的生长，具保湿、抗皱和调理功能；可促进角质层细胞屏障的完整性，对 endoserine-1 表达的抑制显示有美白皮肤作用，可用作皮肤调理剂。用量 0.1%。

参考文献

Oba C. Effect of orally administered collagen hydrolydate on gene expression profiles in mouse skin [J]. Physiological Genomics, 2015, 47(8):355-363.

12 三肽-12 Tripeptide-12

三肽-12 即甘氨酰脯氨酰精氨酸（glycyl prolyl arginine），片段可见于人转化生长因子-β_1 的片段，现在可化学法合成。

三肽-12的结构式

[**理化性质**]　三肽-12 为白色粉末，能溶于水，分子量为 328.4。CAS 号为 47295-77-2。

[**安全管理情况**]　CTFA 将三肽-12 作为化妆品原料，中国香化协会 2010 年版的《国际化妆品原料标准中文名称目录》中列入，未见其外用不安全的报道。

[**药理作用**]　三肽-12 与化妆品相关的药理研究见表 3-12。

表 3-12　三肽-12 与化妆品相关的药理研究

试验项目	浓度	效果说明
细胞培养对胶原蛋白生成的促进	0.1mmol/L	促进率 67%
对自由基 DPPH 的消除		IC$_{50}$ 9.17mg/mL
对羟基自由基的消除		IC$_{50}$ 3.18mg/mL
对黑色素细胞生成黑色素的抑制	1μg/mL	抑制率 22%

[**化妆品中应用**]　三肽-12 用作皮肤调理剂，可促进胶原蛋白的生成，有抗皱作用；对皮肤的伤口愈合有促进作用，对特应性皮炎引起的皮肤瘙痒等也有缓解效果。对酪氨酸酶活性有抑制，结合它的抗氧性，可用作化妆品的增白剂，对皮肤色素沉着有防治作用，用量 0.001%~0.005%。

参考文献

Yang W. Gly-Pro-Arg confers stability similar to Gly-Pro-Hyp in the collagen triple-helix of host-guest peptides[J]. Journal of Biological Chemistry, 1997, 272(46): 28837-28840.

13　三肽-13　Tripeptide-13

三肽-13 的结构为脯氨酰甘氨酰天冬酰胺（prolyl glycyl asparagine），在牡蛎蛋白中以片段多量存在。牡蛎蛋白经酶水解，可分离制取三肽-13。

三肽-13的结构式

[**理化性质**]　三肽-13 为白色粉末，易溶于水，分子量 286.3。

[**安全管理情况**]　CTFA 将三肽-13 作为化妆品原料，中国香化协会 2010 年

版的《国际化妆品原料标准中文名称目录》中列入，MTT 法测定在 10 μg/mL 时对角质形成细胞为无细胞毒性，未见其外用不安全的报道。

[**药理作用**]　三肽-13 与化妆品相关的药理研究见表 3-13。

表 3-13　三肽-13 与化妆品相关的药理研究

试验项目	浓度	效果说明
对角质形成细胞增殖的促进	10μg/mL	促进率 35.2%
成纤维细胞培养对原胶原蛋白生成的促进	10μg/mL	促进率 77.3%
对胶原蛋白生成的促进	1μg/mL	促进率 9.2%
对胶原蛋白酶活性的抑制	10mg/mL	抑制率 27.1%
对金属蛋白酶 MMP-1 活性的抑制	10μg/mL	抑制率 53.9%
对金属蛋白酶 MMP-2 活性的抑制	1mg/mL	抑制率 59.0%
对活性物经皮渗透的促进	2%	促进率 36.1%

[**化妆品中应用**]　三肽-13 作用于真皮层，能促进胶原蛋白的生成，随浓度增加而增大，使皮肤变得更厚、紧致，皱纹得到舒缓，用作皮肤调理剂；三肽-13 还有助渗和抗炎作用。用量在 0.001%，浓度增大与效果更佳并不成正比。

参考文献

Qian B J. Antioxidant and anti-inflammatory peptide fraction from oyster soft tissue by enzymatic hydrolysis [J]. Food Science & Nutrition, 2020, 8(5): 3947-3956.

14　三肽-14　Tripeptide-14

三肽-14 的结构为 Asp-Pro-Gly，普遍存在于水制品如牡蛎的胶原蛋白链，现已化学合成。

三肽-14的结构式

[**理化性质**]　三肽-14 为白色粉末，易溶于水，分子量为 287.3。通常在使用前配成 0.5% 的水溶液，防腐剂为 1,2-己二醇，配方中此水溶液用量为 1% 左右。

[**安全性**]　CTFA 将三肽-14 作为化妆品原料，中国香化协会 2010 年版的《国际化妆品原料标准中文名称目录》中列入，未见其外用不安全的报道。

[**药理作用**]　三肽-14 与化妆品相关的药理研究见表 3-14。

表 3-14　三肽-14 与化妆品相关的药理研究

试验项目	浓度	效果说明
毛发浸渍后湿发摩擦力的降低	0.5%	减小率 2.5%
DSC 测定毛发的光泽度值（对毛发表面不平整的修补）	0.5%	提高率 14.9%

[化妆品中应用]　三肽-14 能够赋予头发光泽并改善头发梳理性能，可用于护发制品；三肽-14 还可用作皮肤调理剂。

 # 15　三肽-16　Tripeptide-16

三肽-16 的参考结构为脯氨酰谷氨酰胺酰甘氨酸（prolyl glutaminyl glycine），白细胞介素-2 受体蛋白中有此片段。现以化学法合成。

三肽-16的参考结构式

[理化性质]　三肽-16 为白色粉末，可溶于水，分子量为 286.3。

[安全管理情况]　CTFA 将三肽-16 作为化妆品原料，中国香化协会 2010 年版的《国际化妆品原料标准中文名称目录》中列入，未见其外用不安全的报道。

[药理作用]　没食子酰三肽-16 与化妆品相关的药理研究见表 3-15。

表 3-15　没食子酰三肽-16 与化妆品相关的药理研究

试验项目	浓度	效果说明
对自由基 DPPH 的消除	5mg/kg	消除率 55%
成纤维细胞培养对原胶原蛋白生成的促进	5mg/kg	促进率 24%
对金属蛋白酶 MMP-9 活性的抑制	5mg/kg	抑制率 36%

[化妆品中应用]　三肽-16 可用作皮肤调理剂。没食子酰三肽-16 外部应用具有优异的抗老化和抗氧化性能，能增加胶原蛋白的生成，并且可提高皮肤弹性和减少皮肤皱纹。

 # 16　三肽-17　Tripeptide-17

三肽-17 即甘氨酰脯氨酰谷氨酸（Gly-Pro-Glu），是 IGF-1（胰岛素样生长因子）的末端三肽。现已化学合成。

三肽-17的结构式

[理化性质]　　三肽-17 为白色粉末，可溶于水，室温下水中溶解度>0.5%，分子量 301.3。CAS 号为 32302-76-4。

[安全管理情况]　　CTFA 将三肽-17 将作为化妆品原料，中国香化协会 2010 年版的《国际化妆品原料标准中文名称目录》中列入，未见其外用不安全的报道。MTT 法测定在 10μg/mL 对人胚肺成纤维细胞无细胞毒性。

[药理作用]　　三肽-17 有抗菌性，10μg/mL 时对金黄色葡萄球菌、铜绿假单胞菌等的抑制率为 100%。

三肽-17 与化妆品相关的药理研究见表 3-16。

表 3-16　三肽-17 与化妆品相关的药理研究

试验项目	浓度	效果说明
大鼠试验对多巴胺能神经元凋亡的抑制	1μg/kg	抑制率 49.0%
大鼠试验对多巴胺能神经元增殖的促进	1μg/kg	促进率 26.6%
大鼠试验对神经功能缺损的抑制	9mg/kg	抑制率 35.5%
对人巨细胞病毒（人疱疹病毒 5 型，HCMV）的抑制	10μg/mL	抑制率 2.9%
对肿瘤坏死因子-α生成的抑制	10μg/mL	抑制率 8.8%
对肿瘤坏死因子-γ生成的抑制	10μg/mL	抑制率 42.5%
对白介素 IL-5 生成的抑制	10μg/mL	抑制率 37.2%

[化妆品中应用]　　在不与 IGF-1 受体相互作用的情况下，早已证明三肽-17 能够在体外刺激多巴胺和乙酰胆碱的释放，可以增加中枢神经系统中负责神经损伤或疾病不良症状的区域的神经递质多巴胺的量，能减轻神经元的变性或死亡，有护肤和抗过敏作用。三肽-17 还有抗炎和抗菌作用。

参考文献

Saura J. Neuroprotective effects of Gly-Pro-Glu, the N-terminal tripeptide of IGF-1, in the hippocampus in vitro [J]. Neuroreport, 1999, 10(1):161-164.

17　三肽-18　Tripeptide-18

三肽-18 的结构为脯氨酰组氨酰甘氨酸（Pro-His-Gly），可见于软骨组织的胶原蛋白的片段。现在以化学合成为主。

三肽-18的结构式

[理化性质]　三肽-18 为白色粉末，易溶于水，室温下的溶解度为 11%，难溶于乙醇，分子量 309.3。CAS 号为 83960-30-9。

[安全管理情况]　CTFA 将三肽-18 作为化妆品原料，中国香化协会 2010 年版的《国际化妆品原料标准中文名称目录》中列入，未见其外用不安全的报道。

[药理作用]　三肽-18 与化妆品相关的药理研究见表 3-17。

表 3-17　三肽-18 与化妆品相关的药理研究

试验项目	浓度	效果说明
骨芽样细胞培养对Ⅰ型胶原蛋白生成的促进	30μmol/L	促进率 18.5%（浓度大了促进效果反而下降）
对骨芽样细胞增殖的促进	30μmol/L	促进率 80.5%

[化妆品中应用]　三肽-18 用作皮肤调理剂，可促进胶原蛋白的生成，有抗皱作用；对皮肤伤口的愈合也有促进功能，建议用量为 0.05%～0.3%。

18　三肽-19　Tripeptide-19

三肽-19 的结构为甘氨酰脯氨酰组氨酸（Gly-Pro-His），是早老蛋白（presenilin）中的重要片段，在胶原蛋白中也有存在。可通过胶原蛋白的选择性水解分离或化学合成制取。

三肽-19的结构式

[理化性质]　三肽-19 为白色粉末，可溶于水，分子量为 309.3。市售商品为其 15% 的水溶液。

[安全性]　CTFA 将三肽-19 作为化妆品原料，中国香化协会 2010 年版的《国际化妆品原料标准中文名称目录》中列入，未见其外用不安全的报道。MTT 法测定在浓度 200μg/mL 时对角质形成细胞无细胞毒性。

[药理作用]　三肽-19 与化妆品相关的药理研究见表 3-18。

表3-18　三肽-19与化妆品相关的药理研究

试验项目	浓度	效果说明
对透明质酸生成的促进	15mg/kg	促进率 30.3%
对透明质酸酶活性的抑制	60μg/mL	抑制率 32.8%

　　[化妆品中应用]　三肽-19对透明质酸的生成有促进作用，促进作用随浓度增大而增大；对透明质酸酶活性则为抑制，涂敷使用可增加皮层透明质酸的量，有保湿和调理作用，也有消炎、促进伤口愈合效果。

参考文献

Steed D L. Modifying the wound healing response with exogenous growth factors [J]. Clinics in Plastic Surgery, 1998, 25(3):397-405.

19　三肽-20　Tripeptide-20

　　三肽-20 的结构为脯氨酰亮氨酰甘氨酸（Pro-Leu-Gly），以片段存在于大鼠和牛下丘脑神经蛋白。现在以化学合成制取，采用其酰胺形式。

三肽-20酰胺的结构式

　　[理化性质]　三肽-20 为白色粉末，可溶于水。三肽-20 酰胺的分子量 284.4，CAS 号为 2002-44-0。使用前一般先配制为 1% 的水溶液。

　　[安全性]　CTFA 将三肽-20 作为化妆品原料，中国香化协会 2010 年版的《国际化妆品原料标准中文名称目录》中列入，未见其外用不安全的报道。

　　[药理作用]　三肽-20 及其衍生物与化妆品相关的药理研究见表 3-19。

表3-19　三肽-20 及其衍生物与化妆品相关的药理研究

试验项目	浓度	效果说明
三肽-20 对酪氨酸酶活性的抑制		IC_{50} 2.73mmol/L
烟酰三肽-20 酰胺对对蓝光的屏蔽作用	100μmol/L	屏蔽率 8%

　　[化妆品中应用]　三肽-20 可抑制促黑激素的释放，对酪氨酸酶活性和黑色素细胞都有抑制作用，有持久的增白和亮肤功能；在 UV 490nm 条件下测定，烟酰三肽-20 酰胺对蓝光也有屏蔽作用。三肽-20 也可用作皮肤调理剂，配方用量 0.5% 左右。

Regina Katzenschlager. Antiparkinsonian activity of L-propyl-L-leucyl-glycinamide or melanocyte-inhibiting factor in MPTP-treated common marmosets [J]. Movement Disorder, 2007, 22(5):715-719.

20 三肽-21　Tripeptide-21

三肽-21 即甘氨酰脯氨酰赖氨酸（Gly-Pro-Lys），在动物的肌肉蛋白中普遍存在。现用化学法合成，一般采用其盐酸盐。

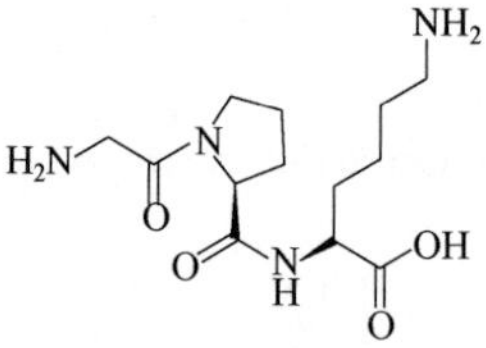

三肽-21的结构式

[**理化性质**]　三肽-21 为白色粉末，可溶于水，分子量 300.4。

[**安全性**]　CTFA 将三肽-21 作为化妆品原料，MTT 法测定浓度 50μg/mL 对成纤维细胞无细胞毒性，未见其外用不安全的报道。

[**药理作用**]　三肽-21 与化妆品相关的药理研究见表 3-20。

表 3-20　三肽-21 与化妆品相关的药理研究

试验项目	浓度	效果说明
对 I 型原胶原蛋白生成的促进	50μg/mL	促进率 20.0%
对金属蛋白酶 MMP-1 活性的抑制	50μg/mL	抑制率 28.3%

[**化妆品中应用**]　三肽-21 在体内易于吸收，抗皱效果优异，能促进胶原蛋白的生成，抑制衰老基因。

21 三肽-22　Tripeptide-22

三肽-22 的结构为丝氨酰脯氨酰甘氨酸（Ser-Pro-Gly）。此片段可见于人血小板衍生生长因子（PDGF）。现用化学法合成。

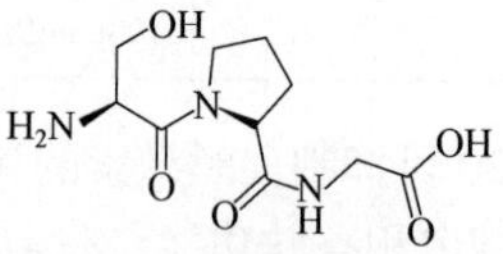

三肽-22的结构式

[**理化性质**]　三肽-22 为白色粉末，可溶于水，分子量为 259。

[**安全性**]　CTFA 将三肽-22 作为化妆品原料，中国香化协会 2010 年版的《国际化妆品原料标准中文名称目录》中列入，未见其外用不安全的报道。

[**药理作用**]　三肽-22 与化妆品相关的药理研究见表 3-21。

表 3-21　三肽-22 与化妆品相关的药理研究

试验项目	浓度	效果说明
对甲基丙醛诱导的角质细胞凋亡的抑制	100μg/mL	抑制率 40%
对甲基丙醛诱导的成纤维细胞凋亡的抑制	100μg/mL	抑制率 39%
对糖化反应的抑制	100μg/mL	抑制率 58%

[**化妆品中应用**]　上述数据显示三肽-22 对皮肤细胞有良好的保护作用。糖化作用会促进皮肤发黄，局部长斑，同时会造成皮肤僵硬老化，缺乏弹性。三肽-22 能显著阻止糖化作用，因此有抗衰、抗炎、保湿作用，用作皮肤调理剂，用量 0.01%～0.2%。

22　三肽-26　Tripeptide-26

三肽-26 即脯氨酰缬氨酰甘氨酸（Pro-Val-Gly），可见于人角质蛋白的片段，现以化学合成制取。

三肽-26 的结构式

[**理化性质**]　三肽-26 为白色粉末，熔点 228～234℃，室温水溶解度为 8.1%，分子量为 271.3。CAS 号为 67341-70-2。

[**安全性**]　CTFA 将三肽-26 作为化妆品原料，中国香化协会 2010 年版的《国际化妆品原料标准中文名称目录》中列入，未见其外用不安全的报道。

[**药理作用**]　三肽-26 与化妆品相关的药理研究见表 3-22。

表 3-22　三肽-26 与化妆品相关的药理研究

试验项目	浓度	效果说明
对毛囊生发基质细胞（hair germinal matrix cell）增殖的促进	10μg/mL	促进率 30%
对角蛋白关联蛋白（keratin associated protein）生成的促进	1μg/mL	促进率 70%

[**化妆品中应用**]　上述数据显示三肽-26 可促进毛发的生长、防止脱发，也能增加毛发的密度，可用于睫毛膏中增加睫毛的长度和直径，与肌酸等配合有更好的效果。三肽-26 也有皮肤调理作用。

23 三肽-28　Tripeptide-28

三肽-28 的结构为 Arg-Phe-Lys，是凝血栓蛋白的一个片段，现已化学合成。CTFA 列入的衍生物为棕榈酰三肽-28（palmitoyl tripeptide-28）。

三肽-28的结构式

[理化性质]　三肽-28 为白色粉末，稍溶于水，分子量为 431.6。

[安全性]　CTFA 将三肽 28 及其衍生物作为化妆品原料，未见其外用不安全的报道。

[药理作用]　三肽 28 与化妆品相关的药理研究见表 3-23。

表 3-23　三肽 28 与化妆品相关的药理研究

试验项目	浓度	效果说明
细胞培养对弹性蛋白生成的促进	4.8mg/kg	促进率 130%
对氧自由基的消除		每克相当于 0.6μmol 的 Trolex

[化妆品中应用]　三肽 28 可显著加速细胞外基质蛋白如弹性蛋白的生成，有助于减少了皮肤细纹和皱纹，对皮肤也有调理作用，可用作调理剂。棕榈酰三肽-28 的稳定性较三肽-28 有大幅提高，作用类似但效果稍逊，在 6h 内同等剂量的三肽-28 和棕榈酰三肽-28 比较，前者的效果更明显，但以一天为期考察，前者不及后者。用量在 2～5mg/L，多用无益。与水解蛋白、鸡冠花提取物、夏枯草全草提取物等配合，效果可翻倍。

参考文献

Schultz-Cherry S. The type 1 repeats of thrombospondin 1 activate latent transforming growth factor-β[J]. Journal of Biological Chemistry, 1994, 269(43): 26783-26788.

24 三肽-29　Tripeptide-29

三肽-29 即甘氨酰脯氨酰羟脯氨酸（glycyl prolyl hydroxyproline），也称胶原肽或

胶原蛋白肽 ❶，这一氨基酸顺序的排列组合是胶原蛋白中的重复基本片段。可从胶原蛋白的选择性水解物中提取，也可化学合成。CTFA 列入的衍生物为棕榈酰三肽-29（palmitoyl tripeptide-29）。

三肽-29的结构式

[**理化性质**]　三肽-29 白色粉末，可溶于水，分子量为 285.3。CAS 号为 2239-67-0。

[**安全管理情况**]　CTFA 将三肽-29 作为化妆品原料，中国香化协会 2010 年版的《国际化妆品原料标准中文名称目录》中列入，未见其外用不安全的报道。MTT 法测定三肽-29 在浓度 1% 无细胞毒性，棕榈酰三肽-29 在 $50\mu g/mL$ 时对角质形成细胞的毒性为 31.1%。

[**药理作用**]　三肽-29 及其衍生物与化妆品相关的药理研究见表 3-24。

表3-24　三肽-29 及其衍生物与化妆品相关的药理研究

试验项目	浓度	效果说明
三肽-29 对丝氨酸棕榈酰基转移酶遗传子发现量的促进	0.1mmol/L	促进率 5%
三肽-29 对紧密蛋白遗传子（Occludin）发现量的促进	0.1mmol/L	促进率 8%
细胞培养三肽-29 对胶原蛋白生成的促进	$20\mu g/mL$	促进率 72.6%
三肽-29 对成肌细胞培养对原肌球蛋白（tropomyosin）生成的促进	$100\mu mol/L$	促进率 65%
UV 490nm 测定烟酰三肽-29 对蓝光的屏蔽	$100\mu mol/L$	屏蔽率 11%
对黑色素细胞生成黑色素的抑制	0.05%	抑制率 52%

[**化妆品中应用**]　三肽-29 对丝氨酸棕榈酰基转移酶活性的促进显示可促进皮层中神经酰胺的生成；对紧密蛋白、胶原蛋白的生成都有促进作用，可促进真皮胶原蛋白生成、真表皮连接层再生、表皮再生和分化，用作皮肤调理剂，有抗皱保湿紧致皮肤的功能，也有美白功效。使用浓度建议为 10mg/kg。棕榈酰三肽-29 可用作皮肤调理剂。

参考文献

Kramer R Z. Sequence dependent conformational variations of collagen triple-helical structure[J]. Nature

---

❶ 这里应与市售的胶原蛋白肽区分。一般的胶原蛋白肽是一水解混合物，其中三肽就含有 Gly-Pro-Hyp（三肽-29）、Gly-Pro-Ala、Aly-Ala-Hyp、Gly-Leu-Hyp、Gly-Glu-Lys、Gly-Pro-Lys、Gly-Glu-Hyp、Gly-Phe-Hyp、Gly-Ser-Hyp、Gly-Gln-Hyp 、Gly-Glu-Arg 和 Gly-Pro-Arg 十二种。

Structural Biology, 1999, 6(5): 454-457.

25　三肽-31　Tripeptide-31

　　三肽-31 的结构为甘氨酰亮氨酰苯丙氨酸（Gly-Leu-Phe），以片段在酪蛋白中存在。现以化学合成。CTFA 列入的衍生物为肉豆蔻酰三肽-31（myristoyl tripeptide-31）和棕榈酰三肽-31（palmitoyl tripeptide-31）。

三肽-31的结构式

　　[理化性质]　　三肽-31 为白色粉末，可溶于水，分子量 335.4。CAS 号为103213-38-3。

　　[安全性]　　CTFA 将三肽-26 作为化妆品原料，未见其外用不安全的报道。

　　[药理作用]　　肉豆蔻酰三肽-31 与化妆品相关的药理研究见表 3-25。

表 3-25　肉豆蔻酰三肽-31 与化妆品相关的药理研究

试验项目	浓度	效果说明
对金属蛋白酶 MMP-1 的抑制	2mg/kg	抑制率 41%
在 UVB(50mJ/cm^2)照射下对金属蛋白酶 MMP-1 的抑制	2mg/kg	抑制率 46.5%
对 I 型原胶原蛋白生成的促进	0.5mg/kg	促进率 136%
对促黑素诱发黑色素细胞生成黑色素的抑制	0.5mg/kg	抑制率 39.3%
对 LPS 诱发白介素 IL-1α 的生成抑制	2mg/kg	抑制率 62%
对 LPS 诱发白介素 IL-1β 的生成抑制	2mg/kg	抑制率 52%
对 LPS 诱发白介素 IL-6 的生成的抑制	2mg/kg	抑制率 40%

　　[化妆品中应用]　　肉豆蔻酰三肽-31 对原胶原蛋白的生成有促进作用，可用作皮肤调理和抗皱抗衰。对金属蛋白酶活性和白介素的生成有抑制，显示有抗炎防晒作用。用量 0.0004%左右，不可过量。

参考文献

Pilcher B K. Collagenase-1 and collagen in epidermal repair[J]. Archives of Dermatological Research, 1998, 290(Suppl): S37-46.

26 三肽-32 Tripeptide-32

三肽-32 的结构为丝氨酰苏氨酰脯氨酸（Ser-Thr-Pro），可见于节律抑制蛋白（Rhythm suppressor protein）片段。现在采用化学法合成。

三肽-32的结构式

[**理化性质**]　三肽-32 为白色粉末，可溶于水，分子量为 303.3，制品通常为 10% 的水溶液。

[**安全性**]　国家药品监督管理局和 CTFA 都将三肽-32 作为化妆品原料，未见其外用不安全的报道。

[**药理作用**]　三肽-32 与化妆品相关的药理研究见表 3-26。

表 3-26　三肽-32 与化妆品相关的药理研究

试验项目	浓度	效果说明
对胶原蛋白生成的促进	0.02%	促进率 3%
对时钟蛋白（clock proteins）表达的促进	1μmol/L	促进率 10%
对节律抑制蛋白（PER-1）表达的促进	1μmol/L	促进率 50%
对脑与肌肉 ARNT 相似蛋白（brain and muscle Arnt-like protein）表达的促进	1μmol/L	促进率 50%

[化妆品中应用]

时钟蛋白和节律抑制蛋白存在于角质叶形成的细胞中，能促进相应蛋白质的合成，从而促进细胞的活力和修复。然而时钟蛋白和节律抑制蛋白在白天非常活跃，晚上作用减弱。在晚霜中加入三肽-32，可在夜间刺激时钟蛋白和节律抑制蛋白的活跃性，适用于眼部等抗皱。三肽-32 很少单独施用，需与营养性物质如乳清蛋白等配合，可成倍地提高效率。用量 0.05%。

参考文献

Assis L V M. The molecular clock in the skin, its functionality, and how it is disrupted in cutaneous melanoma: a new pharmacological target [J]. Cellular And Molecular Life Sciences, 2019, 76(19): 3801-3826.

27 三肽-33 Tripeptide-33

三肽-33 即丙氨酰脯氨酰组氨酸（Ala-Pro-His），商品名为 Preventhelia，是碱性成纤维细胞生长因子中一片段的改造，现为化学合成品。CTFA 列入的衍生物为 2,3-

二氨基丙酰三肽-33。

2,3-二氨基丙酰三肽-33的结构式

[**理化性质**] 　2,3-二氨基丙酰三肽-33 为白色粉末, 可溶于水, 分子量为 409.4。
CAS 号为 1199495-15-2。

[**安全性**] 　CTFA 将三肽-33 作为化妆品原料, 未见其外用不安全的报道。

[**药理作用**] 　2,3-二氨基丙酰三肽-33 与化妆品相关的药理研究见表 3-27。

表 3-27 　2,3-二氨基丙酰三肽-33 与化妆品相关的药理研究

试验项目	浓度	效果说明
对胶原蛋白生成的促进	10mg/kg	促进率 18%
对弹性蛋白生成的促进	2μg/mL	促进率 30.3%
成纤维细胞培养对基底膜蛋白基因 (perlecan gene) 表达的促进	2μg/mL	促进率 80%
在 UVB (40mJ/cm^2) 照射下对基底膜蛋白的保护	2μg/mL	保护率 100%
成纤维细胞增殖对基底膜蛋白生成的促进	10μg/mL	促进率 72%
对深皱纹深度的改善	2μg/mL	有效率 23.2%
对皮肤含水量的促进	0.2% (10%脂质体)	促进率 19.0%

[化妆品中应用]

2,3-二氨基丙酰三肽-33 一般与胆甾醇、氢化磷脂酰胆碱等配合, 制成脂质体后
使用。对胶原蛋白和弹性蛋白的生成都有促进作用, 可用作皮肤抗皱调理剂; 能增
强皮肤对紫外线损伤的防御和修护能力, 防止光老化, 保护和修补紫外线造成的
DNA 损伤。用量在 0.1mg/kg 的水平, 浓度增大并没有更强的功效。与有抗衰和抗氧
性能的植物提取物配合, 效果更好。

28 　三肽-34 　Tripeptide-34

三肽-34 即丙氨酰组氨酰赖氨酸 (alanyl histidyl lysine), 常见于蛋清蛋白和白蛋
白。三肽-34 以其盐酸盐的形式市售。CTFA 列入的衍生物为三肽-34 铜的盐酸盐
(copper tripeptide-34 HCl)。

三肽-34的结构式

[理化性质]　三肽-34 为白色粉末，可溶于水，分子量为 354.4。CAS 号为 126828-32-8。

[安全管理情况]　CTFA 将三肽-34 作为化妆品原料，未见其外用不安全的报道。MTT 法测定 5mg/kg 的没食子酰三肽-34 无细胞毒性。

[药理作用]　三肽-34 及其衍生物与化妆品相关的药理研究见表 3-28。

表 3-28　三肽-34 及其衍生物与化妆品相关的药理研究

试验项目	浓度	效果说明
没食子酰三肽-34 对原胶原蛋白生成的促进	5mg/kg	促进率 56%
泛酰三肽-34 对胶原蛋白生成的促进	10μmol/L	促进率 28.8%
没食子酰三肽-34 对自由基 DPPH 的消除	5mg/kg	消除率 52%
三肽-34 铜盐对超氧自由基的消除		IC$_{50}$ 0.006μmol/L
没食子酰三肽-34 对脂质过氧化的抑制	0.2mmol/L	抑制率 87.67%
在紫外光（UVB 36mJ/cm^2）照射下三肽-34 对光老化皱纹形成的抑制	1.0%	抑制率 65.0%
UV 490nm 测定烟酰三肽-34 对蓝光的屏蔽	100μmol/L	屏蔽率 20%
没食子酰三肽-34 对金属蛋白酶 MMP-9 活性的抑制	5mg/kg	抑制率 65%
三肽-34 对眼睫毛生长的促进（三周涂敷）	0.2%	促进率 2.6%

[化妆品中应用]　三肽-34 对原胶原蛋白的生成有促进作用，但效果不大，而其酯类衍生物则有显著的促进效应，可用作皮肤调理剂，有抑制皱纹和护肤作用。三肽-34 可促进毛发的生长，可用于睫毛膏或生发乳，对灰发和脱发也有防治作用；三肽-34 及其衍生物还有抗氧、抗炎等作用。

参考文献

Jackson E M. The importance of copper in tissue regulation and repair: A review[J]. Cometic Dematology, 1997, 10(10): 35-36.

29　三肽-35　Tripeptide-35

三肽-35 也称谷胱甘肽（glutathione），是所有生命细胞中都含有的三肽化合物，为谷氨酸、胱氨酸和甘氨酸的组合。谷胱甘肽是生物新陈代谢的重要中间物质，主要防卫 DNA 的损伤，尤以小麦胚和酵母中含量最高。谷胱甘肽有还原型和氧化型两种形式，氧化型是其还原型的二硫醚键的链接。谷胱甘肽可由酵母菌如酿酒酵母发酵制取。

CTFA 列入的衍生物有生物素酰三肽-35（biotinoyl tripeptide-35，用作抗氧剂、抗菌剂、痤疮防治剂和头发调理剂）、咖啡酰三肽-35（caffeoyl tripeptide-35，用作抗氧剂、螯合剂和防晒护肤剂）、香豆酰三肽-35（coumaroyl tripeptide-35，用作抗氧、美白和护肤剂）、没食子酰三肽-35（galloyl tripeptide-35，用作抗氧剂、螯合剂、痤疮防治剂和护肤剂）、维甲酰三肽-35（retinoyl tripeptide-35，用作抗氧和护肤剂）、琥珀酰辣椒碱三肽-35（capsaicinyl succinoyl tripeptide-35，用作抗氧和护肤剂）、烟酰三肽-35（nicotinoyl tripeptide-35，用作抗氧剂）、硫辛酰三肽-35（thioctoyl tripeptide-35，用作抗氧剂、头发调理剂、皮肤美白剂和护肤剂）等。

还原型谷胱甘肽的结构式

[**理化性质**] 谷胱甘肽为白色结晶状粉末，熔点195℃，能溶于水和稀醇，不溶于醇、醚和丙酮。其固体形态能稳定存在，而它的水溶液易被空气氧化成它的氧化型。其还原型的比旋光度$[\alpha]_D^{27}$ −21°（$c = 2.74\%$，H_2O），分子量307.3。CAS号为70-18-8。

[**安全管理情况**] 国家药品监督管理局和CTFA都将谷胱甘肽作为化妆品原料，未见其外用不安全的报道。CTFA还将上述的许多谷胱甘肽衍生物列入化妆品原料。

[**药理作用**] 谷胱甘肽及其衍生物与化妆品相关的药理研究见表3-29。

表3-29　谷胱甘肽及其衍生物与化妆品相关的药理研究

试验项目	浓度	效果说明
谷胱甘肽对自由基DPPH的消除	0.1%	消除率65%
谷胱甘肽对超氧自由基的消除	1.0%	消除率23.1%
谷胱甘肽对脂质过氧化的抑制	0.1%	抑制率40%
在UVA照射下谷胱甘肽对蛋白质伤害的抑制	1mmol/L	抑制率79.7%
谷胱甘肽对透明质酸降解的抑制	1%	抑制率57.4%
谷胱甘肽对B-16黑色素细胞活性的抑制	0.1mg/mL	抑制率57.1%
谷胱甘肽对酪氨酸酶活性的抑制	0.1mg/mL	抑制率83.5%
没食子酰谷胱甘肽对酪氨酸酶活性的抑制	100μmol/L	抑制率34%
毛发根鞘细胞培养谷胱甘肽对角蛋白生成的促进	10mg/kg	促进率15%
琥珀酰辣椒碱三肽-35对皮肤刺激的抑制	0.1μg/mL	抑制率30.3%

[**化妆品中应用**] 谷胱甘肽的巯基（—SH）能被氧化，从而在蛋白质分子中生成交联的二硫键，二硫键也易经还原又转化为巯基，表现了巯基键氧化和还原的可逆性，这一性质对生物体的许多酶，尤其是一些与蛋白质转化有关的酶的活性，产生重大的影响。两种构型中以还原型的作用更大，还原型谷胱甘肽可使生物酶中的二硫键还原成巯基，从而恢复或提高它们的活性。谷胱甘肽有广谱的抗氧能力，可在抗衰护肤品中使用，有增白皮肤的作用，能抑制皮肤褐变，并能有效调理皮肤和保湿；谷胱甘肽的巯基与头发中的半胱氨酸巯基能形成交联键，常与阳离子聚合物如JR400共用于烫发剂，减少毛发组织受到的破坏。谷胱甘肽及其衍生物还可用

作痤疮防治剂、皮肤过敏抑制剂、防晒剂等。

参考文献

Davids Lester M. Intravenous glutathione for skin lightening: Inadequate safety data [J]. South African Medical Journal, 2016,106(8):782-786.

30 三肽-36 Tripeptide-36

三肽-36 即 Lys-Lys-Lys，也称三聚赖氨酸，可见于人免疫缺陷病毒 1 型整合酶的片段，现已化学合成或微生物生产。CTFA 列入的衍生物为棕榈酰三肽-36（palmitoyl tripeptide-36）和椰子油酰三肽-36（cocoyl tripeptide-36）。

三肽-36 的结构式

[**理化性质**]　三肽-36 为白色粉末，可溶于水，等电点 11.0，分子量 402.5，CAS 号为 13184-14-0。化妆品一般采用棕榈酰三肽-36 或椰子油酰三肽-36 的三氟乙酸盐的形式。

[**安全性**]　CTFA 将三肽-36 及其衍生物作为化妆品原料，MTT 法测定三肽-36 用量浓度低于 0.01%无细胞毒性，棕榈酰三肽-36 在 50μg/mL 时对角质形成细胞的毒性为 26.2%，未见其外用不安全的报道。

[**药理作用**]　棕榈酰三肽-36 和椰子油酰三肽-36 的三氟乙酸盐的抑菌性 MIC （μg/mL）见表 3-30。

表 3-30　棕榈酰三肽-36 和椰子油酰三肽-36 的三氟乙酸盐的抑菌性 MIC

单位：μg/mL

微生物	棕榈酰三肽-36 三氟乙酸盐	椰子油酰三肽-36 三氟乙酸盐
金黄色葡萄球菌	3.91	13.75
表皮葡萄球菌	7.81	13.75
枯草芽孢杆菌	7.81	13.75
大肠杆菌	3.91	7.81
普通变形杆菌	3.91	7.81
铜绿假单胞菌	7.81	13.75

微生物	棕榈酰三肽-36 三氟乙酸盐	椰子油酰三肽-36 三氟乙酸盐
白色念珠菌	64	96
热带假丝酵母	64	128
白色毛孢子菌	128	128
皮屑芽孢菌	128	256
黄色莮状菌	256	384
黑色莮状菌	256	256

［化妆品的应用］

三肽-36 及其衍生物有广谱的抑菌性，可用作化妆品防腐剂、抑臭剂和抗菌剂。对皮屑芽孢菌的抑制显示可用于去头屑剂，最大用量 0.01%，不要超过，与其他抗菌剂配伍性好，用于痤疮的防治。另外，三肽-36 对酪氨酸酶活性有促进作用，浓度 11nmol/L 促进率为 40%，可用于晒黑及乌发制品。

参考文献

Perrier S. Characterization of lysine/guanine cross-links upon one-electron oxidation of a guanine- containing oligonucleotide in the presence of a trilysine peptide[J]. Journal of the American Chemical Society, 2006, 128(17):5703-5710.

31 三肽-37　Tripeptide-37

三肽-37 的结构为赖氨酰苯丙氨酰赖氨酸（Lys-Phe-Lys），是凝血酶敏感蛋白（thrombospondin 1，TSP-1）的片段。现在化学合成。CTFA 列入的衍生物为咖啡酰三肽-37（caffeine carboxyloyl tripeptide-37）和反式油酰三肽-37（elaidoyl tripeptide-37）。

三肽-37的结构式

［**理化性质**］　三肽-37 为白色粉末，分子量 421.5，稍溶于水。CAS 号为 54925-87-0。

［**安全性**］　CTFA 将三肽-37 作为化妆品原料，中国香化协会 2010 年版的《国

际化妆品原料标准中文名称目录》中列入，未见其外用不安全的报道。

[药理作用]　反式油酰三肽-37 与化妆品相关的药理研究见表 3-31。

表 3-31　反式油酰三肽-37 与化妆品相关的药理研究

试验项目	浓度	效果说明
对胶原蛋白生成的促进	10μmol/L	促进率 8.6%
对层粘连蛋白（laminin-5）生成的促进	10μmol/L	促进率 37.1%
对金属蛋白酶 MMP-2 活性的抑制	1μmol/L	抑制率 54%
对金属蛋白酶 MMP-9 活性的抑制	1μmol /L	抑制率 33%

[化妆品中应用]　反式油酰三肽-37 对胶原蛋白和层粘连蛋白的生成有促进作用，对光诱导的皮肤老化有抑制作用，可用作皮肤调理和抗皱抗衰。对金属蛋白酶活性的生成有抑制，显示有抗炎作用。用量 0.05%左右，不可过量。

参考文献

Cauchard J H. Activation of latent transforming growth factor beta 1 and inhibition of matrix metalloprotease activity by a thrombospondin-like tripeptide linked to elaidic acid[J]. Biochemical Pharmacology, 2004, 67(11): 2013-2022.

32　三肽-38　Tripeptide-38

三肽-38 即赖氨酰蛋氨酰赖氨酸，是一种双氧化的脂肽。源自天然存在的于Ⅵ型胶原蛋白和层粘连蛋白。CTFA 列入的衍生物有棕榈酰三肽-38（palmitoyl tripeptide-38），以其二盐酸盐的形式出售。

棕榈酰三肽-38的结构式

[理化性质]　棕榈酰三肽-38 为白色粉末，分子量 675.96。CAS 号为 1447824-23-8。

[安全性]　CTFA 将三肽-38 作为化妆品原料，未见其外用不安全的报道。

[药理作用]　棕榈酰三肽-38 与化妆品相关的药理研究见表 3-32。

表 3-32　棕榈酰三肽-38 与化妆品相关的药理研究

试验项目	浓度	效果说明
对Ⅰ型胶原蛋白生成的促进	4mg/kg	促进率 188%
对Ⅳ型胶原蛋白生成的促进	4mg/kg	促进率 27%
对Ⅲ型胶原蛋白生成的促进	3mg/kg	促进率 104%
对粘连蛋白生成的促进	4mg/kg	促进率 42%
对透明质酸生成的促进	6mg/kg	促进率 55%
对透明质酸合成酶活性的促进	0.5mg/kg	促进率 27.2%

[化妆品中应用]

　　棕榈酰三肽-38 对多种胶原蛋白的生成有促进作用，可用作皮肤调理和抗皱抗衰，它可以在需要的地方，从内部重建肌肤，使皱纹平滑皮肤得到舒缓，尤其对额间纹、鱼尾纹、抬头纹和颈纹非常有效，也有保湿和护肤功能。与有抗氧作用的植物提取物配合效果更好，用量 1～5mg/kg。

33　三肽-39　Tripeptide-39

　　三肽-39 的结构为亮氨酰脯氨酰丙氨酸（Leu-Pro-Ala），见于黏附素类糖蛋白（adhesin glycoprotein）的片段。现已化学合成。

三肽-39的结构式

　　[理化性质]　　三肽-39 为白色粉末，可溶于水，分子量为 299.4。
　　[安全性]　　CTFA 将三肽-39 作为化妆品原料，未见其外用不安全的报道。
　　[药理作用]　　棕榈酰三肽-39 与化妆品相关的药理研究见表 3-33。

表 3-33　棕榈酰三肽-39 与化妆品相关的药理研究

试验项目	浓度	效果说明
对Ⅰ型胶原蛋白生成的促进	10mg/kg	促进率 60%
对角蛋白形成细胞增殖的促进	3mg/kg	促进率 40%
对 B-16 黑色素细胞生成黑色素的促进	10mg/kg	促进率 20%
对人黑色素细胞生成黑色素的促进	10mg/kg	促进率 40%

　　[化妆品中应用]　　棕榈酰三肽-39 对胶原蛋白的生成有促进作用，可用作皮肤调理和抗皱抗衰；也可促进皮肤黑色素的生成，可用于晒黑类制品和控制灰发。

34 三肽-40 Tripeptide-40

三肽-40 的参考结构为酪氨酰酪氨酰蛋氨酸，可见于酪氨酸酶的蛋白链，现已化学合成。CTFA 列入的衍生物为棕榈酰三肽-40 酰胺（palmitoyl tripeptide-40）。

三肽-40的参考结构式

[理化性质]　三肽-40 为白色粉末，分子量 475。棕榈酰三肽-40 酰胺为白色粉末，微溶于水。

[安全性]　CTFA 将三肽-40 作为化妆品原料，未见其外用不安全的报道。

[药理作用]　棕榈酰三肽-40 酰胺与化妆品相关的药理研究见表 3-34。

表 3-34　棕榈酰三肽-40 酰胺与化妆品相关的药理研究

试验项目	浓度	效果说明
对环磷酸腺苷（cAMP）生成的促进	10μmol/L	促进率 57%
对黑色素细胞生成黑色素的促进	10μmol/L 100μmol/L	促进率 64% 138%
对氧自由基的消除		每克约相当于 1μmol 的 Trolex

[化妆品中应用]　棕榈酰三肽-40 酰胺对环磷酸腺苷（cAMP）的生成有显著促进作用，cAMP 是细胞内参与调节物质代谢和生物学功能的重要物质，是生命信息传递的"第二信使"，能调节细胞的多种功能活动。棕榈酰三肽-40 酰胺可促进黑色素分泌，在紫外线下使肤色变深加快，可用于晒黑类护肤品，并能在一段时间内维持此肤色；也可用于乌发产品防治灰发。棕榈酰三肽-40 酰胺一般先与二棕榈酰磷脂酰胆碱（DPPC）或磷脂酰胆碱等配成脂质体后使用，用量约 0.005%，不宜过量。

参考文献

Bertolotto C. Regulation of tyrosinase gene expression by cAMP in B16 melanoma cells involves two CATGTG motifs surrounding the TATA box: implication of the microphthalmia gene product[J]. Journal of Cell Biology, 1996, 134(3): 747-755.

35 三肽-41 Tripeptide-41

三肽-41 的参考结构为苯丙氨酰色氨酰酪氨酸（Phe-Trp-Tyr），以片段存在于酪蛋白。现已合成法制取。

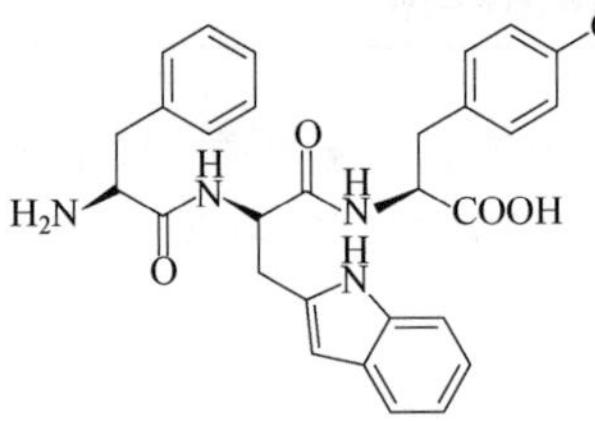

三肽-41的参考结构式

[**理化性质**]　三肽-41 为白色粉末，可溶于水，分子量 514.6。

[**安全性**]　CTFA 将三肽-41 作为化妆品原料，未见其外用不安全的报道。

[**药理作用**]　三肽-41 及其衍生物与化妆品相关的药理研究见表 3-35。

[**化妆品中应用**]　烟酰三肽-41 对蓝光有屏蔽作用，可抑制黑色素的生成，用于美白类制品。其衍生物曲酸基甲酰三肽-41 酰胺与三肽-41 比较，在乳状液中的稳定性显著提高，减少了三肽-41 的降解，且有更强烈的抑制黑色素生成的功能。三肽-41 具抗氧性，可用作皮肤调理剂。曲酸基甲酰三肽-41 酰胺的建议用量 0.001%～0.005%。

表 3-35　三肽-41 及其衍生物与化妆品相关的药理研究

试验项目	浓度	效果说明
UV 490nm 测定烟酰三肽-41 对蓝光的屏蔽	100μmol/L	屏蔽率 39%
曲酸基甲酰三肽-41 酰胺对人黑色素细胞生成黑色素活性的抑制	1mmol/L	抑制率 81.2%
三肽-41 对氧自由基的消除		每克相当于 2μmol 的 Trolex

36　三肽-42　Tripeptide-42

三肽-42 的结构为脯氨酰脯氨酰赖氨酸（Pro-Pro-Lys），片段可见于乳蛋白和酪蛋白。现可化学合成。CTFA 列入的衍生物为棕榈酰三肽-42（palmitoyl tripeptide-42）。

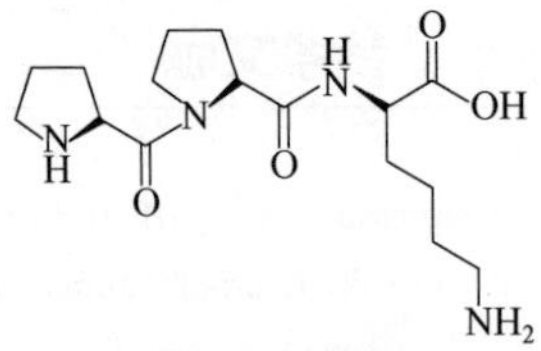

三肽-42的结构式

[**理化性质**]　三肽-42 为白色粉末，可溶于水，不溶于酒精，分子量 340.4。

[**安全性**]　CTFA 将三肽-42 作为化妆品原料，未见其外用不安全的报道。

[**药理作用**]　三肽-42 及其衍生物与化妆品相关的药理研究见表 3-36。

表 3-36　三肽-42 及其衍生物与化妆品相关的药理研究

试验项目	浓度	效果说明
肉豆蔻酰三肽-42 对I型胶原蛋白生成的促进	3mg/kg	促进率 75%
肉豆蔻酰三肽-42 对IV型胶原蛋白生成的促进	3mg/kg	促进率 37%
肉豆蔻酰三肽-42 对粘连蛋白生成的促进	5mg/kg	促进率 46%
肉豆蔻酰三肽-42 对层粘连蛋白生成的促进	1mg/kg	促进率 34%
肉豆蔻酰三肽-42 对弹性蛋白生成的促进	3mg/kg	促进率 46%
三肽-42 对血管紧张素转换酶活性的抑制		$IC_{50}>1mmol/L$

　　[化妆品中应用]　　肉豆蔻酰三肽-42 的作用是建立在三肽-42 的基础上的，可以刺激构成真皮细胞外基质的分子的合成，包括胶原蛋白I和IV型以及弹性蛋白，改善皮肤的机械性能，提高皮肤的紧致度、弹性、柔韧性，消除拉伸痕迹，强化皮肤屏障功能，用作皮肤抗皱调理剂。三肽-42 有活血作用，有助于改善黑眼圈和肤色。

　　需与抗氧性的植物提取物、营养性成分配合使用，用量在 1mg/kg 左右。棕榈酰三肽-42 一般先与吐温 20 等乳化剂乳化后再使用，浓度在 0.01%。

参考文献

Yokoyama K. Peptide inhibitors for angiotensin I-converting enzyme from thermolysin digest of dried bonitot [J]. Bioscience, Biotechnology and Biochemistry, 1992, 56(10): 1541-1545.

37　三肽-43　Tripeptide-43

　　三肽-43 即天冬氨酰半胱氨酰精氨酸（Asp-Cys-Arg），此三肽片段在大米蛋白质中丰量存在，但基本不采用提取精制方法，而直接化学合成，采用其酰胺形式。CTFA 列入的衍生物为三肽-43 的二聚物（dimer tripeptide-43）。

三肽-43酰胺的结构式

　　[理化性质]　　三肽-43 为白色粉末，可溶于水，分子量 392.4。

　　[安全性]　　CTFA 将三肽-43 作为化妆品原料，未见其外用不安全的报道。

　　[药理作用]　　三肽-43 及其衍生物与化妆品相关的药理研究见表 3-37。

　　[化妆品中应用]　　三肽-43 酰胺对胰蛋白酶、胰凝乳蛋白酶和肽基谷氨酰基肽水解酶的活性有促进作用，显示对 20S 蛋白酶体表达的促进，20S 蛋白酶体的活性

则与角质形成细胞的衰老相关。三肽-43 酰胺对β半乳糖苷酶活性的完全抑制也说明其抗衰能力，三肽-43 酰胺有明显的抗皱作用，可用于防止或治疗皮肤老化；三肽-43 酰胺还能保护皮肤免受紫外线的损害，抑制光老化。三肽-43 酰胺与水飞蓟提取物、三角褐指藻等提取物配合更有效。

表 3-37 三肽-43 及其衍生物与化妆品相关的药理研究

试验项目	浓度	效果说明
三肽-43 酰胺对胰蛋白酶样活性的促进	1μmol/L	促进率 55.3%
三肽-43 酰胺对胰凝乳蛋白酶样活性提高	1μmol/L	促进率 30%
三肽-43 酰胺对肽基谷氨酰肽水解酶活性提高	1μmol/L	促进率 44.6%
三肽-43 酰胺对β半乳糖苷酶活性的抑制	1μmol/L	抑制率 100%
在 UVB（100mJ/cm^2）照射下三肽-43 酰胺对细胞损伤的保护	1μmol/L	损伤下降率 34%
三肽-43 二聚物对胶原蛋白生成的促进	0.005%	促进率 4.6%

38 三肽-44 Tripeptide-44

三肽-44 也称三甘肽，是最简单的三肽化合物，可见于胶原蛋白的片段，现已化学合成。

三肽-44的结构式

[理化性质] 三肽-44 为白色晶体，熔点 240～250℃，可溶于水，20℃时的水溶解度为 9.5%，分子量 225.3。CAS 号为 556-33-2。

[安全性] CTFA 将三肽-44 作为化妆品原料，中国香化协会 2010 年版的《国际化妆品原料标准中文名称目录》中列入，未见其外用不安全的报道。

[化妆品中应用] 三肽-44 可用作皮肤调理剂。可延长多种活性蛋白酶的活性，提高酶的保存期；也能提高活性肽的稳定性，如浓度 0.1%时，可使促红细胞生成素在 10 周内基本不分解，而空白样则分解 7%～26%。

39 三肽-47 Tripeptide-47

三肽-47 的参考结构为异亮氨酰缬氨酰组氨酸（Ile-Val-His），是成纤维细胞生长因子-10 中片段的改造，现已化学合成。CTFA 列入的衍生物为没食子酰三肽-47（galloyl tripeptide-47）。

三肽-47的参考结构式

[**理化性质**] 三肽-47为白色粉末，可溶于水，分子量为367.4。

[**安全性**] CTFA将三肽-47作为化妆品原料，未见其外用不安全的报道。MTT法测定5mg/kg的没食子酰三肽-47对角质形成细胞无细胞毒性。

[**药理作用**] 没食子酰三肽-47与化妆品相关的药理研究见表3-38。

表3-38 没食子酰三肽-47与化妆品相关的药理研究

试验项目	浓度	效果说明
成纤维细胞培养对原胶原蛋白生成的促进	5mg/kg	促进率32%
对自由基DPPH的消除	5mg/kg	消除率50%
对金属蛋白酶MMP-9活性的抑制	5mg/kg	抑制率34%

[**化妆品中应用**] 没食子酰三肽-47与三肽-47的作用类似，但稳定性较三肽-47优秀。没食子酰三肽-47对金属蛋白酶MMP-9活性的抑制显示有良好的抗炎性，结合其抗氧性和促进皮层新陈代谢的能力，用作痤疮防治剂和护肤剂。用量在0.001%。

40 三肽-48 Tripeptide-48

三肽-48即亮氨酰缬氨酰组氨酸（Leu-Val-His），可见于神经肽的片段，现已化学合成。CTFA列入的衍生物为没食子酰三肽-48（galloyl tripeptide-48）。

三肽-48的结构式

[**理化性质**] 三肽-48为白色粉末，可溶于水，分子量367.4。

[**安全性**] CTFA将三肽-48及其衍生物作为化妆品原料，MTT法测定三肽-48和棕榈酰三肽-48在100μmol/L对角质形成细胞无细胞毒性，未见其外用不安全的报道。

[**药理作用**] 三肽-48及其衍生物与化妆品相关的药理研究见表3-39。

表3-39 三肽-48及其衍生物与化妆品相关的药理研究

试验项目	浓度	效果说明
三肽-48对角质形成细胞增殖的促进	1μmol/L	促进率25%
三肽-48对成纤维细胞增殖的促进	1μmol/L	促进率130%

试验项目	浓度	效果说明
棕榈酰三肽-48 对成纤维细胞增殖的促进	1μmol/L	促进率 100%
三肽-48 对原胶原蛋白生成的促进	10mg/kg	促进率 22%
没食子酰三肽-48 对原胶原蛋白生成的促进	5mg/kg	促进率 11%
没食子酰三肽-48 对自由基 DPPH 的消除	5mg/kg	消除率 56%
三肽-48 对一氧化氮合成酶活性的抑制	2.5μmol/L	抑制率 100%
没食子酰三肽-48 对金属蛋白酶 MMP-9 活性的抑制	5mg/kg	抑制率 33%
三肽-48 对皮肤伤口愈合的促进	10mg/kg	促进率 89.5%
棕榈酰三肽 48 对皮肤伤口愈合的促进	10mg/kg	促进率 55.1%

[化妆品中应用] 没食子酰三肽-48 与三肽-48 的作用类似，但稳定性较三肽-48 优秀。三肽-48 及其衍生物对成纤维细胞的增殖和原胶原蛋白的生成有促进，有活肤抗皱作用；三肽-48 及其衍生物均有抗炎性，用作痤疮防治剂和护肤剂。用量在 0.001%，浓度增大效果并不提高。

参考文献

Kim H S. A novel nicotinoyl peptide, nicotinoyl-LVH, for collagen synthesis enhancement in skin cells [J]. Journal of Applied Biological Chemistry, 2016, 59(3):239-242.

41 三肽-51 Tripeptide-51

三肽-51 即丙氨酰羟脯氨酰甘氨酸（Ala-Hyp-Gly），多见于胶原蛋白中。现多以化学法合成。

三肽-51的结构式

[理化性质] 三肽-51 为白色粉末，可溶于水，分子量 259.3。

[安全性] CTFA 将三肽-51 作为化妆品原料，中国香化协会 2010 年版的《国际化妆品原料标准中文名称目录》中列入，未见其外用不安全的报道。

[药理作用] 三肽-51 及其衍生物与化妆品相关的药理研究见表 3-40。

[化妆品中应用] 三肽-51 可促进纤维芽细胞的增殖，并显著促进胶原蛋白和弹性蛋白的生成，有抗皱紧致皮肤的作用，并有抵御紫外线的能力。对透明质酸合成酶的活性有促进作用，也可促进透明质酸的生成，可用作皮肤调理剂，有利于伤

口的愈合、皮肤的保湿。配方中建议用量 0.1%。

表 3-40　三肽-51 及其衍生物与化妆品相关的药理研究

试验项目	浓度	效果说明
人的表皮细胞培养对角蛋白-10 生成的促进	0.5mmol/L	促进率 406%
对外皮蛋白（involucrin）生成的促进	0.5mmol/L	促进率 36%
成纤维细胞培养对胶原蛋白生成的促进	250μg/mL	促进率 63.5%
人纤维芽细胞培养对弹性蛋白生成的促进	5μmol/L	促进率 321%
在紫外线（5mJ/cm^2）照射下人纤维芽细胞培养对弹性蛋白生成的促进	5μmol/L	促进率 145%
成肌细胞培养对原肌球蛋白（tropomyosin）生成的促进	100μmol/L	促进率 91%
对紧密蛋白遗传子（occludin）发现量的促进	0.1mmol/L	促进率 21%
对透明质酸合成酶活性的促进	0.5mmol/L	促进率 121%

42　三肽-52　Tripeptide-52

　　三肽-52 的结构为 Asn-Val-His，来源于 NF-κB（核因子 κB）-p65 蛋白链的片段，现已化学合成。核因子 κB 在细胞的炎症反应、免疫应答等过程中起到关键性作用。CTFA 列入的衍生物是棕榈酰三肽-52 酰胺（palmitoyl tripeptide-52 amide）。

三肽-52的结构式

　　[理化性质]　三肽-52 为白色粉末，可溶于水，分子量 372.3。

　　[安全性]　CTFA 将三肽-52 及其衍生物作为化妆品原料，未见其外用不安全的报道。

　　[药理作用]　三肽-52 与化妆品相关的药理研究见表 3-41。

表 3-41　三肽-52 与化妆品相关的药理研究

试验项目	浓度	效果说明
对 LPS 诱发 TNF-α 生成的抑制	0.1μmol/L	抑制率 59.0%
对人脐静脉血管内皮细胞（HUVEC）的细胞增殖和血管生成的抑制	0.1μmol/L	抑制率 22.6%
UVB（312nm,12.5mJ/cm^2）照射下对白介素 IL-1α 生成的抑制	0.1μmol/L	抑制率 16.4%
UVB（312nm,12.5mJ/cm^2）照射下对前列腺素 PGE$_2$ 生成的抑制	0.1μmol/L	抑制率 17.7%

　　[化妆品中应用]　三肽-52 及其衍生物有抗炎作用，对紫外照射下金属蛋白酶 MMP-1 活性的上升、白介素 IL-1α 的生成、前列腺素 PGE$_2$ 的生成和环氧合酶 COX-2 的活性都有抑制作用，在化妆品中加入有护肤调理作用，特别适用于紫外线辐射、光老化引起的皮炎的防治。

Sethi G. Multifaceted link between cancer and inflammation[J]. Bioscience Reports , 2012, 32(1): 1-15.

43　三肽-53　Tripeptide-53

三肽-53 的参考结构为丙氨酰谷氨酰赖氨酸（Ala-Glu-Lys），是分泌型卷曲蛋白 5（secreted frizzled protein 5）中的一个片段。现已化学合成制取。CTFA 列入的衍生物为棕榈酰三肽-53 酰胺（palmitoyl tripeptide-53 amide）。

三肽-53的参考结构式

[**理化性质**]　三肽-53 为白色粉末，可溶于水，分子量 346.4。

[**安全性**]　CTFA 将三肽-53 及其衍生物作为化妆品原料，未见其外用不安全的报道。

[**药理作用**]　三肽-53 与化妆品相关的药理研究见表 3-42。

表 3-42　三肽-53 与化妆品相关的药理研究

试验项目	浓度	效果说明
对促黑激素诱发黑色素细胞生成黑色素的抑制	0.1μmol/L	抑制率 22.3%
对促黑激素诱发黑色素细胞中相关信号通路调控因子（MITF）表达的抑制	1μmol/L	抑制率 28.9%
对促黑激素诱发酪氨酸酶基因（TYR）表达的抑制	0.1μmol/L	抑制率 28.2%
对促黑激素诱发酪氨酸酶相关蛋白-1（TRP-1）活性的抑制	10μmol/L	抑制率 13.9%
对促黑激素诱发酪氨酸酶相关蛋白-2（TRP-2）活性的抑制	0.1μmol/L	抑制率 12.6%

[**化妆品中应用**]　三肽-53 可抑制皮肤黑色素的生成，有增白作用，与同等质量浓度的熊果苷的效果相近。但三肽-53 作用于黑色素细胞的基因层面，有深层次和长效的亮肤作用。棕榈酰三肽-53 酰胺作用与三肽-53 相似，也可用作皮肤调理剂。

44　三肽-54　Tripeptide-54

三肽-54 的结构为苯丙氨酰苏氨酰酪氨酸（Phe-Thr-Tyr），可见于脂肪细胞因子（adiponectin）的片段，现已化学合成。

三肽-54的结构式

[理化性质]　三肽-54 为白色粉末，可溶于水，室温下的溶解度约 0.07%，分子量为 429.6。

[安全性]　CTFA 将三肽-54 作为化妆品原料，MTT 法检测在 10μmol/L 以下对成纤维细胞无细胞毒性，未见其外用不安全的报道。

[药理作用]　三肽-54 与化妆品相关的药理研究见表 3-43。

表 3-43　三肽-54 与化妆品相关的药理研究

试验项目	浓度	效果说明
对成纤维细胞增殖的促进	10μmol/L	促进率 15.9%
对胶原蛋白原生成的促进	1μmol/L	促进率 250%
对丝聚蛋白原生成的促进	1μmol/L	促进率 60%
对氧自由基的消除		每克相当于 1.2μmol 的 Trolex
对血管紧张素转换酶的抑制		IC_{50} 59μmol/L
对肿瘤坏死因子（TNF-α）生成的抑制	0.1μmol/L	抑制率 67.2%
对血细胞渗出（transmigration）的抑制	30μg/mL	抑制率 43.4%
对核因子 κB 受体活化（NF-κB）的抑制	10μmol/L	抑制率 60%

[化妆品中应用]　三肽-54 对肿瘤坏死因子、核因子 κB 受体活化等均有抑制作用，显示较广泛的抗炎性，对皮肤过敏也有缓解功能；三肽-54 有助于皮肤再生和保湿，改善皮肤皱纹，是皮肤调理剂。三肽-54 还有活血、化瘀、防治黑眼圈等应用。

45　三肽-55　Tripeptide-55

三肽-55 即半胱氨酰丙氨酰丝氨酸（Cys-Ala-Ser），是人前内皮素原（prepro endothelin）中的片段，现已化学合成。

三肽-55的参考结构式

[理化性质]　三肽-55 为白色粉末，可溶于水，分子量 279.3。

[安全性]　CTFA 将三肽-55 作为化妆品原料，未见其外用不安全的报道。

[药理作用]　三肽-55 与化妆品相关的药理研究见表 3-44。

表 3-44 三肽-55 与化妆品相关的药理研究

试验项目	浓度	效果说明
成纤维细胞培养对原胶原蛋白生成的促进	5mg/kg	促进率 32%
对自由基 DPPH 的消除	5mg/kg	消除率 66%
对金属蛋白酶 MMP-9 活性的抑制	5mg/kg	抑制率 41%

[化妆品中应用]　三肽-55 可用作抗氧剂，并且通过增加胶原蛋白的生成来提高皮肤弹性，减少和预防细纹，也有抗炎活性。用量在 0.001%。

46　三肽-56　Tripeptide-56

三肽-56 的参考结构为赖氨酰组氨酰甘氨酸 (Lys-His-Gly)，片段见于人转化生长因子-β，现已化学合成，CTFA 列入的衍生物为棕榈酰三肽-56 (palmitoyl tripeptide-56)。

三肽-56的参考结构式

[理化性质]　棕榈酰三肽-56 为白色粉末，不溶于水。三肽-56 的分子量为 343.4。

[安全性]　CTFA 将三肽-56 及其衍生物作为化妆品原料，未见其外用不安全的报道。

[药理作用]　三肽-56 及其衍生物与化妆品相关的药理研究见表 3-45。

表 3-45 三肽-56 及其衍生物与化妆品相关的药理研究

试验项目	浓度	效果说明
在痕量铜离子存在下三肽-56 对成纤维细胞增殖的促进	10μmol/L	促进率 126.2%
棕榈酰三肽-56 对 I 型胶原蛋白生成的促进	3mg/kg	促进率 66%
棕榈酰三肽-56 对 IV 型胶原蛋白生成的促进	10mg/kg	促进率 109%
棕榈酰三肽-56 对粘连蛋白生成的促进	7mg/kg	促进率 46%
棕榈酰三肽-56 对弹性蛋白生成的促进	3mg/kg	促进率 139%
三肽-56 对酪氨酸酶活性的抑制		IC_{50} 0.1nmol/L

[化妆品中应用]　三肽-56 及其衍生物都通过增加胶原蛋白、弹性蛋白和粘连蛋白的生成来提高皮肤弹性和降低皮肤皱纹，可用作皮肤调理剂。三肽-56 对酪氨酸酶活性有强烈的抑制，可用于美白类护肤品。三肽-56 及其衍生物须低浓度使用，用量在 0.01～1mg/kg，浓度大了并不好，与其他物质配合才能发挥更大功效，如泛醇、肉碱、尿囊素和植物提取物等。

参考文献

Audhya T. Tripeptide structure of bursin,a selective B-cell-differentiating hormone of the bursa of Fabricius[J].
Science, 1986, 231(4741): 997-999.

47 三肽-57 Tripeptide-57

三肽-57 的参考结构为精氨酰赖氨酰甘氨酸（Arg-Lys-Gly），是成纤维细胞生长因子中片段的改造，现已化学合成，采用其酰胺形式。

三肽-57的参考结构式

[理化性质] 三肽-57 为白色粉末，可溶于水，分子量为 359.5。使用前配成 500mg/kg 的溶液，溶剂由水、丁二醇、一缩丙二醇、1,2-己二醇等组成。

[安全性] CTFA 将三肽-57 作为化妆品原料，未见其外用不安全的报道。

[药理作用] 三肽-57 酰胺与化妆品相关的药理研究见表 3-46。

表 3-46 三肽-57 酰胺与化妆品相关的药理研究

试验项目	浓度	效果说明
对 20S 蛋白酶体活性的促进	5mg/kg	促进率 55.3%
对胰蛋白酶体活性的促进	5mg/kg	促进率 30%
在 100mJ/cm^2 的 UVB 照射下对成纤维细胞凋亡的抑制	5mg/kg	抑制率 34%
对 β-半乳糖苷酶活性的抑制	5mg/kg	抑制率>80%

[化妆品中应用] 三肽-57 酰胺对胰蛋白酶、20S 蛋白酶体活性有促进作用，20S 蛋白酶体的活性与角质形成细胞的衰老相关，因此三肽-57 酰胺对角蛋白形成细胞的增殖有显著的促进，有明显的抗皱抗衰作用，可用于防止或治疗皮肤老化；三肽-57 酰胺还能保护皮肤免受紫外线的损害，抑制光老化。

参考文献

Petropoulos I. Increase of oxidatively modified protein is associated with a decrease of proteasome activity and content in aging epidermal cells[J]. Journals Of Gerontology Series A-biological Sciences And Medical Sciences,

2000, 55(5): B220-B227.

48　sh-三肽-1　sh-Tripeptide-1

　　sh-三肽-1 的结构为苯丙氨酰亮氨酰谷氨酸（Phe-Leu-Glu），是人成纤维细胞生长因子-1 蛋白链中第 100～102 的片段，现为化学合成。CTFA 列入的衍生物为棕榈酰 sh-三肽-1 酰胺。

sh-三肽-1的结构式

　　[**理化性质**]　　sh-三肽-1 为白色粉末，可溶于水，分子量 335.5。

　　[**安全性**]　　CTFA 将 sh-三肽-1 及其衍生物作为化妆品原料，未见其外用不安全的报道。

　　[**药理作用**]　　sh-三肽-1 与化妆品相关的药理研究见表 3-47。

表 3-47　sh-三肽-1 与化妆品相关的药理研究

试验项目	浓度	效果说明
对角质形成细胞的增殖促进	1μmol/L	促进率 30.1%
对原胶原蛋白-1 生成的促进	0.1μmol/L	促进率 120%
对促进血管新生活性的促进	1μmol/L	促进率 25%

　　[**化妆品中应用**]　　sh-三肽-1 可激活 FGF 受体并能诱导胶原蛋白的合成，具有促进皮肤角质形成细胞增殖和血管生成的活性，可有效地用于伤口愈合和抑制皮肤老化或皮肤皱纹的形成。棕榈酰 sh-三肽-1 酰胺有类似性能，用于脱毛剂和皮肤调理剂。

参考文献

Barrientos S. Growth factors and cytokines in wound healing [J]. Wound Repair & Regeneration, 2008,16(5): 585-601.

49　sh-三肽-2　sh-Tripeptide-2

　　sh-三肽-2 的结构为组氨酰亮氨酰亮氨酸（His-Leu-Leu），是肿瘤坏死因子 γ 受体的片段，现已化学合成。CTFA 列入的衍生物为棕榈酰 sh-三肽-2 酰胺。

sh-三肽-2的结构式

[**理化性质**] sh-三肽-2 为白色粉末，可溶于水，分子量为 381.5。

[**安全性**] CTFA 将 sh-三肽-2 及其衍生物作为化妆品原料，未见其外用不安全的报道。

[**药理作用**] sh-三肽-2 与化妆品相关的药理研究见表 3-48。

表 3-48 sh-三肽-2 与化妆品相关的药理研究

试验项目	浓度	效果说明
对金属蛋白酶 MMP-1 活性的抑制	1μmol/L	抑制率 28%
对佛波酯（PMA）诱发肿瘤的抑制	100μg/t 鼠	抑制率 25.1%

[**化妆品中应用**] sh-三肽-2 对金属蛋白酶 MMP-1 的活性有抑制，也可抑制 TNF-α、IL-1α、PGE-2 等炎症因子的产生，有抗炎活性，可用作皮肤调理剂和抗衰剂。棕榈酰 sh-三肽-2 酰胺用作皮肤调理剂和保湿剂。

50 sh-三肽-4　sh-Tripeptide-4

sh-三肽-4 的结构为亮氨酰甘氨酰天冬氨酸（Leu-Gly-Asp），是人 CD99 抗体（CD99 Antigen）蛋白链中第 55~57 处的片段。现已化学合成。CTFA 列入的衍生物为棕榈酰 sh-三肽-4 酰胺（palmitoyl sh-tripeptide-4 amide）。

sh-三肽-4的结构式

[**理化性质**] sh-三肽-4 为白色粉末，可溶于水，分子量为 303.4。CAS 号为 273928-59-9。使用前一般先配成 0.3%的磷酸缓冲盐溶液。

[**安全性**] CTFA 将 sh-三肽-4 及其衍生物作为化妆品原料，未见其外用不安全的报道。

[**药理作用**] sh-三肽-4 与化妆品相关的药理研究见表 3-49。

[**化妆品中应用**] sh-三肽-4 及其衍生物具 CD99 抗体类似的功能，有抗炎性，有护肤作用；在低浓度时对 β_1 整合素的生成有促进，整合素可体现纤维芽细胞的增殖情况以及细胞间、纤维蛋白间粘连状况，可用作皮肤调理剂。

表 3-49　sh-三肽-4 与化妆品相关的药理研究

试验项目	浓度	效果说明
对 β_1 整合素生成的促进（超过此浓度为抑制）	5μg/mL	促进率 8%
对人类单核细胞（U937）与人类脐静脉内皮细胞间黏附的抑制	5μg/mL	抑制率 49.4%
对 PMA 诱发小鼠耳朵肿胀的抑制	100μg/ear	抑制率 11.7%

参考文献

Bailly M. Regulation of protrusion shape and adhesion to the substratum during chemotactic responses of mammalian carcinoma cells[J]. Experimental Cell Research, 1998, 241(2): 285-299.

第四章

四肽

四肽-2　Tetrapeptide-2

四肽-2 即 Lys-Asp-Val-Tyr，见于胸腺生成素Ⅱ的片段，是胸腺生成素Ⅱ的第 33～36 的片段。CTFA 列入的衍生物是乙酰四肽-2（acetyl tetrapeptide-2）。

乙酰四肽-2的结构式

[**理化性质**]　乙酰四肽-2 为白色粉末，可溶于水，室温下溶解度为 0.73%，分子量为 564.3，CAS 号为 757942-88-4。

[**安全性**]　CTFA 将四肽-2 及其衍生物作为化妆品原料，中国香化协会 2010 年版的《国际化妆品原料标准中文名称目录》中列入，未见其外用不安全的报道。

[**药理作用**]　乙酰四肽-2 与化妆品相关的药理研究见表 4-1。

表 4-1　乙酰四肽-2 与化妆品相关的药理研究

试验项目	浓度	效果说明
对Ⅰ型胶原蛋白生成的促进	10μg/mL	促进率 36%
对白介素 IL-2 生成的抑制	10μg/mL	抑制率 65%
对金属蛋白酶 MMP-1 的活性抑制	10μg/mL	抑制率 40%

[**化妆品中应用**]　四肽-2 和乙酰四肽-2 有胸腺生成素样作用，具有一定的调节机体免疫功能作用，能增强皮肤免疫能力，增强或维持胶原蛋白、弹性蛋白的水

平，改善皮肤松弛状况，用作皮肤调理剂。

2 四肽-3　Tetrapeptide-3

　　四肽-3 即 Lys-Gly-His-Lys，是白介素-4 中一关键片段的改造，现已化学合成。CTFA 列入的衍生物有乙酰四肽-3（acetyl tetrapeptide-3，CAS 号为 827306-88-7）、己酰四肽-3（caprooyi tetrapeptide-3，CAS 号为 1012317-71-3）和硫辛酰基四肽-3（thioctoyl tetrapeptide-3）。

四肽-3的结构式

　　[**理化性质**]　　四肽-3 为白色粉末，可溶于水，分子量 468.6，CAS 号为 155149-79-4。

　　[**安全性**]　　国家药品监督管理局和 CTFA 都将四肽-3 作为化妆品原料，未见其外用不安全的报道。

　　[**药理作用**]　　四肽-3 及其衍生物与化妆品相关的药理研究见表 4-2。

表4-2　四肽-3及其衍生物与化妆品相关的药理研究

试验项目	浓度	效果说明
己酰四肽-3 对层粘连蛋白生成的促进	0.1μmol/L	促进率 25.8%
己酰四肽-3 对层粘连蛋白-5 生成的促进	0.1μmol/L	促进率 49%
己酰四肽-3 对Ⅶ型胶原蛋白生成的促进	0.1μmol/L	促进率 34%
涂覆使用己酰四肽-3 2 个月对细纹数量的减少	0.001%	减少率 85%
乙酰四肽-3 酰胺对毛发毛囊母细胞增殖的促进	0.1μmol/L	促进率 230%
硫辛酰四肽-3 酰胺对毛发毛囊母细胞增殖的促进	0.1μmol/L	促进率 272%
UVB（312nm,0.06J/cm^2）照射硫辛酰四肽-3 酰胺对表皮细胞 DNA 损伤的抑制	0.03μmol/L	抑制率 46.2%
UVA（365nm,0.8J/cm^2）照射硫辛酰四肽-3 酰胺对表皮细胞 DNA 损伤的抑制	0.03μmol/L	抑制率 93%
涂覆使用己酰四肽-3 2 个月对老年斑的减少	0.001%	减少率 60%

　　[**化妆品中应用**]　　化妆品中的应用主要以四肽-3 的衍生物为主，因为稳定性好。乙酰四肽-3 酰胺也称为生发肽，可以迅速修复毛囊细胞，刺激眉毛和头发自然增长，能有效减少因为老化而导致的毛发脱落现象，令眉毛和头发更加浓密、自然、柔顺和紧致，也有保湿护肤作用，用作生发和护肤剂，用量 0.025%～0.5%。己酰四肽-3 可加速细胞外基质蛋白的合成，如层粘连蛋白、纤维连接蛋白、胶原蛋白Ⅲ型和Ⅶ型，修复表皮-真皮连接组织，帮助实现最佳皮肤结构，激活皮肤的自然恢复周

期，减少了皮肤细纹和皱纹；己酰四肽-3 一般先与水、甘油、单甘酯等表面活性剂、防腐剂等配制成 1%的溶液，而在皮肤中用 0.5%的溶液。硫辛酰四肽-3 酰胺有促进生发、抗氧、防晒和皮肤调理功能，用量在 10mg/kg。

参考文献

Whiting D A. Measuring reversal of hair miniaturization in androgenetic alopecia by follicular counts in horizontal sections of serial scalp biopsies [J]. The Journal of Investigative Dermatology Symposium Proceedings, 1999, 4(3): 282-284.

3　四肽-4　Tetrapeptide-4

四肽-4 即 Gly-Glu-Pro-Gly，以片段存在于细胞外基质蛋白如胶原蛋白中，出现的频率还不低。可从胶原蛋白选择性水解中提取，也可化学合成。CTFA 列入的衍生物为椰子油酰四肽-4（cocoyl tetrapeptide-4）和肉豆蔻酰四肽-4（myristoyl tetrapeptide-4）。

四肽-4的结构式

［理化性质］　四肽-4 为白色粉末，可溶于水，分子量为 358.4。

［安全性］　国家药品监督管理局和 CTFA 都将四肽-3 作为化妆品原料，未见其外用不安全的报道。

［药理作用］　四肽-4 及其衍生物与化妆品相关的药理研究见表 4-3。

表4-3　四肽-4 及其衍生物与化妆品相关的药理研究

试验项目	浓度	效果说明
四肽-4 对粘连蛋白生成的促进	1μg/mL	促进率 1300%
四肽-4 对胶原蛋白 1 型α-1 生成的促进	1μg/mL	促进率 118.8%
四肽-4 对胶原蛋白 1 型α-2 生成的促进	1μg/mL	促进率 40.2%
四肽-4 对透明质酸合成酶活性的促进	1μg/mL	促进率 666.7%
UV 490nm 测定烟酰四肽-4 对蓝光的屏蔽	100μmol/L	屏蔽率 4%

［化妆品中应用］　四肽-4 对细胞外基质蛋白如粘连蛋白、胶原蛋白的生成有显著的促进作用，可减少皮肤细纹和皱纹，特别是眼部皱纹和眼角鱼尾纹；也能提高皮层中透明质酸的含量，有保湿作用，可用作皮肤调理剂。用量 1～1000mg/kg，

需与营养性成分（如氨基酸等）配合。四肽-4 衍生物的作用机理与四肽-4 相同，稳定性好。

四肽-5　Tetrapeptide-5

四肽-5 即 β-alanyl-L-histidyl-L-seryl-L-histidine，是过氧化物酶体增殖物激活受体-γ（PPAR-γ）中片段的改造，现已化学合成，CTFA 列入的衍生物为乙酰四肽-5（俗称眼丝氨肽，商品名 Eyeseryl，CAS 号为 820959-17-9）。

乙酰四肽-5的结构式

[**理化性质**]　乙酰四肽-5 为白色粉末，可溶于水，分子量 492.5。

[**安全性**]　CTFA 将四肽-5 作为化妆品原料，中国香化协会 2010 年版的《国际化妆品原料标准中文名称目录》中将其列入，未见其外用不安全的报道。

[**药理作用**]　四肽-5 衍生物与化妆品相关的药理研究见表 4-4。

表 4-4　四肽-5 衍生物与化妆品相关的药理研究

试验项目	浓度	效果说明
乙酰四肽-5 对血管紧张素转换酶活性的抑制	10mg/kg	抑制率 40%
UV 490nm 测定烟酰四肽-5 对蓝光的屏蔽	100μmol/L	屏蔽率 18%

[**化妆品中应用**]　乙酰四肽-5 对血管紧张素转换酶活性有抑制，可减少血管紧张素的生成，可增强活血和防止红血丝；在眼圈周围使用，可改善皮肤松弛，防治眼袋，用量 20mg/kg，与微量棕榈酰三肽-1 和棕榈酰四肽-7 配合更有效果。乙酰四肽-5 可协助经皮渗透和吸收，提高效率 1~3 倍；四肽-5 及其衍生物也是皮肤调理剂。

四肽-6　Tetrapeptide-6

四肽-6 的结构为 Ala-Ala-Pro-Val，可见于胶原蛋白的蛋白链，现可化学合成，CTFA 列入的衍生物为肉豆蔻酰四肽-6（myristoyl tetrapeptide-6）。

四肽-6的结构式

[理化性质]　　四肽-6 为白色粉末，可溶于水，分子量 356.4。

[安全性]　　CTFA 将四肽-6 及其衍生物作为化妆品原料，中国香化协会 2010 年版的《国际化妆品原料标准中文名称目录》中列入。MTT 法检测四肽-6 在 10mg/kg 以下对人成纤维细胞无毒性，MTT 法测定肉豆蔻酰四肽-6 在 50 μg/mL 时对角质形成细胞的毒性为 43.1%，未见其外用不安全的报道。

[药理作用]　　四肽-6 及其衍生物与化妆品相关的药理研究见表 4-5。

表 4-5　四肽-6 及其衍生物与化妆品相关的药理研究

试验项目	浓度	效果说明
肉豆蔻酰四肽-6 对I型原胶原蛋白生成的促进	1mg/kg	促进率 380%
肉豆蔻酰四肽-6 对粘连蛋白生成的促进	1mg/kg	促进率 350%
在 UVB（80mJ/cm^2）照射下肉豆蔻酰四肽-6 对金属蛋白酶 MMP-1 的抑制	2mg/kg	抑制率 22%
在 UVB（80mJ/cm^2）照射下肉豆蔻酰四肽-6 对金属蛋白酶 MMP-3 的抑制	2mg/kg	抑制率 31%
肉豆蔻酰四肽-6 对皱纹深度的改善	0.05%	有效率 6.7%

[化妆品中应用]　　四肽-6 及其衍生物均能显著刺激胶原蛋白和细胞外蛋白的生成，具有优异抗皱效果，对紫外线的伤害有抑制和抗炎功能。肉豆蔻酰四肽-6 的用量在 0.05%，与透明质酸等配合效果更好。

参考文献

Owen C A. Cytokines regulate membrane-bound leukocyte elastase on neutrophils: a novel mechanism for effector activity[J]. American Journal of Physiology, 1997, 272(3 Pt1): 385-393.

6　四肽-7　Tetrapeptide-7

四肽-7 即 Gly-Gln-Pro-Arg，是脑啡肽中的一个片段，现已化学合成。CTFA 列入的衍生物为棕榈酰四肽-7（palmitoyl tetrapeptide-7），四肽-7 的衍生物远较四肽-7 稳定。

棕榈酰四肽-7的结构式

[理化性质]　　四肽-7 为白色粉末，可溶于水，不溶于酒精，分子量 456.5，CAS 号为 77727-17-4。棕榈酰四肽-7 的分子量 694.9，CAS 号为 221227-05-0。

[安全性]　　CTFA 将四肽-7 及其衍生物作为化妆品原料，中国香化协会 2010 年版的《国际化妆品原料标准中文名称目录》中列入，棕榈酰四肽-7 在 50μg/mL 时

对角质形成细胞的毒性为 46.4%，未见其外用不安全的报道。

[**药理作用**]　四肽-7 及其衍生物与化妆品相关的药理研究见表 4-6。

表 4-6　四肽-7 及其衍生物与化妆品相关的药理研究

试验项目	浓度	效果说明
棕榈酰四肽-7 对 I 型胶原蛋白生成的促进	3.46mg/kg	促进率 65%
棕榈酰四肽-7 对 IV 型胶原蛋白生成的促进（浓度提高则为抑制）	0.5mg/kg	促进率 5%
棕榈酰四肽-7 对层粘连蛋白生成的促进（浓度提高则为抑制）	2.5mg/kg	促进率 35%
棕榈酰四肽-7 对透明质酸生成的促进（浓度提高则为抑制）	1.5mg/kg	促进率 9%
棕榈酰四肽-7 对金属蛋白酶 MMP-1 活性的抑制	0.0003%	抑制率 23%
棕榈酰四肽-7 对白介素 IL-6 生成的抑制	45mg/kg	抑制率 26.2%
在 UV 照射下棕榈酰四肽-7 对白介素 IL-6 生成的抑制	45mg/kg	抑制率 56.8%
UV 490nm 测定烟酰四肽-7 对蓝光的屏蔽	100μmol/L	屏蔽率 17%

[**化妆品中应用**]　棕榈酰四肽-7 可加速细胞外基质蛋白的合成，如层粘连蛋白、纤维连接蛋白、胶原蛋白 I 型和 IV 型，减少了皮肤细纹和皱纹；对透明质酸生成的促进，有保湿作用；可下调白介素 IL-6，消除皮肤炎症，可用作多功能的皮肤调理剂。棕榈酰四肽-7 一般先与甘油、表面活性剂、水、防腐剂配制成 10～30mg/kg 的溶液，用量 3% 左右。与透明质酸等配合更好。

参考文献

Veretennikova N I. Rigin, another phagocytosis-stimulating tetrapeptide isolated from human IgG: Confirmations of a hypothesis[J]. International Journal of Peptide and Protein Research, 1981,17(4): 430-435.

7　四肽-9　Tetrapeptide-9

四肽-9 即 Gln-Asp-Val-His，是人体甲状旁腺激素（parathyroid hormone）的比较关键片段，现为化学合成。CTFA 列入的衍生物为乙酰四肽-9（acetyl tetrapeptide-9）。

四肽-9 的结构式

[**理化性质**]　四肽-9 为白色粉末，可溶于水，分子量为 497.5，CAS 号为 157876-49-8。

[**安全性**]　CTFA 将四肽-9 及其衍生物作为化妆品原料，中国香化协会 2010

年版的《国际化妆品原料标准中文名称目录》中列入，未见其外用不安全的报道。

[药理作用]　四肽-9 及其衍生物与化妆品相关的药理研究见表 4-7。

表 4-7　四肽-9 及其衍生物与化妆品相关的药理研究

试验项目	浓度	效果说明
四肽-9 对人表皮成纤维细胞增殖的促进（浓度增大反而不利）	0.001%	促进率 62%
乙酰四肽-9 对胶原蛋白 I 型生成的促进	10μg/mL	促进率 18%
四肽-9 对白介素 IL-4 生成的抑制（浓度增大反而不利）	1μg/mL	抑制率 4.4%

[化妆品中应用]　四肽-9 可加速表皮成纤维细胞的增殖，能促进细胞外基质蛋白如胶原蛋白 1 型的合成，可激活皮肤，对转化生长因子、结缔组织生长因子、成纤维细胞生长因子、α-整合素等的表达都有促进作用，可用以减少皮肤细纹和皱纹，用作皮肤调理剂。四肽-9 也有一定的抗炎性。

参考文献

Jouishomme H. The protein kinase-C activation domain of the parathyroid hormone[J]. Endocrinology, 1992, 130(1): 53-60.

8　四肽-10　Tetrapeptide-10

四肽-10 的参考结构为 Lys-Thr-Phe-Lys，是人干细胞因子中一关键片段的改造，现为化学合成，CTFA 列入的衍生物为棕榈酰四肽-10（palmitoyl tetrapeptide-10）。

四肽-10的参考结构式

[理化性质]　四肽-10 为白色粉末，能溶于酸性水，不溶于酒精，分子量为 522.7。

[安全性]　CTFA 将四肽-10 及其衍生物作为化妆品原料，中国香化协会 2010 年版的《国际化妆品原料标准中文名称目录》中列入，未见其外用不安全的报道。

[药理作用]　棕榈酰四肽-10 与化妆品相关的药理研究见表 4-8。

表4-8　棕榈酰四肽-10与化妆品相关的药理研究

试验项目	浓度	效果说明
对I型胶原蛋白生成的促进	4mg/kg	促进率38%
对IV型胶原蛋白生成的促进	6mg/kg	促进率36%
对粘连蛋白（fibrinectin）生成的促进	6mg/kg	促进率55%

　　[**化妆品中应用**]　　棕榈酰四肽-10的功能与四肽-10相似，但稳定性优良，可显著加速细胞外基质蛋白如层粘连蛋白和胶原蛋白的生成，改善皮肤松弛状态，有紧致皮肤作用，也可作多方面的皮肤调理。棕榈酰四肽-10需低浓度使用，浓度高无益。棕榈酰四肽-10一般先与水、甘油、Carbopol和防腐剂制成100mg/kg的溶液，此溶液在护肤配方中用量2%～3%。

9　四肽-11　Tetrapeptide-11

　　四肽-11即Pro-Pro-Tyr-Leu，见于玉米蛋白的片段，可从水解玉米蛋白中提取，也可化学合成。CTFA列入的衍生物为乙酰四肽-11（acetyl tetrapeptide-11），CAS号为928006-88-6。

四肽-11的结构式

　　[**理化性质**]　　四肽-11为白色粉末，可溶于水，分子量488.6。CAS号为884336-38-3。

　　[**安全性**]　　CTFA将四肽-11及其衍生物作为化妆品原料，中国香化协会2010年版的《国际化妆品原料标准中文名称目录》中列入，MTT检测在100mg/kg以下无细胞毒性，未见其外用不安全的报道。

　　[**药理作用**]　　四肽-11及其衍生物与化妆品相关的药理研究见表4-9。

表4-9　四肽-11及其衍生物与化妆品相关的药理研究

试验项目	浓度	效果说明
四肽-11对人角质形成细胞增殖的促进	0.003%	促进率66%
乙酰四肽-11对胶原蛋白生成的促进	0.01%	促进率26.6%
涂敷乙酰四肽-11对深皱纹的改善	0.01%	深度减低率49.3%
四肽-11对氧自由基的消除		每克相当于0.7μmol的Trolex

[化妆品中应用]　四肽-11 可加速人角质形成细胞的增殖，对细胞外基质蛋白（如胶原蛋白）的合成也有促进作用，可减少皮肤细纹和皱纹，用作皮肤调理剂。四肽-11 还有防晒、抗氧、助渗等作用，用量 0.01%，与植物提取物如齐墩果酸、β-胡萝卜素、表没食子儿茶素等配合效果更好。

参考文献

Olejnik A. The tetrapeptide *N*-acetyl-Pro-Pro-Tyr-Leu in skin care formulations—physicochemical and release studies[J]. International Journal of Pharmaceutics，2015, 492(1-2): 161-168.

10　四肽-12　Tetrapeptide-12

四肽-12 即 Lys-Ala-Lys-Ala，以片段存在于大鼠的角蛋白中，人白细胞抗原也有此片段存在,现已化学合成。CTFA 列入的衍生物有肉豆蔻酰四肽-12 酰胺（myristoyl tetrapeptide-12）。

肉豆蔻酰四肽-12酰胺的结构式

[理化性质]　肉豆蔻酰四肽-12 酰胺为白色粉末，可溶于水，分子量为 625.9。CAS 号为 959610-24-3。

[安全性]　CTFA 将四肽-12 及其衍生物作为化妆品原料，未见其外用不安全的报道。

[药理作用]　四肽-12 及其衍生物与化妆品相关的药理研究见表 4-10。

表 4-10　四肽-12 及其衍生物与化妆品相关的药理研究

试验项目	浓度	效果说明
乙酰四肽-12 酰胺对毛发生长的促进	0.1μg/mL	促进率 30%
肉豆蔻酰四肽-12 涂敷对皮肤皱纹的改善	0.25μg/mL	皱纹深度降低 6.7%
烟酰四肽-12 对蓝光的屏蔽	100μmol/L	屏蔽率 13%

[化妆品中应用]　肉豆蔻酰四肽-12 是一种可以促进毛发、眉毛和睫毛生长的活性肽，与叶酸、生物素、维生素 B_{12}、腺苷、植物提取物等配合效果更好，采用其 500mg/kg 的溶液，用量 0.02%。四肽-12 及其衍生物也有皮肤调理功能，可用于抗皱、保湿、美白等制品。

Sasaki S. Influence of prostaglandin F2α and its analogues on hair regrowth and follicular melanogenesis in a murine model[J]. Experimental Dermatology, 2005, 14(5):323-328.

11 四肽-13　Tetrapeptide-13

四肽-13 的结构为 Ala-Leu-Ala-Lys，是人小眼畸形相关转录因子（MITF）的一个重要片段。现已化学合成。CTFA 列入的衍生物为肉豆蔻酰四肽-13（myristoyl tetrapeptide-13）。

四肽-13的结构式

［理化性质］　四肽-13 为白色粉末，可溶于水，分子量为 401.6。

［安全性］　CTFA 将四肽-13 及其衍生物作为化妆品原料，未见其外用不安全的报道。MTT 法测定在 10μmol/L 对黑色素细胞无细胞毒性。

［药理作用］　四肽-13 与化妆品相关的药理研究见表 4-11。

表 4-11　四肽-13 与化妆品相关的药理研究

试验项目	浓度	效果说明
对酪氨酸酶活性的抑制	0.1μmol/L	抑制率 54.3%
对酪氨酸相关蛋白-1（TRP-1）表达的抑制	1μmol/L	抑制率 19.8%
对酪氨酸相关蛋白-2（TRP-2）表达的抑制	10μmol/L	抑制率 19.3%

［化妆品中应用］　四肽-13 及其衍生物对皮肤有护理作用，可用作皮肤调理剂。四肽-13 对酪氨酸酶和黑色素细胞的活性均有抑制，并在基因层面对酪氨酸相关蛋白的表达有抑制，显示较长久的增白和亮肤效应，可用作皮肤美白剂。用量 0.01%，与具抗氧作用的植物提取物配合效果更好。

参考文献

Gillbro J M. The melanogenesis and mechanism of skin-lightening agents-existing and new approaches[J]. Int J Cosmet Sci, 2011, 33(3): 210-221.

12 四肽-14 Tetrapeptide-14

四肽-14 的参考结构为 Pro-Gln-Glu-Ile，是信号分子结合蛋白质（TRAF6-binding protein）的一个片段，信号分子结合蛋白质是重要的细胞内多功能信号分子。四肽-14 现已化学合成。常用的是四肽-14 的酰胺形式。

四肽-14的参考结构式

[理化性质]　四肽-14 为白色粉末，可溶于水，分子量为 485.5。

[安全性]　CTFA 将四肽-14 及其衍生物作为化妆品原料，未见其外用不安全的报道。

[药理作用]　四肽-14 酰胺与化妆品相关的药理研究见表 4-12。

表 4-12　四肽-14 酰胺与化妆品相关的药理研究

试验项目	浓度	效果说明
对白介素 IL-6 生成的抑制	20μg/mL	抑制率 20.1%
在 UVA（365nm, 450μW/cm^2）对金属蛋白酶 MMP-1 活性的抑制	10μg/mL	抑制率 54.8%
在 UVB（302nm, 450μW/cm^2）在 UVB 照射下对白介素 IL-6 生成的抑制	40μg/mL	抑制率 34.5%

[化妆品中应用]　四肽-14 及其衍生物对皮肤有调理作用，可用作多功能的皮肤调理剂。四肽-14 对白介素 IL-6 和金属蛋白酶 MMP-1 的活性有抑制，显示具抗炎性，可提高皮肤的免疫功能。使用浓度为 0.02%。

参考文献

Zittermann S I. Basic fibroblast growth factor (bFGF, FGF-2) potentiates leukocyte recruitment to inflammation by enhancing endothelial adhesion molecule expression[J]. American Journal of Pathology, 2006, 168(3): 835-846.

13 四肽-15 Tetrapeptide-15

四肽-15 即 Tyr-Pro-Phe-Phe，也称内吗啡肽-2（endomorphin-2），在牛脑中发现，也存在于某些哺乳动物和人的中枢神经系统内，是内源性阿片受体的激动剂，具有高亲和性和选择性。CTFA 列入的衍生物为乙酰四肽-15（acetyl tetrapeptide-15，CAS 号为 928007-64-1）。

乙酰四肽-15酰胺的结构式

[理化性质]　四肽-15 酰胺为白色或类白色粉末，熔点 130～131℃，可溶于水，分子量 571.7。CAS 号为 141801-26-5。

[安全性]　CTFA 将四肽-15 及其衍生物作为化妆品原料，未见其外用不安全的报道。

[药理作用]　四肽-15 及其衍生物与化妆品相关的药理研究见表 4-13。

表 4-13　四肽-15 及其衍生物与化妆品相关的药理研究

试验项目	浓度	效果说明
四肽-15 酰胺对 LPS 诱发的白介素 IL-12 生成的抑制	1μmol/L	抑制率 5.4%
四肽-15 酰胺对大鼠醋酸扭体剧痛实验疼痛阈值的抑制	2μg/只	抑制率 32.6%
UV 490nm 测定烟酰四肽-15 酰胺对蓝光的屏蔽	100μmol/L	屏蔽率 15%
对氧自由基的消除		每克相当于 1μmol 的 Trolex

[化妆品中应用]　四肽-15 及其衍生物对皮肤有调理作用，可用作皮肤调理剂，对头发也有护理效果。四肽-15 对神经组织的疾患有防治功能，对白介素 IL-12 生成等的抑制显示对敏感性皮肤有护理作用，可缓解皮肤过敏、减轻痛感，与植物甾醇、神经酰胺等配合可提高效率。四肽-15 还有增白和抗氧作用。用量 0.001%。

参考文献

Zadina J E. A potent and selective endogenous agonist for the μ-opiate receptor[J]. Nature, 1997, 386(6624): 499-502.

14　四肽-16　Tetrapeptide-16

四肽-16 的参考结构为 Pro-Gln-Glu-Lys，是人信号分子结合蛋白质（TRAF6-binding protein）的片段，是该蛋白的一关键组合。常用的是四肽-16 的酰胺形式。

四肽-16的参考结构式

［理化性质］　四肽-16 为白色粉末，可溶于水，分子量为 502.5。

［安全性］　CTFA 将四肽-16 作为化妆品原料，未见其外用不安全的报道。

［药理作用］　四肽-16 酰胺与化妆品相关的药理研究见表 4-14。

表 4-14　四肽-16 酰胺与化妆品相关的药理研究

试验项目	浓度	效果说明
对白介素 IL-6 生成的抑制	$20\mu g/mL$	抑制率 25.1%
在 UVA（365nm，$450\mu W/cm^2$）照射下对金属蛋白酶 MMP-1 活性的抑制	$10\mu g/mL$	抑制率 38.3%
在 UVB（302nm，$450\mu W/cm^2$）照射下对白介素 IL-6 生成的抑制	$40\mu g/mL$	抑制率 28.8%

［化妆品中应用］　四肽-16 及其衍生物对皮肤有调理作用，可用作多功能的皮肤调理剂。四肽-16 对白介素 IL-6 的生成和金属蛋白酶 MMP-1 的活性有抑制，显示具抗炎性，可提高皮肤的免疫功能。使用浓度为 0.02%。

15　四肽-19　Tetrapeptide-19

四肽-19 即 Lys-Glu-Cys-Gly，是角质化细胞生长因子中片段的改造，现已化学合成。CTFA 列入的衍生物有咖啡酰四肽-19（caffeoyl tetrapeptide-19，用作抗氧剂、螯合剂、防晒剂和护肤剂）、双没食子酰四肽-19（digailoyi tetrapeptide-19，用作抗氧剂、螯合剂、痤疮防治剂和护肤剂）和没食子酰四肽-19（galloyl tetrapeptide-19，用作抗氧剂、痤疮防治剂和护肤剂）。

四肽-19的结构式

［理化性质］　四肽-19 为白色粉末，可溶于水，分子量为 435.5。

［安全性］　CTFA 将四肽-19 及其衍生物作为化妆品原料，未见其外用不安全的报道。MTT 法测定咖啡酰四肽-19 在 $100\mu mol/L$ 浓度时对角质形成细胞无细胞毒性。

［药理作用］　四肽-19 及其衍生物与化妆品相关的药理研究见表 4-15。

表 4-15　四肽-19 及其衍生物与化妆品相关的药理研究

试验项目	浓度	效果说明
没食子酰四肽-19 对自由基 DPPH 的消除	$10\mu mol/L$	消除率 65.8%
双没食子酰四肽-19 对自由基 DPPH 的消除	$10\mu mol/L$	消除率 82.1%
咖啡酰四肽-19 对自由基 DPPH 的消除	$10\mu mol/L$	消除率 41.5%

试验项目	浓度	效果说明
没食子酰四肽-19 对酪氨酸酶活性的抑制	100μmol/L	抑制率 40%
双没食子酰四肽-19 对酪氨酸酶活性的抑制	100μmol/L	抑制率 52%
四肽-19 对酪氨酸酶活性的抑制	1mmol/L	抑制率 9.8%

[**化妆品中应用**] 四肽-19 及其衍生物对皮肤有活肤护理作用,用作皮肤调理剂。四肽-19 衍生物对自由基 DPPH 有消除作用,可用作抗氧剂,作用持续时间长;也有美白皮肤的功能;与其他皮肤增白剂比较,它们没有细胞毒性。与维生素 C 衍生物等配合有更好的效果,四肽-19 及其衍生物一般先配制成 100mg/kg 的乳状液,用量 1%。

16 四肽-20 Tetrapeptide-20

四肽-20 即 His-DPhe-Arg-Trp,为α-促黑细胞激素(α-melanotropin)中的第 6~9 位重要片段,人体生长因子(human growth factor)中也有此片段。现已化学合成。CTFA 列入的衍生物为肉豆蔻酰四肽-20(myristoyl tetrapeptide-20,用作皮肤调理剂)和棕榈酰四肽-20(palmitoyl tetrapeptide-20,用作抗氧剂)。

四肽-20的结构式

[**理化性质**] 四肽-20 为白色粉末,可溶于水,分子量为 644.7。

[**安全性**] CTFA 将四肽-20 及其衍生物作为化妆品原料,未见其外用不安全的报道。

[**药理作用**] 四肽-20 及其衍生物与化妆品相关的药理研究见表 4-16。

表 4-16 四肽-20 及其衍生物与化妆品相关的药理研究

试验项目	浓度	效果说明
棕榈酰四肽-20 对黑色素细胞生成黑色素的促进	20mg/kg	促进率 39%
在 UVA(365nm, 0.8J/cm^2)照射下硫辛酰四肽-20 酰胺对黑色素细胞 DNA 损伤的抑制	0.03μmol/L	抑制率 69.9%
在 UVB(312nm, 0.06J/cm^2)照射下硫辛酰四肽-20 酰胺对白介素 IL-8 生成的抑制	0.001μmol/L	抑制率 60%
四肽-20 对氧自由基的消除		每克相当于 2.4μmol 的 Trolex

［化妆品中应用］ 四肽-20 及其衍生物均有护肤作用，可用作皮肤调理剂。四肽-20 及其衍生物有α-促黑细胞激素样功能，对黑色素细胞内的酪氨酸相关蛋白-1（TRP-1）和酪氨酸相关蛋白-2（TRP-2）的表达也有促进作用，能促进黑色素的生成，可用于防治灰发；有抗氧性和防晒性，减少对 DNA 损伤和增强其修复，可用于防晒制品。四肽-20 及其衍生物的用量在 10mg/kg。

参考文献

Attia J. Innovative palmitoyl tetrapeptide-20: A promising solution to fight grey hair[J]. Journal of Investigative Dermatology , 2018, 138(5):235-239.

17　四肽-21　Tetrapeptide-21

四肽-21 的结构为 Gly-Glu-Lys-Gly，是胶原蛋白有重复出现的一个重要片段，以更多的比例见于寒冷海洋鱼皮的抗冻多肽，也存在于一些人的细胞外基质蛋白质链中。现已化学合成，也可从胶原蛋白的选择性水解物中提取。

四肽-21的结构式

［理化性质］ 四肽-21 为白色粉末，溶于水，分子量为 388.5。
［安全性］ CTFA 将四肽-21 作为化妆品原料，未见其外用不安全的报道。
［药理作用］ 四肽-21 与化妆品相关的药理研究见表 4-17。

表 4-17　四肽-21 与化妆品相关的药理研究

试验项目	浓度	效果说明
对胶原蛋白生成的促进	1μg/mL	促进率 80.0%
对胶原蛋白I型α-1 生成的促进	1μg/mL	促进率 162.5%
对胶原蛋白I型α-2 生成的促进	1μg/mL	促进率 7.8%
对粘连蛋白（fibronectin）生成的促进	1μg/mL	促进率 760.0%
对透明质酸合成酶活性的促进	1μg/mL	促进率 483.3%

［化妆品中应用］ 四肽-21 可显著促进胶原蛋白、透明质酸和粘连蛋白的合成，能有效地淡化各种皱纹，改善皮肤紧实感、光滑感和弹性，适用于各种抗皱、抗衰老护理产品。用量 0.01%，多用无益。

四肽-22 即 His-Leu-Leu-Arg，可见于热休克蛋白的蛋白链。热休克蛋白是真核细胞和原核细胞在应激条件下诱导生成的应激蛋白，应激蛋白不仅在应激条件下高效表达，在正常状态的细胞里也广泛存在，参与一些重要的细胞活动。CTFA 列入的衍生物为乙酰四肽-22（acetyl tetrapeptide-22，商品名为 Thermostressine）。

四肽-22的结构式

[**理化性质**]　四肽-22 为白色粉末，可溶于水，分子量为 537.7。乙酰四肽-22 一般与水、单甘酯、二棕榈酰磷脂酰胆碱（DPPC）、抗氧剂和防腐剂等先配制成 0.05% 的脂质体，现配现用。

[**安全性**]　CTFA 将四肽-22 及其衍生物作为化妆品原料，未见其外用不安全的报道。

[**药理作用**]　四肽-22 及其衍生物与化妆品相关的药理研究见表 4-18。

表 4-18　四肽-22 及其衍生物与化妆品相关的药理研究

试验项目	浓度	效果说明
乙酰四肽-22 对热休克蛋白 70（HSP70）生成的促进	10μmol/L	促进率 28%
乙酰四肽-22 酰胺对热休克蛋白 70（HSP70）生成的促进	10μmol/L	促进率 21%
在 UVB 800J/m^2 照射下乙酰四肽-22 对人角质形成细胞凋亡的抑制	0.1mmol/L	抑制率 19%

[**化妆品中应用**]　皮肤细胞在温度异常升高或暴露于紫外线辐射、氧化应激、有害物渗透、炎症、缺氧、重金属污染物等时，皮肤表面的蛋白质构象会变性或变化，这对细胞的完整性是危险的。热休克蛋白的生成可以防止上述因素所造成的损害。四肽-22 可促进热休克蛋白的生成，增强肌肤对环境的抵抗能力，有护肤和调理作用。用量为 0.05% 脂质体的 0.2%。

参考文献

Alain F. Expression of heat shock proteins in mouse skin during wound healing [J]. Journal of Histochemistry & Cytochemistry, 1998, 46(11): 1291-1301.

19 四肽-26 Tetrapeptide-26

　　四肽-26 的结构为 Ser-Pro-Leu-Gln，是时钟节律蛋白（clock protein）的片段。现已化学合成。CTFA 列入的衍生物是其酰胺形式。

四肽-26酰胺的结构式

　　[理化性质]　　四肽-26 为白色粉末，可溶于水，分子量为 444.5。

　　[安全性]　　CTFA 将四肽-26 及其衍生物作为化妆品原料，未见其外用不安全的报道。

　　[药理作用]　　四肽-26 酰胺化妆品相关的药理研究见表 4-19。

表 4-19　四肽-26 酰胺化妆品相关的药理研究

试验项目	浓度	效果说明
成纤维细胞培养对时钟节律蛋白生成的促进	1μmol/L	促进率 79%
对节律抑制蛋白（PER-1）表达的促进	1μmol/L	促进率 20%

　　[化妆品中应用]　　四肽-26 酰胺是时钟节律蛋白的激活剂。人体时钟节律蛋白的活化可预防和矫正由于衰老或 UV 照射对皮肤的有害影响，可大幅抑制皮肤细胞的凋亡，用作皮肤调理剂。用量在 3mg/kg 左右，与高效的防晒剂配合使用效果更明显。

参考文献

Weinert D. Age-dependent changes of the circadian system [J]. Chronobiology International, 2000, 17(3): 261-283.

20 四肽-27 Tetrapeptide-27

　　四肽 27（tetrapeptide-27）即 Val-Leu-Leu-Lys，是人白介素 IL-1α中第 202～205 的片段，现已化学合成。CTFA 列入的衍生物为乙酰四肽 27（acetyl tetrapeptide-27）。

四肽-27的结构式

[**理化性质**]　四肽-27为白色粉末，可溶于水和生理盐水，不溶于酒精，分子量为471.7。

[**安全性**]　CTFA将四肽-27及其衍生物作为化妆品原料，未见其外用不安全的报道。

[**药理作用**]　四肽-27及其衍生物与化妆品相关的药理研究见表4-20。

表4-20　四肽-27及其衍生物与化妆品相关的药理研究

试验项目	浓度	效果说明
乙酰四肽-27对Ⅰ型胶原蛋白生成的促进	5.1μg/mL	促进率190.9%
乙酰四肽-27对ⅩⅣ型胶原蛋白生成的促进	1μg/mL	促进率75%
乙酰四肽-27对弹性蛋白生成的促进	1μg/mL	促进率27%
四肽-27对上皮细胞增殖的促进	10μg/mL	促进率30%
四肽-27对皮肤伤口愈合的促进	10μg/mL	愈合速度加快一倍

[**化妆品中应用**]　乙酰四肽-27的作用与四肽-27类似，具白介素IL-1β样作用，仅限于低浓度施用，用量0.0003%，浓度过高有反作用。四肽-27及其衍生物可加速细胞外基质蛋白的合成，促进皮层细胞的增殖，可减少皮肤细纹和皱纹，用作皮肤抗皱剂和调理剂；可加速皮肤伤口的愈合，伤口愈合处蛋白纤维结构正常，疤痕面积小。

21　四肽-28　Tetrapeptide-28

四肽-28即Cys-Arg-Ser-Tyr，可见于动物如绵羊的毛囊细胞KRT35基因和KRT85基因。现在有化学合成品。CTFA列入的衍生物为四肽-28酰精氨酰胺（tetrapeptide-28 argininamide）。

四肽-28的结构式

[**理化性质**]　四肽-28酰精氨酰胺为白色粉末，可溶于水，分子量为527.6。

[**安全性**]　CTFA将四肽-28及其衍生物作为化妆品原料，未见其外用不安全的报道。

[**化妆品中应用**]　四肽-28可用作皮肤调理剂。四肽-28酰精氨酰胺非常容易吸附于头发，0.1%溶液浸渍15min即使吸附量增加16倍，并能渗透到发干，可护理、强化和修复角蛋白纤维，有利于提高头发强度，增加可梳理性，可用作头发、睫毛

的护理剂，也有促进毛发生长的作用；四肽-28 酰精氨酰胺在毛发上的行为不是简单的沉积，耐洗涤性好。用量 0.01%～0.1%，需高效抗氧剂配合。

参考文献

Yu Z. De novo sequencing of keratin gene clusters in sheep comparative biology and transgenic models[C]. World Congress for Hair Research, 2010: 118.

22 | 四肽-29　Tetrapeptide-29

四肽-29 即 Cys-Gly-Val-Thr，可见于动物如绵羊的毛囊细胞 KRT35 基因和 KRT85 基因的片段。现有化学合成品。CTFA 列入的衍生物为四肽-29 酰精氨酰胺（tetrapeptide-29 argininamide）。

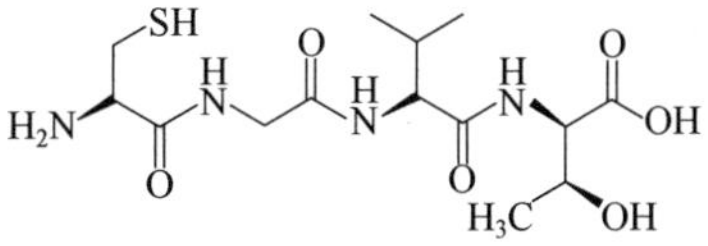

四肽-29的结构式

[**理化性质**]　四肽-29 酰精氨酰胺为白色粉末，可溶于水，分子量为 552.6。

[**安全性**]　CTFA 将四肽-29 及其衍生物作为化妆品原料，未见其外用不安全的报道。

[**化妆品中应用**]　四肽-29 可用作皮肤调理剂。四肽-29 酰精氨酰胺较四肽-29 更容易吸附于头发，0.1%溶液浸渍 15min 即使吸附量增加 15 倍，其余性能和应用与四肽-28 相似。

23 | 四肽-30　Tetrapeptide-30

四肽-30 即 Pro-Lys-Glu-Lys，是人生长激素（human growth hormone，hGH）中片段的改造，现为化学合成品。CTFA 列入的衍生物是其酰胺形式。

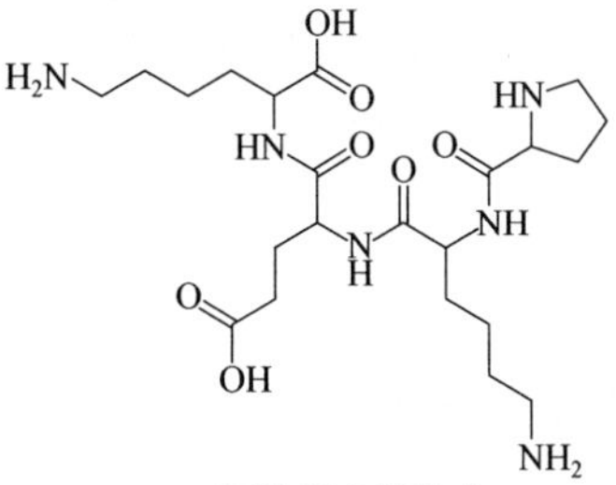

四肽-30的结构式

[**理化性质**]　四肽-30 酰胺为白色粉末，可溶于水，分子量为 499.0。

［**安全性**］　CTFA 将四肽-30 及其衍生物作为化妆品原料，未见其外用不安全的报道。

［**药理作用**］　四肽-30 及其衍生物与化妆品相关的药理研究见表 4-21。

表 4-21　四肽-30 及其衍生物与化妆品相关的药理研究

试验项目	浓度	效果说明
四肽-30 对黑色素细胞生成黑色素的抑制	0.005%	抑制率 20%
曲酰甲酰四肽-30 对黑色素细胞生成黑色素的抑制	1mmol/L	抑制率 9.1%
曲酰甲酰四肽-30 对酪氨酸酶活性的抑制	1mmol/L	抑制率 61.2%
在 UVB（450μW/cm^2）照射下四肽-30 对皮肤炎症的抑制	40μg/mL	抑制率 30%

［**化妆品中应用**］　四肽-30 对纤维连接蛋白、胶原蛋白的生成等都有促进作用，可用作皮肤调理剂。四肽-30 及其衍生物对黑色素细胞生成黑色素有抑制作用，抑制的幅度不是很大，但有长效性，不易反弹，与 VC 类衍生物配合效果更好，可用于美白类制品；四肽-30 对紫外线诱导的促炎细胞因子的表达有抑制，有抗炎性。四肽-30的用量 0.004%。

24　四肽-31　Tetrapeptide-31

四肽-31 即 Gly-Gly-Gly-Gly，也称四甘肽，是金黄色葡萄球菌中 Sortase A 酶的蛋白链中的片段。现已化学合成。CTFA 列入的衍生物为油酰四肽-31（oleoyl tetrapeptide-31）。

四肽-31的结构式

［**理化性质**］　四肽-31 为白色粉末，熔点 300℃，易溶于水，分子量 246.2。CAS 号为 637-84-3。

［**安全性**］　CTFA 将四肽-31 及其衍生物作为化妆品原料，未见其外用不安全的报道。

［**化妆品中应用**］　四肽-31 对皮肤和毛发都有护理和调理功能，是上皮细胞稳定剂，可用作调理剂。有一定的抑菌性，并对溶菌酶等有稳定作用，协助维护眼膜的安全。油酰四肽-31 有表面活性剂样作用，也有抑菌功能和皮肤调理功能。用量 0.1%～1.0%。

25　四肽-32　Tetrapeptide-32

四肽-32 即 Val-Val-Pro-Gly，是弹性蛋白中多处出现的一个片段，现以化学合成为主（商品名为 Elastin Scalp Peptide）。CTFA 列入的衍生物为壬二酰四肽-32（azelaoyl tetrapeptide-32）。

四肽-32的结构式

［理化性质］　四肽-32 为白色粉末，可溶于水，分子量为 370.4。

［安全性］　CTFA 将四肽-32 及其衍生物作为化妆品原料，未见其外用不安全的报道。

［药理作用］　四肽-32 与化妆品相关的药理研究见表 4-22。

表 4-22　四肽-32 与化妆品相关的药理研究

试验项目	浓度	效果说明
对大鼠成纤维细胞（RFL-6 cell）增殖的促进	1.3%	促进率 33.3%
细胞培养对弹性蛋白生成的促进	1.3%	促进率 40%
皮肤涂敷对皮肤弹性的促进	50 μg/mL	促进率 8%

［化妆品中应用］　壬二酰四肽-32 的作用与四肽-32 类似，可用于皮肤和头发的护理。四肽-32 可加速成纤维细胞的增殖和外基质蛋白如弹性蛋白的生成，可紧致皮肤，与维甲酸及其衍生物、神经酰胺等配合使用效果更好。

参考文献

Sandberg L B. Quantitation of elastin in tissues and culture [J]. Connective Tissue Research, 1990, 25(2): 139-148.

26　四肽-33　Tetrapeptide-33

四肽-33 的参考结构为 Phe-Ser-Arg-Tyr，为人运动神经诱向因子（motoneuronotrophic factor，MNTF）蛋白链中的一个片段，现可化学合成制取。

四肽-33的参考结构式

[**理化性质**]　四肽-33 为白色粉末，可溶于水，分子量为 571.7。

[**安全性**]　CTFA 将四肽 33 作为化妆品原料，未见其外用不安全的报道。

[**药理作用**]　四肽-33 与化妆品相关的药理研究见表 4-23。

表 4-23　四肽-33 与化妆品相关的药理研究

试验项目	浓度	效果说明
对成纤维细胞增殖的促进	1mmol/L	促进率 14.7%
对透明质酸生成的促进	200μmol/L	促进率 26.8%
对脂质过氧化的抑制	79μmol/L	抑制率 26.9%
对氧自由基的消除		每克相当于 0.76μmol 的 Trolex
对 LPS 诱发 NO 生成的抑制	1μmol/L	抑制率 18.8%

[**化妆品中应用**]　四肽-33 对成纤维细胞的增殖有促进作用，也能刺激胶原蛋白等的生成，可用作抗皱抗衰的皮肤调理剂；具保湿性，并有抗氧、抗炎、愈合伤口等功能。配方用量 0.1%。

27　四肽-34　Tetrapeptide-34

四肽-34 即 Gly-Leu-Phe-Trp，是基质金属蛋白酶中一片段的改造，现为化学合成肽。CTFA 列入的衍生物为肉豆蔻酰四肽-34（myristoyl tetrapept-34）。

四肽-34的结构式

[**理化性质**]　四肽-34 为白色粉末，可溶于水，分子量为 521.7。

[**安全性**]　CTFA 将四肽-34 及其衍生物作为化妆品原料，MTT 法测定在 10mg/kg 对人成纤维细胞无细胞毒性，未见其外用不安全的报道。

[**药理作用**]　肉豆蔻酰四肽-34 与化妆品相关的药理研究见表 4-24。

表 4-24　肉豆蔻酰四肽-34 与化妆品相关的药理研究

试验项目	浓度	效果说明
表皮成纤维细胞培养对原胶原蛋白生成的促进	10mg/kg	促进率 143%
表皮成纤维细胞培养对粘连蛋白生成的促进	1mg/kg	促进率 44%
对金属蛋白酶 MMP-1 活性的抑制	10mg/kg	抑制率 82%
在 UVB（100mJ/cm^2）照射下对 MMP-1 的抑制	5mg/kg	抑制率 54.9%

试验项目	浓度	效果说明
在 UVA（30mJ/cm²）照射下对 MMP-1 的抑制	10mg/kg	抑制率 91.6%
对 LPS 诱发白介素 IL-1β 生成的抑制	2mg/kg	抑制率 98%
对 LPS 诱发白介素 IL-6 生成的抑制	2mg/kg	抑制率 42%
对氧自由基的消除		每克相当于 1.4μmol 的 Trolex

[**化妆品中应用**]　四肽-34 及其衍生物是抗衰老、抗皱纹和抗炎作用的化妆品成分，主要是通过抑制金属蛋白酶（MMPs）的活性来提高皮肤的各种性能。肉豆蔻酰四肽-34 的稳定性较四肽-34 有很大提高，可用作皮肤调理剂和防晒剂。配方用量 0.003%，浓度加大并无好处。

参考文献

Kwon Haeyoung. Inhibition of UV-induced matrix metabolism by a myristoyl tetrapeptide[J]. Cell Biology International, 2016, 40(3): 257-268.

28 　四肽-35　Tetrapeptide-35

四肽-35 的参考结构为 Lys-Ile-Ser-Ile，是蜂王浆蛋白（royal jelly protein）的主要片段之一，位于 427～430 的位置。现可化学合成。

四肽-35的参考结构式

[**理化性质**]　四肽-35 为白色或类白色粉末，可溶于水，分子量为 459.7。
[**安全性**]　CTFA 将四肽-35 作为化妆品原料，未见其外用不安全的报道。
[**药理作用**]　四肽-35 与化妆品相关的药理研究见表 4-25。

表 4-25　四肽-35 与化妆品相关的药理研究

试验项目	浓度	效果说明
表皮细胞培养四肽-35 对神经酰胺生成的促进	10μg/mL	促进率 20%
成纤维细胞培养四肽-35 对胶原蛋白生成的促进	50mg/kg	促进率 52%
纤维芽细胞培养四肽-35 对透明质酸生成的促进	10μg/mL	促进率 31%
乙酰四肽-35 对组织蛋白酶 B 活性的抑制	2mmol/L	抑制率 31.3%

［化妆品中应用］ 四肽-35有蜂王浆蛋白样作用，可促进表皮细胞的增殖，有活肤抗衰作用，同时有显著的保湿和调理功能，用作皮肤调理剂。对组织蛋白酶 B 活性有抑制，显示有抗炎性。

参考文献

Simuth J. Immunochemical approach to detection of adulteration in honey: physiologically active royal jelly protein stimulating TNF-α release is a regular component of honey[J]. Journal of Agricultural and Food Chemistry, 2004, 52(8): 2154-2158.

四肽-36 Tetrapeptide-36

四肽-36 即 Gly-Pro-Pro-Gly，以片段见于胶原蛋白的蛋白链中，可从胶原蛋白的水解物中提取，也可化学合成。CTFA 列入的衍生物为甲瓦龙酰四肽-36（mevalonoyl tetrapeptide-36）。

四肽-36的结构式

［理化性质］ 四肽-36 是白色粉末，可溶于水，分子量为 326.4。

［安全性］ CTFA 将四肽 36 及其衍生物作为化妆品原料，未见其外用不安全的报道。

［药理作用］ 四肽-36 及其衍生物与化妆品相关的药理研究见表 4-26。

表 4-26 四肽-36 及其衍生物与化妆品相关的药理研究

试验项目	浓度	效果说明
人表皮成纤维细胞培养对粘连蛋白生成的促进	1μg/mL	促进率提高 23 倍
人表皮成纤维细胞培养对透明质酸合成酶活性的促进	1μg/mL	促进率提高 2 倍
对胶原蛋白I型生成的促进	1μg/mL	促进率 134.4%

［化妆品中应用］ 四肽-36 及其衍生物可显著加速细胞外基质蛋白的生成，如粘连蛋白和胶原蛋白，可修复表皮-真皮连接组织，减少了皮肤细纹和皱纹，并有保湿作用，用作皮肤调理剂，对皮肤伤口的愈合有促进作用。

四肽-37 Tetrapeptide-37

四肽-37 即 Arg-Gly-Asp-Ser，是人转化生长因子 β₁（transforming growth factor-beta 1，TGF-β₁）的片段，转化生长因子参与成熟生物体和发育中的胚胎的许多细胞过程，这些过程包括细胞生长、细胞分化、细胞凋亡、细胞动态平衡等细胞功能。四肽-37 现已化学合成。

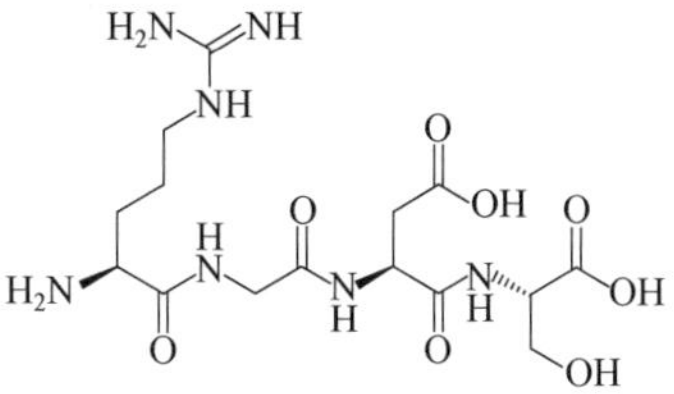

四肽-37的结构式

[**理化性质**]　四肽-37 为白色或类白色粉末，熔点 183～187℃，水中溶解度为 1g/L，分子量 433.4。CAS 号 91037-65-9。

[**安全性**]　CTFA 将四肽-37 及其衍生物作为化妆品原料，未见其外用不安全的报道。

[**药理作用**]　四肽-37 与化妆品相关的药理研究见表 4-27。

表 4-27　四肽-37 与化妆品相关的药理研究

试验项目	浓度	效果说明
对胶原蛋白生成的促进	0.005%	促进率 171.4%
涂敷四肽-37 对角质层的含水量的促进	0.02%	促进率 150%
对血小板聚集的抑制		IC$_{50}$ 60μg/mL

[**化妆品中应用**]　四肽-37 可加速细胞外基质蛋白如胶原蛋白的生成，减少皮肤细纹和皱纹，用作皮肤抗皱调理剂；可促进皮肤角质层的含水量，有保湿功能，提高皮肤柔润性和弹性，用作皮肤调理剂，与透明质酸、可溶性胶原蛋白、角叉菜胶等配合效果更好。四肽-37 对血小板聚集有抑制作用，有活血化瘀作用，可消除黑眼圈，0.001%涂敷施用。

参考文献

张津. Arg-Gly-Asp-Ser 序列肽抗血小板聚集及抑制血栓形成的作用[J]. 中国病理生理杂志,1997, 13(6): 710-713.

31　四肽-41　Tetrapeptide-41

四肽-41（tetrapeptide-41）的参考结构为 Gly-Gly-Leu-Phe，是α-乳白蛋白（α-lactalbumin）中一片段的改造，现为化学合成。CTFA 列入的衍生物为肉豆蔻酰四肽-41（myristoyl tetrapept-41）。

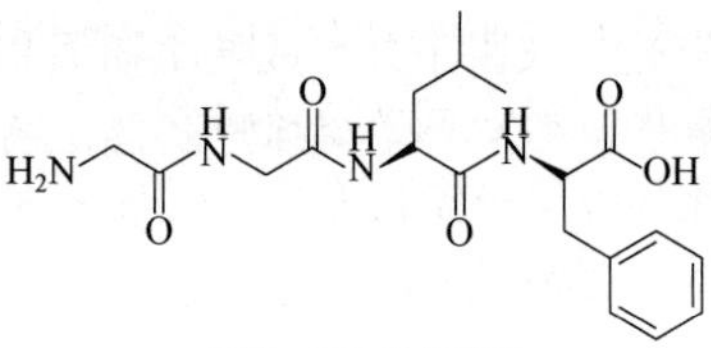

四肽-41的参考结构

[**理化性质**]　　四肽-41为白色粉末，可溶于水，分子量为392.6。

[**安全性**]　　CTFA将四肽-41及其衍生物作为化妆品原料，MTT法测定肉豆蔻酰四肽-41浓度在30mg/kg以下无细胞毒性，未见其外用不安全的报道。

[**药理作用**]　　肉豆蔻酰四肽-41与化妆品相关的药理研究见表4-28。

表4-28　肉豆蔻酰四肽-41与化妆品相关的药理研究

试验项目	浓度	效果说明
对金属蛋白酶MMP-1活性的抑制	10mg/kg	抑制率100%
在UVA（30mJ/cm²）照射下对MMP-1的抑制	10mg/kg	抑制率100%

[**化妆品中应用**]　　四肽41及其衍生物对金属蛋白酶MMP-1的活性有强烈的抑制作用，在紫外线照射下作用不变，是抗衰抗炎助剂，可用作皮肤调理剂和防晒剂。配方最大用量0.003%。

32　四肽-42　Tetrapeptide-42

四肽-42的参考结构为Met-His-Ile-Arg，是乳清蛋白（milk protein）的一个片段，现已化学合成，也可从乳清蛋白中水解分离提取。一般采用其酰胺形式。

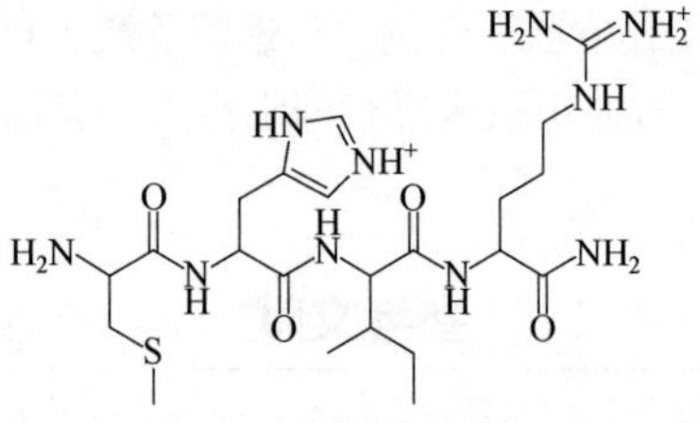

四肽-42酰胺的参考结构式

[**理化性质**]　　四肽-42为白色粉末，可溶于水，分子量为555.7。

[**安全性**]　　CTFA将四肽-42作为化妆品原料，未见其外用不安全的报道。

[**药理作用**]　　四肽-42酰胺与化妆品相关的药理研究见表4-29。

表4-29　四肽-42酰胺与化妆品相关的药理研究

试验项目	浓度	效果说明
对B-16黑色素细胞生成黑色素的抑制	100μmol/L	抑制率67.9%
对酪氨酸酶活性的抑制	100μmol/L	抑制率61.1%

[化妆品中应用] 四肽-42 酰胺有优异的抗氧化和酪氨酸酶抑制活性，对 B-16 黑色素细胞生成黑色素的抑制远超过同浓度的熊果苷，无细胞毒性，对黑色素生成的抑制率与使用浓度成正比，可用作皮肤美白剂。四肽-42 对皮肤也有调理、活血和抗衰作用。

参考文献

Fitzgerald R J. Lactokinins: Whey protein-derived ACE inhibitory peptides [J]. Nahrung, 1999, 43(3): 165-167.

33 四肽-44　Tetrapeptide-44

四肽-44 的结构为 Ala-Phe-Pro-Gly，在人 Rac 1 蛋白中以片段出现。Rac 1 蛋白又名 Ras 相关的 C3 肉毒素底物 1 (Ras-related C3 botulinum toxin 1)，在调整下细胞的增殖分化与凋亡、机体免疫调节等方面发挥重要的生物学作用。四肽-44 现已化学合成。化妆品常采用其长链脂肪酰化的衍生物。

四肽-44的结构式

[理化性质]　四肽-44 为白色粉末，可溶于水，分子量为 372.5。

[安全性]　CTFA 将四肽-44 作为化妆品原料，四肽-44 及其衍生物经 MTT 法测定对 HaCat 等细胞无毒性，未见其外用不安全的报道。

[药理作用]　四肽-44 及其衍生物与化妆品相关的药理研究见表 4-30。

表4-30　四肽-44 及其衍生物与化妆品相关的药理研究

试验项目	浓度	效果说明
四肽-44 对胶原蛋白酶活性的抑制	100mg/kg	抑制率 80%
棕榈酰四肽-44 对胶原蛋白酶活性的抑制	100mg/kg	抑制率 84%
肉豆蔻酰四肽-44 对金属蛋白酶 MMP-1 的活性抑制	10μg/mL	抑制率 63.0%
咖啡酰四肽-44 对丙酸痤疮杆菌的抑制	0.25%	抑制率 56.3%

[化妆品中应用]　四肽-44 及其衍生物对胶原蛋白酶的活性有强烈抑制作用，减少了皮肤细纹和皱纹，保持皮肤弹性，可用作抗皱调理剂；四肽-44 衍生物对金属蛋白酶 MMP-1 的活性抑制显示有抗炎作用，可避免紫外线对皮肤的伤害；对丙酸痤疮杆菌的抑制显示可用于粉刺防治。用量 0.01%。

34　**四肽-46　Tetrapeptide-46**

四肽-46 的参考结构为 Phe-Ala-Leu-Ala，存在于蛙类皮肤表面抗菌肽的蛋白链，常采用其酰胺形式。CTFA 列入的衍生物为肉豆蔻酰四肽-46（myristoyl tetrapept-46）。

四肽-46酰胺的参考结构式

　　[理化性质]　　四肽-46 为白色粉末，可溶于水，分子量为 420.6。

　　[安全性]　　CTFA 将四肽-46 及其衍生物作为化妆品原料，未见其外用不安全的报道。

　　[药理作用]　　四肽-46 酰胺有抗菌性，对金黄色葡萄球菌、铜绿假单胞菌和酵母菌的分别 MIC 为 200μg/mL、100μg/mL 和 200μg/mL。对其他菌种也有相似的抑制作用。

　　[化妆品中应用]　　四肽-46 及其衍生物对革兰氏阳性菌和革兰氏阴性菌都有抗菌性，但并不包含全部，可与其他抗菌剂如溶菌酶、三氯生等配合，用作化妆品抗菌剂和防腐剂。四肽- 46 也是皮肤调理剂。

参考文献

Hancock R E. Peptide Antibiotics [J]. Lancet, 1997, 349(9049): 418-422.

35　**四肽-47　Tetrapeptide-47**

四肽-47 的结构为 Met-Cys-Cys-Met，但两个半胱氨酸之间并非是肽链，而是二硫键相连。四肽-47 现已化学合成。

四肽-47的结构式

　　[理化性质]　　四肽-47 为白色粉末，可溶于水，分子量为 502.6。

　　[安全性]　　CTFA 将四肽-47 作为化妆品原料，MTT 法测定对黑色素细胞无细胞毒性，未见其外用不安全的报道。

[**药理作用**]　四肽-47 与化妆品相关的药理研究见表 4-31。

表 4-31　四肽-47 与化妆品相关的药理研究

试验项目	浓度	效果说明
对酪氨酸酶活性的抑制	10μmol/L	抑制率 32.0%
对自由基 DPPH 的消除	100μg/mL	消除率 26.7%
对氧自由基的消除		每克相当于 1.4μmol 的 Trolex
对前列腺素 PGE$_2$ 生成的抑制	20μmol/L	抑制率 82.5%

[**化妆品中应用**]　四肽-47 对酪氨酸酶的活性有抑制，有良好的美白效果，抑制效果与使用浓度成正比，但浓度超过 20μmol/L 则效益不大；四肽-47 的美白作用需要 2 周连续施用才有显效，并且可维持相当时间，有深层次的作用。四肽-47 还具有抗氧化和抗炎作用，可用作皮肤调理剂。

参考文献

Kim D S. Sphigosne-1-phosphe decrease melanin synthesis via sustained ERK activation and subsequent MITF degradation[J]. Journal of Cell Science, 2003, 116(9): 1699-1706.

36　四肽-48　Tetrapeptide-48

四肽-48 即 Ile-Gly-Ala-Gln，是人分泌型卷曲蛋白 5（secreted frizzled protein 5）的片段，现已化学合成制取。分泌型卷曲蛋白 5 的生化作用是调节脂质代谢、调节脂肪细胞的分化、增强胰岛素敏感性、抵抗炎症反应等。

四肽-48的结构式

[**理化性质**]　四肽-48 为白色粉末，可溶于水，分子量为 388.5。

[**安全性**]　CTFA 将四肽-48 作为化妆品原料，未见其外用不安全的报道。

[**药理作用**]　四肽-48 及其衍生物与化妆品相关的药理研究见表 4-32。

表 4-32　四肽-48 及其衍生物与化妆品相关的药理研究

试验项目	浓度	效果说明
对黑色素细胞生成黑色素的抑制	0.1μmol/L	抑制率 16.0%
对促黑激素诱发酪氨酸酶基因（TYR）表达的抑制	0.1μmol/L	抑制率 18.8%

[**化妆品中应用**]　四肽-48 可抑制皮肤黑色素的生成，有增白作用，比同等质量浓度的熊果苷的效果稍差。但四肽-48 更作用于黑色素细胞的基因层面，对促黑激素诱发酪氨酸酶基因（TYR）表达、促黑激素诱发酪氨酸酶相关蛋白-1（TRP-1）等都有抑制作用，并有深层次和长效的亮肤作用。四肽-48 也可用作皮肤调理剂。

37　sh-四肽-1　sh-Tetrapeptide-1

　　sh-四肽-1 即 Ser-Asp-Lys-Pro，是一种在人体内广泛存在于血液中和组织中的四肽，于 1989 年首次从胎牛骨髓中提取，也以片段存在于胸腺肽 β 中。现已化学合成。CTFA 列入的衍生物为乙酰 sh-四肽-1（acetyl sh-tetrapeptide-1）和月桂酰 sh-四肽-1（lauroyl sh-tetrapeptide-1）。

sh-四肽-1的结构式

　　[**理化性质**]　sh-四肽-1 为白色粉末，易溶于水，分子量为 445.5。
　　[**安全性**]　CTFA 将 sh-四肽-1 及其衍生物作为化妆品原料，未见其外用不安全的报道。
　　[**药理作用**]　sh-四肽-1 及其衍生物与化妆品相关的药理研究见表 4-33。

表 4-33　sh-四肽-1 及其衍生物与化妆品相关的药理研究

试验项目	浓度	效果说明
乙酰 sh-四肽-1 对Ⅲ型胶原蛋白生成的促进	10μmol/L	促进率 316.7%
乙酰 sh-四肽-1 对粘连蛋白生成的促进	10μmol/L	促进率 733.3%
乙酰 sh-四肽-1 表皮层增厚的促进	10μmol/L	促进率 39.4%
乙酰 sh-四肽-1 对毛发毛囊细胞增殖的促进	0.1nmol/L	促进率 292.5%
月桂酰 sh-四肽-1 对皮肤皱纹深度的改善	10μg/mL	深度减少 14%
月桂酰 sh-四肽-1 对皮肤光滑度的改善	10μg/mL	粗糙度下降 11%

　　[**化妆品中应用**]　sh-四肽-1 主要以其衍生物形式应用，因为稳定性好。可加速细胞外基质蛋白的合成，如层粘连蛋白和胶原蛋白Ⅲ型，修复表皮-真皮连接组织，激活皮肤的新陈代谢，减少了皮肤细纹和皱纹，用作抗衰抗皱的皮肤调理剂，用量 0.05%，与泛醇、透明质酸、神经酰胺等配合效果更好。乙酰 sh-四肽-1 可促进毛发毛囊细胞增殖，可用于生发和脱发防治，用量 0.5%，浓度增大呈反作用。

参考文献

Josiane Thierry. Synthesis and biological evaluation of analogues of the tetrapeptide *N*-acetyl-Ser-Asp-Lys-Pro (AcSDKP) [J]. Journal of Peptide Science, 2001, 7(5): 284-293.

38   sh-四肽-38   sh-Tetrapeptide-38

sh-四肽-38 即 Asp-Leu-Lys-Lys，为干细胞因子受体 C-Kit（SCF/C-Kit）蛋白链中的片段。CTFA 列入的衍生物为 sh-四肽-38 的三氟乙酸盐（sh-tetrapeptide-38 trifluoroacetate）及其酰胺形式。

sh-四肽-38酰胺的结构式

[**理化性质**]　sh-四肽-38 为白色粉末，可溶于水，分子量为 502.7。

[**安全性**]　CTFA 将 sh-四肽-38 及其衍生物作为化妆品原料，未见其外用不安全的报道。

[**药理作用**]　sh-四肽-38 酰胺与化妆品相关的药理研究见表 4-34。

[**化妆品中应用**]　sh-四肽-38 酰胺可改善角质形成细胞中微丝溶胶组织、保护皮肤免受紫外线辐射、减少角质形成细胞和黑色素细胞中 DNA 光损伤、减轻与年龄有关的色素沉着缺陷以及光老化对皮肤的影响，用作皮肤美白剂和调理剂，用量 3mg/kg，需与防晒剂配合使用。

表 4-34　sh-四肽-38 酰胺与化妆品相关的药理研究

试验项目	浓度	效果说明
对黑色素细胞生成黑色素的抑制	1mg/kg	抑制率 59%
对 UVB（30mJ/cm^2）照射下对细胞凋亡的抑制	1mg/kg	抑制率 55%
对神经元特异性抗突变因子（dynactin subunit p150^{glued}）表达的促进	1mg/kg	促进率 80%

参考文献

Byers H R. Requirement of dynactin p150[Glued] subunit for the functional integrity of the keratinocyte microparasol [J]. Journal of Investigative Dermatology, 2007, 127(7): 1736-1744.

39 sh-四肽-39 sh-Tetrapeptide-39

sh-四肽-39 的结构为 Pro-Gly-Pro-Pro，以片段多次出现于Ⅰ型胶原蛋白的蛋白链，现可化学合成。CTFA 列入的衍生物为乙酰 sh-四肽-39（acetyl sh-tetrapeptide-39）。

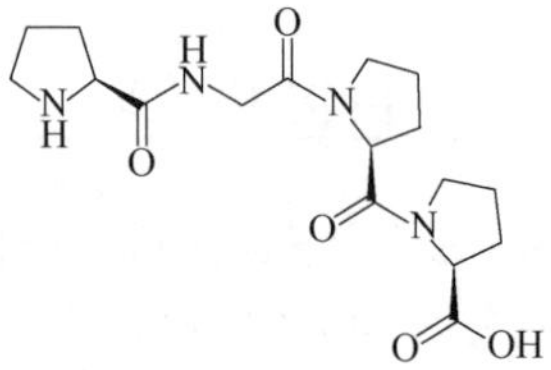

sh-四肽-39的结构式

［理化性质］ sh-四肽-39 为白色粉末，可溶于水，分子量为 366.4。

［安全性］ CTFA 将 sh-四肽-39 及其衍生物作为化妆品原料，未见其外用不安全的报道。

［药理作用］ sh-四肽-39 与化妆品相关的药理研究见表 4-35。

表 4-35 sh-四肽-39 与化妆品相关的药理研究

试验项目	浓度	效果说明
人表皮成纤维细胞培养对粘连蛋白生成的促进	1μg/mL	促进率提高 27 倍
人表皮成纤维细胞培养对透明质酸合成酶活性的促进	1μg/mL	促进率提高 3 倍
对胶原蛋白I型生成的促进	1μg/mL	促进率 40.3%
对胶原蛋白生成的促进	1μg/mL	促进率提高 2.5 倍

［化妆品中应用］ sh-四肽-39 及其衍生物可显著加速细胞外基质蛋白的生成，如粘连蛋白和胶原蛋白，可修复表皮-真皮连接组织，减少了皮肤细纹和皱纹，并有保湿作用，用作皮肤调理剂，对皮肤伤口的愈合有促进作用。乙酰 sh-四肽-39 较 sh-四肽-39 稳定性好。护肤品配方用量 1～10mg/L。

1 五肽-1 Pentapeptide-1

五肽-1 即 Arg-Lys-Asp-Val-Tyr，也称胸腺五肽（thymopentin），见于胸腺生成素Ⅱ的片段。胸腺生成素Ⅱ是从胸腺激素中分离出来的单一多肽化合物，由 49 个氨基酸组成，而其中由上述 5 个氨基酸组成的肽链片段，却有着与胸腺生成素Ⅱ相同的全部生理功能。五肽-1 与 sh-五肽-1 的氨基酸构成相同，而来源不同。CTFA 列入的衍生物有乙酰 sh-五肽-1（acetyl sh-pentapeptide-1，用作皮肤调理剂）、咖啡酰 sh-五肽-1（caffeoyl sh-pentapeptide-1，用作抗氧剂、抗菌剂、头发调理剂和护肤剂）。

五肽-1的结构式

［理化性质］ 五肽-1 为白色冻干疏松块状物或粉末。在水中极易溶，在乙醇中微溶、在乙酸乙酯、乙醚或石油醚中不溶，分子量 679.8。CAS 号为 69558-55-0。

［安全性］ 国家药品监督管理局将五肽-1 作为化妆品原料，而 CTFA 将 sh-五肽-1 及其衍生物作为化妆品原料，中国香化协会 2010 年版的《国际化妆品原料标准中文名称目录》中列入，未见其外用不安全的报道。

［药理作用］ 五肽-1 及其衍生物与化妆品相关的药理研究见表 5-1。

表 5-1 五肽-1 及其衍生物与化妆品相关的药理研究

试验项目	浓度	效果说明
棕榈酰五肽-1 对Ⅰ型胶原蛋白生成的促进	10μg/mL	促进率 32%
肉豆蔻酰五肽-1 对胶原蛋白酶活性的抑制	100mg/kg	抑制率 71%

试验项目	浓度	效果说明
五肽-1 对白介素 IL-2 生成的抑制	10μg/mL	抑制率 94.4%
棕榈酰五肽-1 对金属蛋白酶 MMP-1 的活性抑制	10μg/mL	抑制率 51.6%
UV 490nm 测定烟酰五肽-1 对蓝光的屏蔽	100μmol/L	屏蔽率 13%

[化妆品中应用]　五肽-1 及其衍生物对胶原蛋白酶活性有较强烈的抑制，也可加速细胞外基质蛋白如胶原蛋白的生成，有抗皱调理作用。五肽-1 有显著的抗炎作用，对自身免疫疾病、皮肤炎症、神经变性病患等都如胸腺生成素Ⅱ一样有防治作用，对紫外线对皮肤的伤害也有防御功能。用量约 0.01%。

参考文献

Ochoa E L M. Arg-Lys-Asp-Val-Tyr (thymopentin) accelerates the cholinergic-induced inactivation (desensitization) of reconstituted nicotinic receptor[J]. Cellular and Molecular Neurobiology, 1988, 8(3): 325-331.

2　五肽-2　Pentapeptide-2

五肽-2 即 Tyr-Ile-Gly-Ser-Arg，是人体细胞黏附蛋白的一个片段，存在于人体层粘连蛋白-111 的β-1 链上，细胞黏附蛋白是一糖蛋白，广泛分布在体内。现已化学合成。化妆品中常采用五肽-2 酰胺的形式。

五肽-2酰胺的结构式

[理化性质]　五肽-2 酰胺为白色或类白色粉末，微溶于水，25℃时水溶解度为 0.18%，分子量 593.7。CAS 号为 110590-65-3。

[安全性]　CTFA 将五肽-2 作为化妆品原料，中国香化协会 2010 年版的《国际化妆品原料标准中文名称目录》中列入，MTT 法测定五肽-2 酰胺在 10μg/mL 时对成纤维细胞无细胞毒性，未见其外用不安全的报道。

[药理作用]　五肽-2 及其衍生物与化妆品相关的药理研究见表 5-2。

表 5-2　五肽-2 及其衍生物与化妆品相关的药理研究

试验项目	浓度	效果说明
五肽-2 酰胺对Ⅰ型胶原蛋白生成的促进	1nmol/L	促进率 282.9%
五肽-2 酰胺对成纤维细胞增殖的促进	10μg/mL	促进率 15.5%

试验项目	浓度	效果说明
棕榈酰五肽-2 酰胺对成纤维细胞增殖的促进	1μmol/L	促进率 6.8%
五肽-2 对黑色素细胞生成黑色素的抑制	0.1%	抑制率 52.2%
五肽-2 酰胺对金属蛋白酶 MMP-1 活性的抑制	1nmol/L	抑制率 14.8%
五肽-2 酰胺对 TNF-β生成的抑制	10μg/mL	抑制率 21.2%

[**化妆品中应用**] 五肽-2 及其衍生物对成纤维细胞以及细胞外基质蛋白如胶原蛋白的生成有强烈的促进作用，可激活皮肤细胞活性，并减少了皮肤细纹和皱纹；能加快伤口疤痕愈合的速度，并有抗炎性，用量 0.01%（不要超过），与肌肽、积雪草提取物、羟基积雪草苷、积雪草苷配合效果好。对黑色素细胞生成黑色素有抑制作用，与有抗氧作用的没食子酸、维生素 C 配合效果更好，可用作皮肤美白剂。五肽-2 还有抑制皮肤过敏、抗炎、保湿和调理的功能。

参考文献

Yoshida N. The laminin-derived peptide YIGSR (Tyr-Ile-Gly-Ser-Arg) inhibits human pre-B leukaemic cell growth and dissemination to organs in SCID mice[J]. Journal of Cancer, 1999, 80(12): 1898-1904.

3 五肽-3　Pentapeptide-3

五肽-3 即 Gly-Pro-Arg-Pro-Ala，商品名为 Vialox，此片段见于人神经传递组织，现已经化学合成。

五肽-3的结构式

[**理化性质**] 五肽-3 为白色粉末，可溶于水，分子量 496.6。CAS 号为 135679-88-8。

[**安全性**] 国家药品监督管理局和 CTFA 都将五肽-3 作为化妆品原料，MTT 法测定棕榈酰五肽-3 的细胞毒性，在 3μmol/L 时对角质形成细胞的毒性为 28.6%。未见其外用不安全的报道。

[**药理作用**] 五肽-3 及其衍生物与化妆品相关的药理研究见表 5-3。

表5-3　五肽-3及其衍生物与化妆品相关的药理研究

试验项目	浓度	效果说明
棕榈酰五肽-3对胶原蛋白生成的促进	3μmol/L	促进率82.2%
五肽-3涂敷对对皱纹长度的减少	0.3%	减少率34%
五肽-3对神经-肌肉频率抖动的抑制	0.3%	抑制率60.8%
UV 490nm测定烟酰五肽-3对蓝光的屏蔽	100μmol/L	屏蔽30%
棕榈酰五肽-3对金属蛋白酶MMP-9活性的抑制	3μmol/L	抑制率39.6%

　　[化妆品中应用]　　五肽-3可促进胶原蛋白、弹性蛋白的生成，可阻断神经传递肌肉收缩信号，使肌肉放松，达到平抚动态纹、静态纹和细纹的作用，用作皮肤调理剂和抗皱剂，用量0.001%，与乳清蛋白、积雪草提取物等配合效果更好，特别适用于表情肌集中的部位如眼角、嘴角和额头等。

参考文献

Gorouhi F. Role of topical peptides in preventing or treating aged skin[J]. International Journal of Cosmetic Science, 2009, 31(5):327-345.

4　五肽-4　Pentapeptide-4

　　五肽-4即Lys-Thr-Thr-Lys-Ser，是Ⅰ型胶原蛋白中的重要片段，现可化学合成。CTFA列入的衍生物有 γ-氨基丁酰五肽-4（amlnobutyroyl pentapeptide-4，用作抗氧剂和护肤剂）、生物素酰五肽-4（biotinoyl pentapeptide-4，用作痤疮防治剂、抗氧剂、头发调理剂、护肤剂）、肉豆蔻酰五肽-4（myristoyl pentapeptide-4，皮肤调理剂）、棕榈酰五肽-4（palmitoyl pentapeptide-4，皮肤调理剂）、维甲酰五肽-4（retinoyl pentapeptide-4，护肤剂）和硫辛酰五肽-4（thioctoyl pentapeptide-4，用作抗氧剂、头发调理剂、皮肤美白剂和护肤剂）。

棕榈酰五肽-4的结构式

　　[理化性质]　　五肽-4为白色粉末，溶于水，分子量563.7。棕榈酰五肽-4为白色粉末，微溶于水，分子量802.1。CAS号为214047-00-4。

　　[安全性]　　CTFA将五肽-4及其衍生物作为化妆品原料，中国香化协会2010年版的《国际化妆品原料标准中文名称目录》中列入，MTT法测定棕榈酰五肽-4在

50μg/mL 时对角质形成细胞的毒性为 27.8%，未见其外用不安全的报道。

[**药理作用**]　五肽-3 及其衍生物与化妆品相关的药理研究见表 5-4。

表 5-4　五肽-3 及其衍生物与化妆品相关的药理研究

试验项目	浓度	效果说明
棕榈酰五肽-4 对弹性蛋白酶活性的抑制	500μg/mL	抑制率 16%
棕榈酰五肽-4 对胶原蛋白酶活性的抑制	500μg/mL	抑制率 38%
五肽-4 对胶原蛋白酶活性的抑制	500μg/mL	抑制率 16%
棕榈酰五肽-4 对胶原蛋白生成的促进	1mg/kg	促进率 23%
棕榈酰五肽-4 对层粘蛋白生成的促进	2mg/kg	促进率 26%
棕榈酰五肽-4 胶原蛋白Ⅳ型生成的促进	2mg/kg	促进率 12%
棕榈酰五肽-4 对粘连蛋白生成的促进	4mg/kg	促进率 25%
棕榈酰五肽-4 对成纤维细胞增殖的促进	8mg/kg	促进率 44.8%
涂敷棕榈酰五肽-4 对皮肤皱纹的改善	50mg/kg	皱纹深度减少 18.2%
棕榈酰五肽-4 对透明质酸生成的促进	2mg/kg	促进率 30%
涂敷对皮肤含水量的促进	0.1%	促进率 47.1%
棕榈酰五肽-4 对蛋白酶激活受体 2（protease-activated receptor，PAR-2）的抑制	0.0001%	抑制率 62%
五肽 4 对 2% SLS 诱发对皮肤刺激的抑制	0.1%	抑制率 9.5%

[**化妆品中应用**]　五肽-4 及其衍生物可刺激胶原蛋白、弹力纤维和透明质酸的生成，提高肌肤的含水量和锁水度，增加皮肤厚度以及减少细纹。棕榈酰五肽-4 比五肽-4 更稳定，可以增加皮层的吸收效果。用量 0.0001%～0.001%，与神经酰胺等配合效果更好。蛋白酶激活受体 2 为重要的敏感受体，与瘙痒缓解作用有关，对其有抑制作用，显示有缓解皮肤过敏的作用。

参考文献

Katayama K. A pentapeptide from type I procollagen promotes extracellular matrix production[J]. The Journal of Biological Chemistry, 1993, 268(14):9941-9944.

5　**五肽-5　Pentapeptide-5**

五肽-5 的参考结构为 Tyr-Gly-Gly-Phe-Leu，是神经肽如β型内啡肽中的一个片段，此片段单位也见于酿酒酵母的蛋白链，现已化学合成。sh-五肽-5 的结构和性能与五肽-5 一样。CTFA 列入的衍生物为棕榈酰五肽-5（palmitoyl pentapeptide-5）。

五肽-5的参考结构式

[**理化性质**]　　五肽-5 为白色粉末，稍溶于水，分子量为 555.3。

[**安全性**]　　CTFA 将五肽-5 和 sh-五肽-5 及其衍生物作为化妆品原料，中国香化协会 2010 年版的《国际化妆品原料标准中文名称目录》中列入，MTT 法测定烟酰五肽-5 在 $100\mu mol/L$ 对人成纤维细胞无细胞毒性。未见其外用不安全的报道。

[**药理作用**]　　五肽-5 及其衍生物与化妆品相关的药理研究见表 5-5。

表 5-5　五肽-5 及其衍生物与化妆品相关的药理研究

试验项目	浓度	效果说明
五肽-5 对胶原蛋白生成的促进	50mg/kg	促进率 24.2%
没食子酰五肽-5 对胶原蛋白生成的促进	50mg/kg	促进率 32.0%
烟酰五肽-5 对胶原蛋白生成的促进	$100\mu mol/L$	促进率 119.5%
脂肪细胞培养五肽-5 对脂肪分解的促进	$0.1\mu mol/L$	促进率 150%
脂肪细胞培养五肽-5 酰胺对脂肪分解的促进	$0.1\mu mol/L$	促进率 115%
脂肪细胞培养棕榈酰五肽-5 对脂肪分解的促进	$0.1\mu mol/L$	促进率 70%
皮肤涂敷五肽-5 对 UVB 照射的防卫	$2.0mg/cm^2$	SPF 值 20
UV 490nm 测定烟酰五肽-5 对蓝光的屏蔽	$100\mu mol/L$	屏蔽率 22%
五肽-5 对皮肤伤口愈合的促进	$20\mu mol/L$	促进率 24%
五肽-5 对 LPS 诱发 NO 生成的抑制	50mg/kg	抑制率 7.2%
没食子酰五肽-5 对 LPS 诱发 NO 生成的抑制	50mg/kg	抑制率 18.8%
五肽-5 对水通道蛋白 3 生成的促进	$10\mu mol/L$	促进率 79.5%
没食子酰五肽-5 对自由基 DPPH 的消除	50mg/kg	消除率 69%
五肽-5 对自由基 DPPH 的消除	50mg/kg	消除率 4%

[**化妆品中应用**]　　五肽-5 及其衍生物都可加速细胞外基质蛋白如胶原蛋白的生成，调理皮肤，减少了皮肤细纹和皱纹，可用作皮肤调理剂。五肽-5 及其衍生物一般先与单甘酯、一缩丙二醇、防腐剂和水等先配制成约 1%～2% 的溶液，用量 5% 左右。五肽-5 及其衍生物对脂肪的分解有强烈促进作用，可用于涂敷型减肥制品。

五肽-5 还有保湿、防晒和抗炎等作用。

6　五肽-6　Pentapeptide-6

五肽-6 的结构为 Lys-Thr-Ser-Lys-Ser，片段可见于原胶原蛋白，现已经化学合成，CTFA 列入的衍生物有氨基乙酰丙酰五肽 6（aminolevulinoyl pentapeptide-6，用作抗氧剂）、琥珀酰抗坏血酰五肽 6（succinoyl ascorbate pentapeptide-6，用作抗氧剂、痤疮防治剂、皮肤美白剂、皮肤调理剂和护肤剂）。

五肽-6的结构式

　　[理化性质]　五肽-6 为白色粉末，可溶于水，分子量为 549.7。

　　[安全性]　CTFA 将五肽-6 及其衍生物作为化妆品原料，中国香化协会 2010 年版的《国际化妆品原料标准中文名称目录》中列入，未见其外用不安全的报道。

　　[药理作用]　棕榈酰五肽-6 与化妆品相关的药理研究见表 5-6。

表5-6　棕榈酰五肽-6 与化妆品相关的药理研究

试验项目	浓度	效果说明
对胶原蛋白生成的促进	50μmol/L	促进率 28%
对粘连蛋白生成的促进作用	50μmol/L	促进率 62.5%

　　[化妆品中应用]　棕榈酰五肽-6 与五肽-6 性能相似，可有效迅速扩散到真皮层，加速细胞外基质蛋白如粘连蛋白和胶原蛋白（Ⅰ型和Ⅲ型）的生成，可促进伤口愈合和水合作用，有保湿、护肤和调理作用，可减少皮肤皱纹，用量约 0.005%，常与生育酚、维甲酸等配合使用。

7　五肽-17　Pentapeptide-17

五肽-17 即 Lys-Leu-Ala-Lys-Lys，为乳过氧化物酶（lactoperoxidase）中一片段的改造，现已化学合成。CTFA 列入的衍生物为五肽-17 酰胺和肉豆蔻酰五肽-17（myristoyl pentapeptide-17）。

肉豆蔻酰五肽-17酰胺的结构

[**理化性质**]　　五肽-17为白色粉末，可溶于水，分子量586.9。肉豆蔻酰五肽-17为白色粉末，微溶于水，溶解度0.026%，分子量796.1，CAS号为959610-30-1。

[**安全性**]　　CTFA将五肽-17及其衍生物作为化妆品原料，未见其外用不安全的报道。

[**药理作用**]　　五肽-17及其衍生物与化妆品相关的药理研究见表5-7。

表5-7　五肽-17及其衍生物与化妆品相关的药理研究

试验项目	浓度	效果说明
小鼠试验乙酰五肽-17酰胺对毛发生长的促进	0.1μg/mL	促进率20%
肉豆蔻酰五肽17涂敷对皮肤皱纹的改善	0.25μg/mL	皱纹深度降低6.7%

[**化妆品中应用**]　　五肽-17及其衍生物局部涂敷于皮肤、头发、睫毛和眉毛，对毛发的生长都有促进作用，使毛发更密、更长、更粗、更壮，可用于生发和睫毛制品，与四肽-12配合效果更好，配方中需与叶酸、生物素、维生素B_{12}、绿茶提取物等协同，用量是其500mg/kg的溶液，用入0.2%；最大使用浓度为1.0μg/mL，不可超过。五肽-17及其衍生物渗透性强，至真皮层对皮肤细胞有激活作用，与透明质酸、海藻糖等配合有保湿、调理、紧致皮肤效果。

参考文献

Wolf R. Prostaglandin analogs for hair growth: great expectation[J]. Dermatology Online Journal, 2003, 9(3):12.

8　五肽-18　Pentapeptide-18

五肽-18即Tyr-D-Ala-Gly-Phe-Leu，也称亮啡丝肽，商品名为Enkephaline，属于脑啡肽类的神经肽，存在于人的神经组织。现已化学合成。

五肽-18的结构式

[**理化性质**]　五肽-18 为白色粉末，熔点 160～163.5℃，25℃水溶解度为 0.042%，分子量 569.6，CAS 号为 64963-01-5。

[**安全性**]　CTFA 将五肽-18 作为化妆品原料，未见其外用不安全的报道。

[**药理作用**]　五肽-18 与化妆品相关的药理研究见表 5-8。

表 5-8　五肽-18 与化妆品相关的药理研究

试验项目	浓度	效果说明
对胶原蛋白生成的促进	25μmol/L	促进率 16.6%
对皮肤伤口愈合速度的促进	20μmol/L	促进率 19.4%
脂肪细胞培养对脂肪分解的促进	0.1μmol/L	促进率 195%
对水通道蛋白 3 生成的促进	10μmol/L	促进率 67.1%

[**化妆品中应用**]　五肽-18 可加速细胞外基质蛋白如胶原蛋白的生成，对皮肤伤口的愈合有促进作用，疤痕的形状小而避免异常化，可用作祛疤类的皮肤调理剂。五肽-18 是一信号肽，对皮层肌肉通过信号传递维护和修复信息，对表情形成皱纹的改善效果很好。五肽- 18 一般先与溶剂、表面活性剂、防腐剂和水等配制成约 0.05% 的溶液，在配方中用量 10%左右。五肽-18 对脂肪的分解有强烈促进作用，如用于眼袋脂肪的消除，可用于涂敷型减肥制品，对油性皮肤皮脂的分泌有抑制作用。五肽-18 有抑汗作用，抑汗机理与收敛性金属盐（如铝盐或锆盐）不同，不是通过堵塞汗孔，而是收缩小汗腺来减少出汗。

参考文献

Reddy B. Bioactive oligopeptides in dermatology: Part I[J]. Experimental Dermatology, 2012, 21(8): 569-575.

9　五肽-20　Pentapeptide-20

五肽-20 即 Gly-Pro-Ile-Gly-Ser，是头发生长因子（hair growth factor）蛋白链的片段，现已可化学合成。CTFA 列入的衍生物为咖啡酰五肽-20（caffeoyl pentapeptide-20，皮肤调理剂）和烟酰五肽-20（nicotinoyl pentapeptide-20，皮肤调理剂）。

咖啡酰五肽-20的结构式

[**理化性质**]　五肽-20 为白色粉末，可溶于水，分子量 429.6。

[**安全性**]　CTFA 将五肽-20 及其衍生物作为化妆品原料，MTT 法测定五肽-20 及其衍生物在 100mg/kg 浓度以下无细胞毒性，未见其外用不安全的报道。

[**药理作用**]　五肽-20 及其衍生物与化妆品相关的药理研究见表 5-9。

表 5-9　五肽-20 及其衍生物与化妆品相关的药理研究

试验项目	浓度	效果说明
咖啡酰五肽-20 对自由基 DPPH 的消除	10mg/kg	消除率 49.4%
在 UVB（50mJ/cm^2）照射下对细胞凋亡的抑制	50mg/kg	抑制率 66.0%
涂敷咖啡酰五肽-20 对小鼠毛发生长的促进	0.1%	促进率 30%
五肽-20 对皮肤角质层含水量的促进	0.1%	促进率 50.8%
五肽-20 对 2%SLS 对皮肤诱发刺激的抑制	0.1%	抑制率 12.9%

[**化妆品中应用**]　五肽-20 及其衍生物对皮肤和毛发均有保湿护理作用，用作调理剂，用量在 0.1%，浓度再高无益。咖啡酰五肽-20 有抗氧、抗炎、抗过敏和防晒作用，是优秀的抗氧剂，也是头发和皮肤的护理剂和调理剂，可促进生发，对头发脱落也有防治作用。

参考文献

吴丽峰. 雄激素性脱发的外用药治疗[J]. 中国麻风皮肤病杂志, 2018, 34(3):188-190.

10　五肽-21　**Pentapeptide-21**

五肽-21 即 Ser-Leu-Tyr-Gln-Ser，是人 CHK2 蛋白激酶（checkpoint kinase 2）中的一个片段。人 CHK2 蛋白激酶是一种多功能蛋白激酶，在 DNA 损伤诱导的细胞周期阻滞、DNA 修复和细胞凋亡过程中扮演着重要角色。此片段也存在于人 Cdc25C 细胞周期蛋白，现可化学合成。

五肽-21的结构式

[理化性质]　五肽-21为白色粉末。可溶于水，分子量597.7。

[安全性]　CTFA将五肽-21作为化妆品原料，MTT法测定在50μmol/L以下对角质形成细胞无细胞毒性，未见其外用不安全的报道。

[药理作用]　五肽-21与化妆品相关的药理研究见表5-10。

表5-10　五肽-21与化妆品相关的药理研究

试验项目	浓度	效果说明
对细胞周期激酶（checkpoint kinase 2）活性的抑制	50μg/mL	抑制率48%
对含氧自由基的消除		每克相当于0.6μmol的Trolex

[化妆品中应用]　五肽-21对细胞周期激酶的活性有显著的抑制作用，对Cdc25C细胞周期蛋白的活性也有抑制。细胞周期激酶是一使细胞加入细胞周期阻滞期的酶种，对其抑制即是使细胞继续进行有丝分裂，可消除紫外线UVB等对细胞周期激酶的活化刺激，用作皮肤调理和护肤剂。用量50μmol/L以下，与白藜芦醇、鞣花酸、咖啡因、腺苷、胡萝卜素等协同效果更好。

11　五肽-26　Pentapeptide-26

五肽-26即Phe-Phe-Gly-Leu-Met，是神经纤维内神经肽P物质的一个片段。现可化学合成。CTFA列入的衍生物为辛酰五肽-26（caprylol pentapeptide-26）。

五肽-26的结构式

[理化性质]　五肽-26为白色粉末，可溶于水，分子量613.9，CAS号为51165-09-4。

[安全性]　CTFA将五肽-26及其衍生物作为化妆品原料，未见其外用不安全的报道。

[药理作用]　五肽-26与化妆品相关的药理研究见表5-11。

表 5-11　五肽-26 与化妆品相关的药理研究

试验项目	浓度	效果说明
成纤维细胞培养对其增殖的促进	20μmol/L	促进率 7.6%
皮肤伤口愈合的加速	2.5mg/mL	促进率 3.9%

[化妆品中应用]　五肽-26 及其衍生物具物质 P 的类似功能，对皮肤细胞的增殖有增殖作用，对皮肤细胞的增殖有促进作用，并使迁移能力加强，在愈伤制品中用入，可缩短愈合的时间，还可缩小疤痕的面积，对皮肤也有抗皱、抗衰、调理和护理作用。五肽-26 单独使用效果并不明显，与少量的物质 P（寡肽 73）配合，作用增加数倍。其他增效的物质有透明质酸、植物迷迭香提取物等。

12　五肽-27　Pentapeptide-27

五肽-27 的结构为 Gly-The-Glu-Lys-Cys，为人肝细胞生长因子（human hepatocyte growth factor）中一片段的改造，现在为化学合成品。CTFA 列入的衍生物有咖啡酰五肽-27（caffeoyl pentapeptide-27，皮肤调理剂）。

五肽-27的结构式

[理化性质]　五肽-27 为白色粉末，易溶于水，分子量 536.6。咖啡酰五肽-27 微溶于水，分子量 698.7。

[安全性]　CTFA 将五肽-27 及其衍生物作为化妆品原料，未见其外用不安全的报道。

[药理作用]　五肽-27 及其衍生物与化妆品相关的药理研究见表 5-12。

表 5-12　五肽-27 及其衍生物与化妆品相关的药理研究

试验项目	浓度	效果说明
五肽-27 对自由基 DPPH 的消除	10μmol/L	消除率 10.6%
咖啡酰五肽-27 对自由基 DPPH 的消除	10μmol/L	消除率 32.9%

[化妆品中应用]　五肽-27 有抗氧、螯合和护肤作用，可用作抗氧剂和调理剂；咖啡酰五肽-27 可抑制紫外 UVB 对皮肤的伤害，用作防晒剂；咖啡五肽-27 与维生素 C 等抗氧化剂相比，在人体内的分解速度缓慢，可以持续消除自由基。咖啡五肽-27 一般先配成 100mg/L 的乳状液，配方中用入该乳状液 1%，浓度提高，效果更好。

Srinivasan M. Recent advances in Indian herbal drug research-ferulic acid: therapeutic potential through its antioxidant property[J]. Journal of Clinical Biochemistry and Nutrition, 2007, 40(2): 92-100.

13 五肽-28　Pentapeptide-28

五肽-28 即 Ser-Cys-Ile-Asn-Thr，是人体中铁调节蛋白（iron regulatory protein）的一个片段，现已化学合成。CTFA 列入的衍生物为其酰胺。

五肽-28酰胺的结构式

［理化性质］　五肽-28 为白色粉末，易溶于水，分子量 495.6。

［安全性］　CTFA 将五肽-28 作为化妆品原料，未见其外用不安全的报道。

［药理作用］　五肽-28 及其衍生物与化妆品相关的药理研究见表 5-13。

表 5-13　五肽-28 及其衍生物与化妆品相关的药理研究

试验项目	浓度	效果说明
五肽-28 对成纤维细胞增殖的促进	1mg/kg	促进率 36%
五肽-28 酰胺在 4mmol/L 双氧水存在下对人表皮成纤维细胞增殖的促进	0.5mg/kg	促进率 11.2%
UVB 照射下（100mJ/cm²）五肽-28 酰胺对人表皮成纤维细胞增殖的促进	0.5mg/kg	促进率 28.5%
五肽-28 对 ATP（三磷酸腺苷）生成的促进	0.5mg/kg	促进率 43%
五肽-28 对组蛋白去乙酰化酶（SIRT-3）活性的促进	1mg/kg	促进率 10.2%

［化妆品中应用］　细胞线粒体效率下降，则降低细胞的活力，表现为老化和退化。组蛋白去乙酰化酶（SIRT-3）活性的提升可赋予细胞线粒体的活动时间和提供更多的能源，延长其寿命。因此五肽-28 有皮肤抗衰抗老抗皱的作用，用作皮肤调理剂。与大豆蛋白水解物和维生素 E、透明质酸、尿囊素、卵磷脂等配合效果更好。用量一般在 3mg/kg，不超过 0.001%。五肽-28 酰胺还有抗氧化和抗紫外线作用。

14 五肽-31　Pentapeptide-31

五肽-31 的参考结构为 Ala-Glu-Gly-Leu-Ser，是人体 HMG-CoA 还原酶（3-羟基-3-甲基戊二酸单酰辅酶 A 还原酶）蛋白链的关键片段，此片段也可见于豌豆蛋白。五肽-31 的商品名为 Survixyl IS。

五肽-31的参考结构式

[理化性质]　五肽-31 为白色粉末，易溶于水，分子量为 475.6。

[安全性]　CTFA 将五肽-31 作为化妆品原料，未见其外用不安全的报道。

[药理作用]　五肽-31 及其衍生物与化妆品相关的药理研究见表 5-14。

表 5-14　五肽-31 及其衍生物与化妆品相关的药理研究

试验项目	浓度	效果说明
五肽-31 对角质形成细胞增殖的促进	0.5mg/kg	促进率 47%
五肽-31 对细胞凋亡抑制基因（survivin）表达的促进	0.5mg/kg	促进率 20.5%
五肽-31 对整合素（lntegrin）-β1 表达的促进	0.5mg/kg	促进率 87%
五肽-31 对角蛋白-15 生成的促进	0.5mg/kg	促进率 133.3%
在 UVB（20mJ/cm²）照射下五肽-31 对细胞凋亡的抑制	1mg/kg	抑制率 24.3%
口腔角化细胞培养五肽-31 酰胺对 LL-37 抗菌肽生成的促进	0.25%	促进率 72%
五肽-31 酰胺对牙龈卟啉单胞菌的抑制	0.25%	抑制率 50.2%
五肽-31 酰胺对 SDS 诱发白介素 IL-1α生成的抑制	0.25%	抑制率 52.4%

[化妆品中应用]　五肽-31 及其衍生物可加速角质形成细胞的增殖，也可显著促进皮层细胞的多种生命活动，微量使用用作防卫性的皮肤调理剂，用量不超过 3mg/L，与能缓解过敏的植物提取物如掌状海带（*Laminaria digitata*）提取物、龙蒿（*Artemisia dracunculus*）提取物等配合效果更好。五肽-31 酰胺对表皮干细胞有活性作用，可提高其免疫和抗菌作用，以增强口腔黏膜的屏障功能，可用于口腔卫生用品。

参考文献

Luskey K L. Human 3-hydroxy-3- methylglutaryl coenzyme A reductase conserved domains responsible for catalytic activity and sterol-regulated degradation[J]. Journal of Biological Chemistry, 1985, 260(18): 10271-10277.

15　五肽-33　Pentapeptide-33

五肽-33 即 Tyr-Gly-Gly-Trp-Leu，也称外啡肽（exorphin），存在于动物脑、垂体和其他组织中，具有吗啡样活性。此片段也存在于植物中，如衣藻蛋白（chlamydomonas hedleyi）。现为化学合成。CTFA 列入的衍生物有乙酰水杨酰五肽-33

（acetylsalicyloyl pentapeptide-33，用作抗氧剂和护肤剂）、没食子酰五肽-33（galloyl pentapeptide-33，用作抗氧剂和护肤剂）、烟酰五肽-33（nicotinoyl pentapeptide-33，抗氧剂和护肤剂）和水杨酰五肽-33（salicyloyl pentapeptide-33，抗氧剂和护肤剂）。

没食子酰五肽-33的结构式

[**理化性质**]　五肽-33 为白色粉末，微溶于水，可溶于微酸性的水溶液中，分子量 594.7。

[**安全性**]　CTFA 将五肽-33 及其衍生物作为化妆品原料，未见其外用不安全的报道。

[**药理作用**]　五肽-33 及其衍生物与化妆品相关的药理研究见表 5-15。

表 5-15　五肽-33 及其衍生物与化妆品相关的药理研究

试验项目	浓度	效果说明
五肽-33 对自由基 DPPH 的消除	50mg/kg	消除率 7%
没食子酰五肽-33 对自由基 DPPH 的消除	50mg/kg	消除率 76%
五肽-33 对氧自由基的消除		每克相当于 4.2μmol 的 Trolex
五肽-33 对胶原蛋白生成的促进	50mg/kg	促进率 30.5%
没食子酰五肽-33 对胶原蛋白生成的促进	50mg/kg	促进率 39.1%
五肽-33 对 LPS 诱发 NO 生成的抑制	50mg/kg	抑制率 13.0%
没食子酰五肽-33 对 LPS 诱发 NO 生成的抑制	50mg/L	抑制率 17.7%
五肽-33 对阳光中紫外线 UVB 的防御能力	$2.0mg/cm^2$ 涂敷	SPF 值 18

[**化妆品中应用**]　五肽-33 可加速细胞外基质蛋白如胶原蛋白的生成，可减少皮肤细纹和皱纹，有抗老调理作用，与植物甾醇、小麦水解蛋白、乳清蛋白等配合更好。其衍生物则提高了五肽-33 的稳定性，作用与五肽-33 的类似，有优异的抗炎和抗氧化作用，并可提升皮肤的免疫功能。五肽-33 还可用于防晒制品。

参考文献

Giuseppe F. Intravenous administration of the food-derived opioip peptide gluten exorphin B5 stimulates prolactin secretion in rats[J]. Pharmacological Research, 2003, 47(1): 53-58.

16　五肽-34　Pentapeptide-34

五肽-34 的结构为 Ala-Val-Leu-Ala-Gly, 是膜蛋白（ubiad protein）中的一个片段，现为化学合成品。CTFA 列入的衍生物为五肽-34 三氟乙酸盐（pentapeptide-34 trifluoroacetate, 皮肤调理剂）。

五肽-34的结构式

[**理化性质**]　五肽-34 为白色粉末，可溶于水，分子量 429.6。

[**安全性**]　CTFA 将五肽-34 作为化妆品原料，未见其外用不安全的报道。

[**药理作用**]　五肽-34 酰胺与化妆品相关的药理研究见表 5-16。

表5-16　五肽-34 酰胺与化妆品相关的药理研究

试验项目	浓度	效果说明
角质形成细胞培养对 1 型膜蛋白（ubiad 1 protein）生成的促进	1mg/kg	促进率53%
对角质形成细胞增殖的促进	1mg/kg	促进率102%
在过氧化异丙苯诱导下对脂质过氧化的抑制	1mg/kg	抑制率44.0%

[**化妆品中应用**]　五肽-34 及其衍生物有辅酶 Q_{10} 样作用，可促进膜蛋白的生成，膜蛋白在生物体的许多生命活动中起着非常重要的作用，如细胞的增殖和分化、能量转换、信号转导及物质运输等，可用作皮肤抗老调理剂，用于面部护理。五肽-34 一般采用其酰胺形式，因稳定性好。先配成 100mg/kg 的溶液，配方中用量 1%。

参考文献

McGarvey T W. Isolation and characterization of the TERE 1 gene:a gene down regulated in transitional cell carcinoma of the bladder[J]. Oncogene, 2001, 20: 1042-1051.

17　五肽-35　Pentapeptide-35

五肽-35 即 Arg-His-Lys-Lys-Gln, 是 SIRT 3 蛋白中的一个重要片段，SIRT 3 称为长寿基因。CTFA 列入的衍生物为乙酰五肽-35（acetyl pentapeptide-35, 皮肤调理剂）。

五肽-35的结构式

[理化性质]　五肽-35为白色粉末，可溶于水，分子量为739。

[安全性]　CTFA将五肽-35及其衍生物作为化妆品原料，五肽-35在浓度0.032%时对成纤维细胞和角质形成细胞都不显现毒性。未见其外用不安全的报道。

[药理作用]　乙酰五肽-35与化妆品相关的药理研究见表5-17。

表5-17　乙酰五肽-35与化妆品相关的药理研究

试验项目	浓度	效果说明
在紫外照射下对成纤维细胞凋亡的抑制	0.015%	抑制率20%
在紫外照射下对角质形成细胞凋亡的抑制	0.015%	抑制率30%
对双氧水伤害成纤维细胞的抑制	0.03%	抑制率30%
对双氧水伤害角质形成细胞的抑制	0.03%	抑制率20%
对成纤维细胞增殖的促进	32mg/kg	促进率9.4%
对角质形成细胞增殖的促进	0.032%	促进率9.7%
对三磷酸腺苷（ATP）生成的促进	32mg/kg	促进率87.7%
对CCCP（细胞凋亡诱导剂）作用的抑制	32mg/kg	抑制率12.6%

[化妆品中应用]　SIRT 3蛋白在调节细胞线粒体代谢和能量产生方面起着重要作用，已成为治疗代谢和神经疾病的潜在治疗靶点。乙酰五肽-35有SIRT 3蛋白类似作用，有防晒、防辐射和抗氧功能，可激活皮肤细胞中SIRT 3蛋白的活性，可预防和治疗皮肤老化，用作皮肤护理剂。

参考文献

North B J. Sirtuins: Sir2-related NAD-dependent protein deacetylases[J]. Genome Biology, 2004, 5(5): 224.

18　五肽-36　Pentapeptide-36

五肽-36即Lys-Gly-Arg-Lys-Arg，是人体类胰岛素生长因子结合蛋白3（IGFBP-3）中的一个重要片段，现为化学合成品。

五肽-36的结构式

[**理化性质**]　五肽-36为白色粉末，可溶于水，分子量643.9。

[**安全性**]　CTFA将五肽-36作为化妆品原料，未见其外用不安全的报道。

[**药理作用**]　五肽-36与化妆品相关的药理研究见表5-18。

表5-18　五肽-36与化妆品相关的药理研究

试验项目	浓度	效果说明
对成纤维细胞增殖的促进	0.2μg/mL	促进率113.2%
对外皮蛋白生成的促进	0.2μg/mL	促进率75%
对中间丝相关蛋白生成的促进	0.2μg/mL	促进率73.7%

[**化妆品中应用**]　类胰岛素生长因子结合蛋白3在皮肤表皮的新陈代谢上起着重要作用。五肽-36有细胞增殖能力，可抑制皮肤老化，并改善皮肤皱纹。与维生素C、透明质酸、腺苷以及营养性成分配合具有显著效果，用量在0.001%～0.1%，多用无益。

参考文献

Edmondson S R. Insulin-like growth factor binding protein-3 (IGFBP-3) localizes to and modulates proliferative epidermal keratinocytes in vivo [J]. British Journal of Dermatology, 2005, 152(2): 225-230.

19　五肽-37　Pentapeptide-37

五肽-37的参考结构顺序为Gly-Pro-Val-Gly-Pro，多见于弹性蛋白，反复出现在弹性蛋白的蛋白链中。现为化学合成，也可采用生化法制取。CTFA列入的衍生物为壬二酰五肽-37（azelaoyl pentapeptide-37，头发调理剂和护肤剂）、甲瓦龙酰五肽-37（mevalonoyl pentapeptide-37，抗氧剂、皮肤调理剂和护肤剂）。

五肽-37的参考结构式

[**理化性质**] 　五肽-37 为白色粉末，可溶于水，分子量 425.5。

[**安全性**] 　CTFA 将五肽-37 及其衍生物作为化妆品原料，MTT 法测定没食子酰五肽-37 无细胞毒性，未见其外用不安全的报道。

[**药理作用**] 　没食子酰五肽-37 与化妆品相关的药理研究见表 5-19。

表5-19　没食子酰五肽-37 与化妆品相关的药理研究

试验项目	浓度	效果说明
成纤维细胞培养对原胶原蛋白生成的促进	5mg/kg	促进率 80%
对自由基 DPPH 的消除	5mg/kg	消除率 51%
对金属蛋白酶 MMP-9 活性的抑制	5mg/kg	抑制率 180%

[**化妆品中应用**] 　五肽-37 及其衍生物可加速细胞外基质蛋白如原胶原蛋白的生成，修复表皮弹性，减少了皮肤细纹和皱纹，并有抗炎作用，可用作皮肤护理剂；五肽-37 可促进小鼠的毛发生长，对毛发损伤的鳞片有修复护理作用，也可用于生发护发制品。五肽-37 一般先配制成 0.5% 的水溶液，配方中用入 1%。

20　五肽-39　*Pentapeptide-39*

五肽-39 的结构为 Gly-Pro-Glu-Gly-Pro，是蜘蛛丝蛋白中的一个主要重复出现的片段，现可化学合成。CTFA 列入的衍生物为甲瓦龙酰五肽-39（mevalonoyl pentapeptide-39，用作抗氧剂、头发调理剂、皮肤护理剂）。

五肽-39的结构式

[**理化性质**] 　五肽-39 为白色粉末，可溶于水，分子量为 455.5。

[**安全性**] 　CTFA 将五肽-39 及其衍生物作为化妆品原料，未见其外用不安全的报道。

[**药理作用**] 　五肽-39 与化妆品相关的药理研究见表 5-20。

表5-20　五肽-39 与化妆品相关的药理研究

试验项目	浓度	效果说明
涂敷对皮肤皱纹的改善	0.02%	皱纹深度减少率 15%
对角质层的含水量提升的促进	0.02%	促进率 18%

[**化妆品中应用**] 　五肽-39 及其衍生物具有防止皮肤细纹、老化等优良的美肤效果，改善皮肤的黏附性和遮盖性，改善皮肤感觉，安全性高，长期稳定，可用于

膏霜或粉饼类制品。用量 0.005%～0.1%。

21 五肽-42 Pentapeptide-42

五肽-42 即 Leu-Pro-Pro-Ser-Arg，是免疫球蛋白 G（IgG）蛋白链中的一个片段。免疫球蛋白 G 是可刺激哺乳动物淋巴细胞增殖、增加免疫功能的蛋白质。五肽-42 现为化学合成品。

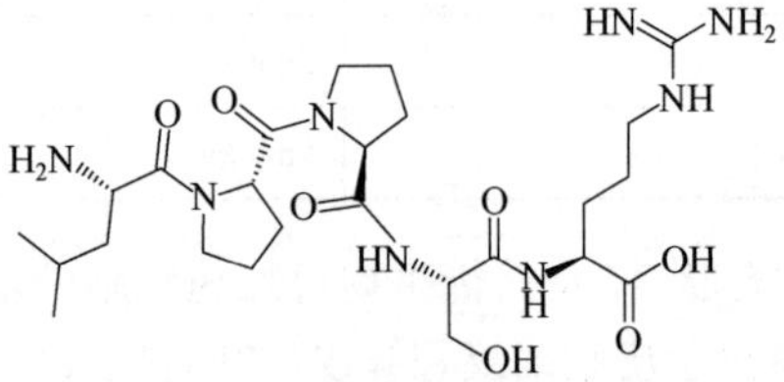

五肽-42的结构式

[理化性质]　五肽-42 为白色粉末，微溶于水，室温下溶解度为 0.24%，分子量 568.7。CAS 号为 120484-65-3。

[安全性]　CTFA 将五肽-42 作为化妆品原料，未见其外用不安全的报道。

[药理作用]　五肽-42 与化妆品相关的药理研究见表 5-21。

表 5-21　五肽-42 与化妆品相关的药理研究

试验项目	浓度	效果说明
对大鼠足趾肿胀的抑制	20mg/kg	抑制率与同浓度的保泰松一样
对巴豆油致小鼠耳郭肿胀的抑制	20mg/kg	抑制率 61%
对组胺游离释放的抑制	3μmol/L	抑制率>50%

[化妆品中应用]　五肽-42 有免疫球蛋白 G 样功能，可激发免疫体系，可抑制白介素 IL-1α、白介素 IL-2 等的生成，提高皮肤的屏障作用，并可抑制皮肤过敏，用作皮肤调理剂。

参考文献

Morgan E L. Synthetic Fc peptide-mediated regulation of the immune response [J]. Journal of Experimental Medicine, 1983,157(3): 947-956.

22 五肽-43 Pentapeptide-43

五肽-43 的结构为 Leu-Lys-Thr-Arg-Asn，是促脂解激素（β-lipotrophin）蛋白链的核心片段的改造。现为化学合成品。

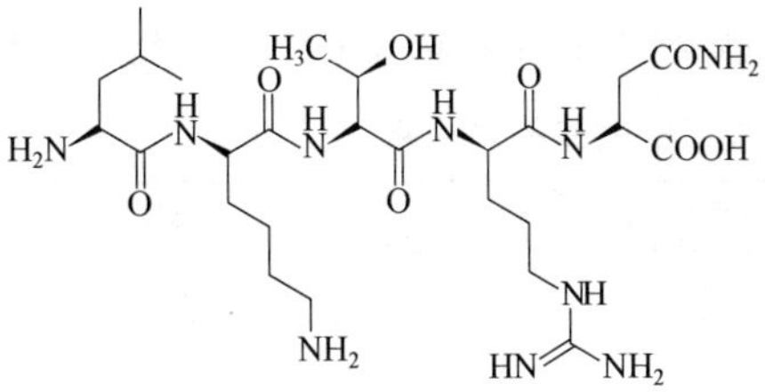

五肽-43的结构式

[理化性质]　五肽-43 为白色粉末，可溶于水，分子量 630.8。

[安全性]　CTFA 将五肽-43 作为化妆品原料，未见其外用不安全的报道。

[药理作用]　五肽-43 与化妆品相关的药理研究见表 5-22。

表5-22　五肽-43 与化妆品相关的药理研究

试验项目	浓度	效果说明
脂肪细胞培养对脂肪分解的促进	1μg/mL	促进率 87%
脂肪细胞培养对脂肪水解甘油生成的促进	1μg/mL	促进率 210.3%
对过氧化物酶体增殖剂激活受体 γ（PPAR γ）表达的抑制	1μg/mL	抑制率 87.5%
对脂肪标记蛋白 AP2 表达的抑制	1μg/mL	抑制率 25%

[化妆品中应用]　五肽-43 可抑制脂肪积累、促进脂肪的分解和降低了脂肪细胞的体积，可用于减肥制品。过氧化物酶体增殖剂激活受体 γ 在脂肪生成遗传和表观遗传中起调控作用，五肽-43 对其的抑制作用意味着从源头的控制。

参考文献

雷帆. 肥胖相关生物因子的研究[J]. 中国药学杂志, 2002, 37(1), 5-8.

23　五肽-44　Pentapeptide-44

五肽-44 即 Ala-Gly-Gly-Phe-Leu，是脑啡肽中一个片段的改造。现可化学合成。CTFA 列入的衍生物为烟酰五肽-44（nicotinoyl pentapeptide-44，护肤剂）。

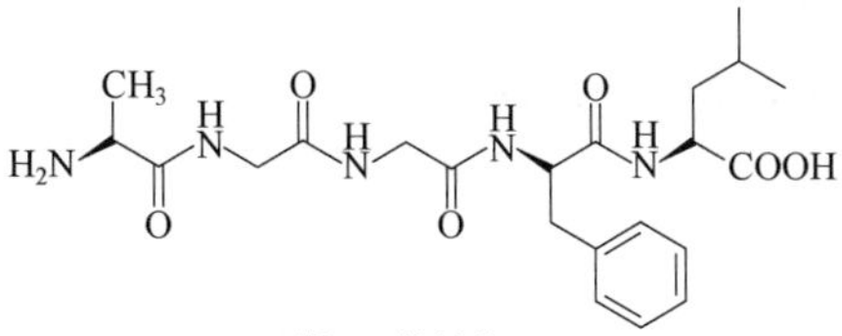

五肽-44的结构

[理化性质]　五肽-44 为白色粉末，可溶于水，分子量 463.7。

[安全性]　CTFA 将五肽-44 及其衍生物作为化妆品原料，MTT 法测定浓度 50μmol/L 时对角质形成细胞无细胞毒性，未见其外用不安全的报道。

[**药理作用**] 五肽-44 与化妆品相关的药理研究见表 5-23。

表 5-23 五肽-44 与化妆品相关的药理研究

试验项目	浓度	效果说明
对人永生化角质形成细胞增殖的促进	50μmol/L	促进率 7.8%
对原胶原蛋白生成的促进	50μmol/L	促进率 59.4%
对皮肤伤口愈合速度的促进	20μmol/L	促进率 23.2%
对水通道蛋白 3 生成的促进	10μmol/L	促进率 80.7%

[**化妆品中应用**] 五肽-44 可促进胶原的生成，诱导角蛋白细胞株的迁移，表现出良好的伤口愈合效果，可用于相关制品；五肽-44 有保湿作用，可用作皮肤调理剂。五肽-44 先配制成 1%～2% 的水溶液，用量 5% 左右。

参考文献

Barrientos S. Growth factors and cytokines in wound healing[J]. Wound Repair Regen, 2008, 16(5): 585-601.

24 五肽-45 Pentapeptide-45

五肽-45 即 Tyr-Gly-Gly-Phe-Ala，是脑啡肽中一个片段的改造。现为化学合成。

五肽-45的结构式

[**理化性质**] 五肽-45 为白色粉末，微溶于水，分子量 513.7。

[**安全性**] CTFA 将五肽-45 作为化妆品原料，MTT 法测定在 100μmol/L 对人角质形成细胞无细胞毒性，未见其外用不安全的报道。

[**药理作用**] 五肽-45 与化妆品相关的药理研究见表 5-24。

表 5-24 五肽-45 与化妆品相关的药理研究

试验项目	浓度	效果说明
对人永生化角质形成细胞增殖的促进	50μmol/L	促进率 14.1%
对水通道蛋白 3 生成的促进	10μmol/L	促进率 49.7%
对氧自由基的消除		每克相当于 1.15μmol 的 Trolex

[**化妆品中应用**] 五肽-45 可促进皮层细胞的增殖，激活皮肤的自然恢复周期，五肽-45 有保湿和抗氧性，可用作皮肤调理剂和护肤剂。用量在 10μg/mL 左右，浓度

大无益。

25 五肽-46 Pentapeptide-46

五肽-46 即 Tyr-Gly-Gly-Ala-Leu，是脑啡肽中一个片段的改造。现可化学合成。CTFA 列入的衍生物为烟酰五肽-46（nicotinoyl pentapeptide-46，护肤剂）。

五肽-46的结构式

[**理化性质**]　五肽-46 为白色粉末，可溶于水，分子量 479.7。

[**安全性**]　CTFA 将五肽-46 及其衍生物作为化妆品原料，MTT 法测定在 100μmol/L 对人角质形成细胞无细胞毒性，未见其外用不安全的报道。

[**药理作用**]　五肽-46 与化妆品相关的药理研究见表 5-25。

表 5-25　五肽-46 与化妆品相关的药理研究

试验项目	浓度	效果说明
对人永生化角质形成细胞增殖的促进	50μmol/L	促进率 7.8%
对原胶原蛋白生成的促进	25μmol/L	促进率 50.2%
对皮肤伤口愈合速度的促进	20μmol/L	促进率 20.0%
对水通道蛋白 3 生成的促进	10μmol/L	促进率 62.1%

[**化妆品中应用**]　五肽-46 可促进胶原的生成，诱导角蛋白细胞株的迁移，表现出良好的伤口愈合效果，可用于相关制品；五肽-46 保湿作用，可用作皮肤调理剂。用量建议为 10μg/mL，使用浓度增大并无更好效果，与其他营养性生化物质配合效果更好。

26 五肽-48 Pentapeptide-48

五肽-48 即 Arg-Leu-Thr-Ser-Glu，是蜂王浆蛋白中的一个重要片段的改造，现可化学合成。

五肽-48的结构式

［理化性质］　五肽-48 为白色粉末，可溶于水，分子量 604.7。

［安全性］　CTFA 将五肽-48 作为化妆品原料，未见其外用不安全的报道。

［药理作用］　五肽-48 与化妆品相关的药理研究见表 5-26。

表 5-26　五肽-48 与化妆品相关的药理研究

试验项目	浓度	效果说明
成纤维细胞培养对胶原蛋白生成的促进	0.5mg/kg	促进率 48%
皮肤涂覆对角质层含水量的促进	0.5mg/kg	促进率 82.8%
纤维芽细胞培养对透明质酸生成的促进	1mg/kg	促进率 69%

［化妆品中应用］　五肽-48 可加速细胞外基质蛋白如胶原蛋白的生成，延缓皮肤老化，加速皮肤再生，并有良好的保湿作用，用作皮肤调理剂。用量在 1～10mg/kg，须与具抗氧性的植物提取物等配合效果更明显。

27　sh-五肽-2　sh-Pentapeptide-2

sh-五肽-2 的结构为 Val-Pro-Gly-Val-Gly，是弹性蛋白纤维弹性蛋白原（tropoelastin）中重复出现的片段，约占 25%。sh-五肽-2 可化学合成，也可通过弹性蛋白原水解制取。

sh-五肽-2的结构式

［理化性质］　sh-五肽-2 为白色粉末，可溶于水，分子量 427.5。

［安全性］　CTFA 将 sh-五肽-2 作为化妆品原料，未见其外用不安全的报道。

［药理作用］　sh-五肽-2 与化妆品相关的药理研究见表 5-27。

表 5-27　sh-五肽-2 与化妆品相关的药理研究

试验项目	浓度	效果说明
对成纤维细胞增殖的促进	50μg/mL	促进率 225%
对弹性蛋白生成的促进	1%	促进率 852.4%
对皮肤伤口疤痕愈合速度的提升	25mg/cm^2	促进率 572.7%

［化妆品中应用］　sh-五肽-2 可显著加速细胞外基质蛋白如弹性蛋白的生成，修复表皮-真皮连接组织，减少了皮肤细纹和皱纹，可用作皮肤调理剂和护肤剂，与胶原蛋白、透明质酸等配合更好。sh-五肽-2 有弹性蛋白原类似的功能，可加速皮肤伤口的愈合，疤痕结构良好，富有韧性、弹性和强度，可用于皮肤或内膜伤口的恢复。

参考文献

Wise S G. Tropoelastin: a versatile, bioactive assembly module [J]. Acta Biomaterialia [J], 2014, 10(4): 1532-1541.

28 sh-五肽-19 sh-Pentapeptide-19

sh-五肽-19 即 Tyr-Gly-Gly-Phe-Met，也称蛋氨酸脑啡肽，是神经肽如β型内啡肽中的一个片段，现已化学合成。CTFA 列入的衍生物有戊二酰胺酰 sh-五肽-19（aminolevulinoyl sh-pentapeptide-19，用作抗氧剂、头发调理剂和护肤剂）、没食子酰 sh-五肽-19（galloyl sh-pentapeptide-19，用作抗氧剂和护肤剂）和烟酰 sh-五肽-19（nicotinoyl sh -pentapeptide-19，用作抗氧剂、皮肤调理剂、护肤剂和保湿剂）。

sh-五肽-19的结构式

[理化性质]　sh-五肽-19 为白色粉末，可溶于水，分子量为 573.8。

[安全性]　CTFA 将 sh-五肽-19 及其衍生物作为化妆品原料，未见其外用不安全的报道。

[药理作用]　sh-五肽-19 及其衍生物与化妆品相关的药理研究见表 5-28。

表 5-28　sh-五肽-19 及其衍生物与化妆品相关的药理研究

试验项目	浓度	效果说明
烟酰 sh-五肽-19 对胶原蛋白生成的促进	100μmol/L	促进率23.3%
没食子酰 sh-五肽-19 对原胶原蛋白生成的促进	5mg/kg	促进率77%
没食子酰 sh-五肽-19 对自由基 DPPH 的消除	5mg/kg	消除率45%
UV 490nm 测定 sh-五肽-19 对蓝光的屏蔽	100μmol/L	屏蔽率19%
sh-五肽-19 对紫外 UVB 照射的防卫	$2.0mg/cm^2$ 涂敷	SPF 值15
没食子酰 sh-五肽-19 对金属蛋白酶 MMP-9 活性的抑制	5mg/kg	抑制率68%
烟酰 sh-五肽-19 对水通道蛋白 3 表达的促进	2mg/kg	促进率79.1%

[化妆品中应用]　sh-五肽-19 及其衍生物可加速细胞外基质蛋白如胶原蛋白的生成，减少了皮肤皱纹，可用作皮肤调理剂，与酵母提取物、紫菖蒲提取物、高丽红参提取物、小麦胚胎提取物、甘草提取物、茯苓提取物等配合效果更好，最大用量 0.1%，多用无益。sh-五肽-19 有防晒作用，可与 Parsol 1789 配合。

第六章

六肽

1 六肽-1 Hexapeptide-1

六肽-1 即 Ile-Ala-His-DPhe-Arg-Trp，常用其酰胺形式。六肽-1 是 α-人垂体促黑素细胞激素（α-MSH）中一片段的改造。CTFA 列入的衍生物为乙酰六肽-1（Acetyl Hexapeptide-1，商品名为 Melitane）。

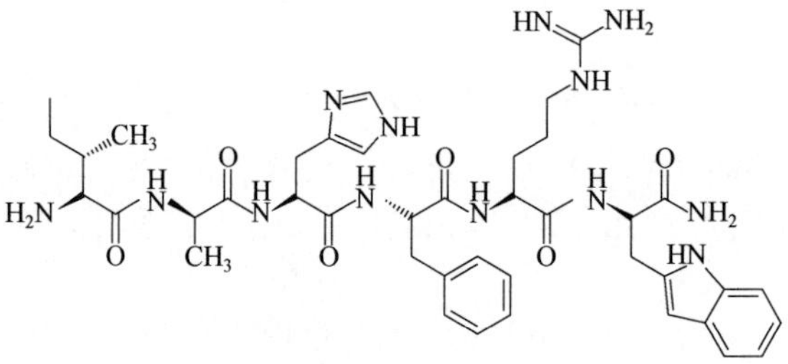

六肽-1酰胺的结构式

[理化性质] 乙酰六肽-1 为白色粉末，微溶于水，分子量 870.0。CAS 号为 448944-47-6。

[安全性] 国家药品监督管理局和 CTFA 都将六肽-1 及其衍生物作为化妆品原料，未见其外用不安全的报道。

[药理作用] 乙酰六肽-1 与化妆品相关的药理研究见表 6-1。

表 6-1 乙酰六肽-1 与化妆品相关的药理研究

试验项目	浓度	效果说明
对环腺苷酸（cAMP）生成的促进	0.1μmol/L	促进率 1500%
对黑色素细胞生成黑色素的促进	10mg/kg	促进率 68%
对 SDS 诱发白介素 IL-1α 生成的抑制	1μmol/L	抑制率 42%
对 TNF-α 生成的抑制	1μmol/L	抑制率 47.1%
对白介素 IL-8 生成的抑制	1μmol/L	抑制率 48.8%

[**化妆品中应用**]　六肽-1 与乙酰六肽-1 作用类似，但乙酰六肽-1 稳定性好。乙酰六肽-1 可增强黑色素细胞的黑色素 DNA 合成，与咖啡因和乙酰酪氨酸配合生成黑色素的促进效果更好，可用于晒黑类护肤品，从而避免紫外 UVB 的辐射损伤。乙酰六肽-1 对环腺苷酸的生成有显著的促进作用，环腺苷酸是激活细胞活性的重要生化物，可用作护肤剂和皮肤调理剂；乙酰六肽-1 还有皮肤抗炎和抗过敏作用。

参考文献

Jocelyne F. An alpha-MSH biomimetic peptide exhibits interesting protection of human skin cells from UV-induced DNA damage[C]. Meeting of the European Society for Dermatological Research, 2005: 17.

2　六肽-2　Hexapeptide-2

六肽-2 即 His-DTrp-Ala-Trp-DPhe-Lys，是生长激素促分泌素受体(growth hormone secretagogue receptor）中的片段，现为化学合成，一般采用其酰胺形式。CTFA 列入的衍生物有生物素酰六肽-2 酰胺（biotinoyl hexapeptide-2 amide，皮肤调理剂）、双葡萄糖基六肽-2（diglycosyl hexapeptide-2，皮肤调理剂）和六肽-2 抗坏血酸磷酸盐（hexapeptide-2 ascorbyl phosphate，皮肤调理剂）。

六肽-2酰胺的结构式

[**理化性质**]　六肽-2 为白色粉末，分子量为 874.0，一般先与表面活性剂、防腐剂和水配制成 50mg/L 的脂质体状水溶液。六肽-2 酰胺的 CAS 号为 87616-84-0。

[**安全性**]　国家药品监督管理局和 CTFA 都将六肽-2 及其衍生物作为化妆品原料，中国香化协会 2010 年版的《国际化妆品原料标准中文名称目录》中列入，MTT 法检测在 100μmol/L 浓度以下对成纤维细胞无细胞毒性，未见其外用不安全的报道。

[**药理作用**]　六肽-2 及其衍生物与化妆品相关的药理研究见表 6-2。

表6-2　六肽-2 及其衍生物与化妆品相关的药理研究

试验项目	浓度	效果说明
六肽-2 酰胺对 I 型胶原蛋白生成的促进	1μmol/L	促进率 19.1%
生物素酰六肽-2 酰胺对 I 型胶原蛋白生成的促进	1μmol/L	促进率 15.2%
六肽-2 酰胺对人成纤维细胞中 β-半乳糖苷酶 (β-galactosidase) 活性的抑制	1μmol/L	抑制率 22.0%

试验项目	浓度	效果说明
对脯氨酸肽酶（prolidase）活性的促进	1μmol/L	促进率 19.9%
对人成纤维细胞中 miRNA-29A-3p 表达的抑制	1μmol/L	抑制率 13.6%
六肽-2 酰胺对主皱纹深度的改善	0.5mg/kg	深度减少 15.75%
六肽-2 酰胺对对皱纹长度的改善	0.5mg/kg	长度减少 17.48%

　　[**化妆品中应用**]　　脯氨酸肽酶活性的促进对胶原合成和细胞生长过程中脯氨酸的再循环起重要作用；β-半乳糖苷酶的活性与细胞衰老成反比；因此六肽-2 及其衍生物可加速细胞外基质蛋白如胶原蛋白的生成，可用作抗衰皮肤调理剂，减少了皮肤细纹和皱纹。与维生素 C 及其衍生物、B 族维生素、植物甾醇类、视黄醇类、植物黄酮类等配合更有效果。用量在 0.1～10mg/L，浓度过大无益。

参考文献

Sawyer T K. Discovery and structure-activity relationships of novel alpha-melanocyte-stimulating hormone inhibitors [J]. Peptide Rsearch, 1989, 2(1): 140-146.

3　六肽-3　Hexapeptide-3

　　六肽-3 的结构为 Lys-Leu-Asp-Ala-Pro-Thr，是人纤维粘连蛋白（fibronection）中重复出现的片段，现为化学合成。

六肽-3的结构式

　　[**理化性质**]　　六肽-3 为白色粉末，可溶于水，分子量 643.8。

　　[**安全性**]　　国家药品监督管理局和 CTFA 都将六肽-3 作为化妆品原料，中国香化协会 2010 年版的《国际化妆品原料标准中文名称目录》中列入，未见其外用不安全的报道。

　　[**药理作用**]　　六肽-3 与化妆品相关的药理研究见表 6-3。

　　[**化妆品中应用**]　　六肽-3 可刺激皮肤中的胶原蛋白和纤维连接蛋白的生成，且可刺激生长因子（例如 TGF-β）的释放，用于治疗老化皮肤，特别适用于抗皱治疗。与透明质酸、保湿性的植物提取物、肌肽、蛋白水解物等配合效果更好。最大用量 0.1%。

表6-3　六肽-3与化妆品相关的药理研究

试验项目	浓度	效果说明
对胶原蛋白生成的促进	0.1%	促进率32%
涂敷2周对皮肤皱纹的改善	0.05%	皱纹深度减少6.7%
对成纤维细胞的增殖的促进	5mg/kg	促进率57.1%
对金属蛋白酶MMP-1活性的抑制	0.1%	抑制率13%

参考文献

Jose M. Fibronectin type Ⅲ5 repeat contains a novel cell adhesion sequence, KLDAPT[J]. Journal of Biological Chemistry, 1997,272(40):24832-24836.

4　六肽-5　Hexapeptide-5

六肽-5 即 Val-Glu-Pro-Ile-Pro-Tyr，是酪蛋白中的一个片段，在人乳中的乳源蛋白也有存在。现可化学合成，也可从牛酪蛋白中水解分离。CTFA 列入的衍生物为肉豆蔻酰六肽-5（myristoyl hexapeptide-5）。

六肽-5的结构式

[**理化性质**]　六肽-5 为白色粉末，可溶于水，不溶于酒精，分子量716.8。

[**安全性**]　国家药品监督管理局和 CTFA 都将六肽-5 及其衍生物作为化妆品原料，六肽-5 是一种食品添加剂，可用入婴儿奶粉，未见其外用不安全的报道。

[**药理作用**]　六肽-5 及其衍生物与化妆品相关的药理研究见表6-4。

表6-4　六肽-5及其衍生物与化妆品相关的药理研究

试验项目	浓度	效果说明
表皮角化细胞培养六肽-5 对 β-防御素生成的促进	10μmol/L	促进率380%
六肽-5 对白介素 IL-6 生成的抑制	10μmol/L	抑制率41%
六肽-5 对氧自由基的消除		每克相当于0.84μmol 的 Trolex
UV 490nm 测定烟酰六肽-5 对蓝光的屏蔽	100μmol/L	屏蔽率5%
护发素中用入六肽-5 对头发梳理断裂的抑制	1%	抑制率12%

[**化妆品中应用**]　六肽-5 是人乳源蛋白中的一个重要片段，与增强免疫系统

有关。六肽-5 可提升皮肤的屏障功能，并有抗炎抗氧作用，可用作皮肤和头发的调理剂。肉豆蔻酰六肽- 5 的作用与六肽-5 相同，但稳定性好，用作皮肤调理剂，用量 0.01%～0.1%。

参考文献

Parker F. Immunostimulating hexapeptide from human casein: amino acid sequence, synthesis and biological properties[J]. European Journal of Biochemistry，2010,145(3):677-682.

5　六肽-7　Hexapeptide-7

六肽-7 的参考结构为 Nle-Ala-His-DPhe-Arg-Trp，是人促黑色素细胞刺激激素的片段第 4～9 片段的改造，一般采用其酰胺形式。现为化学合成品。CTFA 列入的衍生物为乙酰六肽-7（acetyl hexapeptide-7）。

六肽-7的参考结构式

[**理化性质**]　六肽-7 为白色粉末，可溶于水，分子量 829.0。

[**安全性**]　CTFA 将六肽-7 及其衍生物作为化妆品原料，中国香化协会 2010 年版的《国际化妆品原料标准中文名称目录》中列入，未见其外用不安全的报道。

[**药理作用**]　六肽-7 与化妆品相关的药理研究见表 6-5。

表6-5　六肽-7 与化妆品相关的药理研究

试验项目	浓度	效果说明
对环腺苷酸（cAMP）生成的促进	0.1μmol/L	促进率 1600%
对 SDS 诱发白介素 IL-1α生成的抑制	1μmol/L	抑制率 42.1%
对 TNF-α生成的抑制	1μmol/L	抑制率 48.6%
2μL/cm^2 涂敷六肽-7 对紫外线（氙灯 150W）最小红斑量（MED）的提升	1μmol/L	提高率 20%

[**化妆品中应用**]　六肽-7 和乙酰六肽 7 对环腺苷酸的生成有显著的促进作用，环腺苷酸是激活细胞活性的重要生化物，可用作护肤剂和皮肤调理剂；六肽-7 还有皮肤抗炎、抗过敏和防晒作用。

Haskell Luevano. Discovery of prototype peptidomimetic agonists at the human melanocortin receptors MClR and MC4R [J]. Journal of Medicinal Chemistry, 1997, 40(14): 2133-2139.

6　六肽-8　Hexapeptide-8

六肽-8 即 Glu-Glu-Met-Gln-Arg-Arg，是人神经组织的突触相关蛋白-25（SNAP-25）第 12～17 的片段，现为化学合成品。CTFA 列入的衍生物为乙酰六肽-8（acetyl hexapeptide-8，商品名：阿基瑞林、类肉毒杆菌，argireline）和氨基丁酰六肽-8 酰胺（amlnobutyroyl hexapeptide-8 amide）。

乙酰六肽-8的结构式

　　[**理化性质**]　乙酰六肽-8 为白色冻干型粉末，可溶于水，分子量 889.0，CAS 号为 616204-22-9。乙酰六肽-8 常先配制成水溶液，其中含乙酰六肽-8 0.05%，水 99.35%，防腐剂 0.5%（防腐剂可用三氯生、龙沙等），抗氧剂 0.1%。

　　[**安全性**]　CTFA 将六肽-8 及其衍生物作为化妆品原料，中国香化协会 2010 年版的《国际化妆品原料标准中文名称目录》中列入，未见其外用不安全的报道。

　　[**药理作用**]　六肽-8 及其衍生物与化妆品相关的药理研究见表 6-6。

表 6-6　六肽-8 及其衍生物与化妆品相关的药理研究

试验项目	浓度	效果说明
六肽-8 对胶原蛋白生成的促进	0.05mg/kg	促进率 27%
乙酰六肽-8 对胶原蛋白生成的促进	0.1mg/kg	促进率 23%
没食子酰六肽-8 对胶原蛋白生成的促进	5mg/kg	促进率 89%
六肽-8 对胶原蛋白酶活性的抑制	100mg/kg	抑制率 68%
肉豆蔻酰六肽-8 对胶原蛋白酶活性的抑制	100mg/kg	抑制率 73%
没食子酰六肽-8 对自由基 DPPH 的消除	5mg/kg	消除率 76%
乙酰六肽-8 对金属蛋白酶 MMP-1 活性的抑制	0.125mg/kg	抑制率 46.2%
没食子酰六肽-8 对金属蛋白酶 MMP-9 活性的抑制	5mg/kg	抑制率 49%
烟酰六肽-8 对蓝光的屏蔽	100μmol/L	屏蔽率 14%

[**化妆品中应用**]　六肽-8 的衍生物与六肽-8 的性能相似，稳定性好。均可显著加速细胞外基质蛋白如胶原蛋白的生成；能局部阻断神经传递肌肉收缩信息，影响皮囊神经传导，使脸部肌肉放松，达到平抚动态纹、静态纹及细纹；与乳清蛋白、透明质酸钠、酵母提取物等配合效果更好。六肽-8 的用量最高不得超过 1mg/kg，超过有副作用。六肽-8 及其衍生物还有抗炎、抗氧和防晒等功能。

参考文献

Kraeling M E K. In vitro skin penetration of acetyl hexapeptide-8 from a cosmetic formulation[J]. Cutaneous & Ocular Toxicology, 2015, 34(1): 46-52.

7 六肽-9　Hexapeptide-9

　　六肽-9 的参考结构为 Gly-Pro-Gln-Gly-Pro-Gln，可见于胶原蛋白的蛋白链，此片段也存在于大米蛋白。六肽-9 可从大米蛋白中水解提取，也可化学合成。一般采用其酰胺形式。

六肽-9的参考结构式

[**理化性质**]　六肽-9 为白色粉末，可溶于水，分子量 582.3。乙酰六肽-9 的 CAS 号为 1228371-11-6。

[**安全性**]　CTFA 将六肽-9 作为化妆品原料，中国香化协会 2010 年版的《国际化妆品原料标准中文名称目录》中列入，MTT 法试验肉豆蔻酰六肽-9 或棕榈酰六肽-9 在 100mg/kg 时对角质形成细胞无细胞毒性，未见其外用不安全的报道。

[**药理作用**]　六肽-9 及其衍生物与化妆品相关的药理研究见表 6-7。

表 6-7　六肽-9 及其衍生物与化妆品相关的药理研究

试验项目	浓度	效果说明
六肽-9 酰胺对角质层细胞增殖的促进	5mg/kg	促进率 18.2%
六肽-9 酰胺对胶原蛋白生成的促进	5mg/kg	促进率 26.5%
肉豆蔻酰六肽-9 对I型胶原蛋白生成的促进	10μg/mL	促进率 46.7%
六肽-9 酰胺对胶原蛋白酶活性的抑制	1mg/kg	抑制率 18.6%
肉豆蔻酰六肽-9 对胶原蛋白酶活性的抑制	100mg/kg	抑制率 46%
肉豆蔻酰六肽-9 对金属蛋白酶 MMP-1 的活性抑制	10μg/mL	抑制率 48.6%
UV 490nm 测定烟酰六肽-9 对蓝光的屏蔽	100μmol/L	屏蔽率 12%

[化妆品中应用]　六肽-9 及其衍生物可加速真皮层细胞外基质蛋白如胶原蛋白的生成，特别是I型和IV型胶原蛋白，促进皮肤各层之间的黏附和加固，使皮肤更有弹性，更紧实，纠正皮肤松弛状态，有显著的抗皱、抗衰、修复、愈伤的效果。通常配制成 50mg/kg 的溶液，在配方中加入 5%。六肽-9 衍生物还有抗炎和防晒作用。

8　六肽-10　Hexapeptide-10

六肽-10 即 Ser-Ile-Lys-Val-Ala-Val，是人层粘连蛋白中蛋白链的一个重要片段。层粘连蛋白是调节细胞生长和分化的非胶原糖蛋白。六肽-10 现为化学合成品，商品名为 Serilesine。

六肽-10的结构式

[理化性质]　六肽-10 为白色粉末，室温水溶解度 7.4%，分子量 615.8。CAS号为 146439-94-3。

[安全性]　CTFA 将六肽-10 作为化妆品原料，中国香化协会 2010 年版的《国际化妆品原料标准中文名称目录》中列入，未见其外用不安全的报道。

[药理作用]　六肽-10 及其衍生物与化妆品相关的药理研究见表 6-8。

表6-8　六肽-10 及其衍生物与化妆品相关的药理研究

试验项目	浓度	效果说明
六肽-10 对纤维芽细胞增殖的促进	10μmol/L	促进率 54.9%
UV 490 进行测定烟酰六肽-10 对蓝光的屏蔽	100μmol/L	屏蔽率 28%

[化妆品中应用]　六肽-10 可促进纤维芽细胞增殖和层粘连蛋白 V 合成，层粘连蛋白 V 可使皮肤的皮脂和真皮层紧密结合，促进皮肤的弹性，用作抗皱皮肤调理剂。六肽-10 渗透性好，并有协助其他活性物质经皮渗透的作用，可用作助渗剂，并有活血作用。

参考文献

Kibbey M C. Role of the SIKVAV site of laminin in promotion of angiogenesis and tumor growth[J]. JNCI, 1992, 84(21): 1633-1638.

六肽-11 Hexapeptide-11

六肽-11 即 Phe-Val-Ala-Pro-Phe-Pro，此片段在面包酵母或酿酒酵母（*Saccharomyces cerevisiae*）的蛋白中存在。六肽-11 可采用生化法制取，也可化学合成，商品名为 Peptamide。

六肽-11的结构式

［**理化性质**］ 六肽-11 为白色粉末，可溶于水，分子量 676.8。CAS 号为 100684-36-4。

［**安全性**］ 国家药品监督管理局和 CTFA 都将六肽-11 作为化妆品原料，未见其外用不安全的报道。

［**药理作用**］ 六肽-11 与化妆品相关的药理研究见表 6-9。

表 6-9 六肽-11 与化妆品相关的药理研究

试验项目	浓度	效果说明
对纤维芽细胞增殖的促进	1mg/kg	促进率 25.2%
对 β-半乳糖苷酶（β-galactosidase）活性的抑制	0.1%	抑制率 36%
对 TNF-α 生成的抑制	0.001%	抑制率 50.7%

［**化妆品中应用**］ 六肽-11 对 β-半乳糖苷酶的活性有抑制，β-半乳糖苷酶的活性与细胞活性成反比，因此可激活和加速细胞的增殖，增加胶原蛋白和原胶原蛋白的生成，改善皮肤松弛，减少了皮肤细纹和皱纹，用作皮肤调理剂，与透明质酸、绿茶提取物等配合效果更好。六肽-11 一般先配制成 0.01%，用入此溶液的 5%，不宜多用。

参考文献

Sklirou A D. Hexapeptide-11 is a novel modulator of the proteostasis network in human fibroblasts [J]. Redox Biology, 2015, 5: 205-215.

10 六肽-12 Hexapeptide-12

六肽-12 即 Val-Gly-Val-Ala-Pro-Gly，此片段只在人的弹性蛋白组成因子、弹性蛋白原中存在，而在大鼠的弹性蛋白组成因子、弹性蛋白原中不存在。CTFA 列入的衍生物为肉豆蔻酰六肽-12（myristoyl hexapeptide-12，皮肤调理剂）、棕榈酰六肽-12（palmitoyl hexapeptide-12，抗氧剂、皮肤调理剂）。

棕榈酰六肽-12的结构式

[**理化性质**]　棕榈酰六肽-12 为白色粉末或类白色粉末，微溶于水，分子量737.0。CAS 号为 171263-26-6。

[**安全性**]　CTFA 将六肽-12 及其衍生物作为化妆品原料，中国香化协会 2010年版的《国际化妆品原料标准中文名称目录》中列入，未见其外用不安全的报道。

[**药理作用**]　六肽-12 及其衍生物与化妆品相关的药理研究见表 6-10。

表 6-10　六肽-12 及其衍生物与化妆品相关的药理研究

试验项目	浓度	效果说明
六肽-12 对 Ⅰ 型胶原蛋白生成的促进	100μg/mL	促进率 36.0%
六肽-12 对 Ⅲ 型胶原蛋白生成的促进	100μg/mL	促进率 142.4%
六肽-12 对成纤维细胞增殖的促进	10μmol/L	促进率 64.6%
棕榈酰六肽-12 对成纤维细胞增殖的促进	0.01%	促进率 50%
涂敷六肽-12 对皮肤皱纹的改善	0.05%	皱纹深度降低 6.7%
六肽-12 酰胺对黑色素细胞生成黑色素的促进	50μmol/L	促进率 66.6%
六肽-12 对金属蛋白酶 MMP-1 活性的抑制	0.025%	抑制率 43.8%

[**化妆品中应用**]　六肽-12 及其衍生物能够刺激成纤维细胞增殖，可加速细胞外基质蛋白如胶原蛋白的生成，减少了皮肤细纹和皱纹，可用作皮肤调理剂。与透明质酸、绿茶、积雪草、水飞蓟提取物配合有更好效果。棕榈酰六肽-12 的用量0.008%～0.1%。涂敷六肽-12 酰胺可使肤色加深，可用于晒黑类护肤品或乌发类制品，加入微量铜离子效果更好。

参考文献

Kamoun A. Growth stimulation of human skin fibroblasts by elastin-derived peptides [J]. Cell Adhesion and Communication, 1995, 3(4): 273-281.

11 ## 六肽-14　Hexapeptide-14

六肽-14 的参考结构为 Phe-Ala-Leu-Leu-Lys-Leu，是青蛙皮肤抗菌肽（cecropins）的一个片段改造。现为化学合成，一般采用其酰胺形式。CTFA 列入的衍生物为肉豆蔻酰六肽-14 酰胺（myristoyl hexapeptide-14 amide）、棕榈酰六肽-14 酰胺（paimitoyl hexapeptide-14 amide）。

棕榈酰六肽-14酰胺的参考结构式

[**理化性质**]　棕榈酰六肽-14 为白色粉末，分子量为 941.3。CAS 号为 891498-01-4。

[**安全性**]　CTFA 将六肽-14 及其衍生物作为化妆品原料，中国香化协会 2010 年版的《国际化妆品原料标准中文名称目录》中列入，未见其外用不安全的报道。

[**药理作用**]　六肽-14 酰胺有抗菌性，对金黄色葡萄球菌的 MIC 为 50μg/mL，对铜绿假单胞菌的 MIC 为 100μg/mL，对大肠杆菌的 MIC 为 75μg/mL，对白色念珠菌的 MIC 为 150μg/mL，对其他变种也有相似的抑制效果。

辛酰六肽-14 对金黄色葡萄球菌、铜绿假单胞菌和白色念珠菌的 MIC 均小于 0.78μg/mL。肉豆蔻酰六肽-14 酰胺和棕榈酰六肽-14 酰胺的 MIC 与六肽-14 酰胺类似。

[**化妆品中应用**]　六肽-14 及其衍生物可用作抗菌剂，与其他抗菌剂有协同作用。六肽-14 及其衍生物的抗菌特点是可以在短时间内显著降低细菌数量，并可持续相当时间。对皮肤伤口有愈合促进作用，可用作调理护肤剂。

参考文献

Conlon J M. Reflections on a systematic nomenclature for antimicrobial peptides from the skins of frogs of the family Ranidae[J]. Peptides, 2008, 29(10): 1815-1819.

12 ## 六肽-16　Hexapeptide-16

六肽-16 的参考结构为 Leu-Lys-Leu-Lys-Lys-Ala，是胸腺肽 β_4（thymosin beta 4）的一个片段的改造，现为化学合成品。CTFA 列入的衍生物为椰油酰六肽-16（cocoyl hexapeptide-16，皮肤调理剂）和肉豆蔻酰六肽-16（myristoyl hexapeptide-16，皮肤调

理剂）。

六肽-16的参考结构式

[**理化性质**]　肉豆蔻酰六肽-16 为白色粉末，微溶于水，分子量 852.0。CAS 号为 959610-54-9。

[**安全性**]　CTFA 将六肽-16 及其衍生物作为化妆品原料，中国香化协会 2010 年版的《国际化妆品原料标准中文名称目录》中列入，未见其外用不安全的报道。

[**药理作用**]　六肽-16 与化妆品相关的药理研究见表 6-11。

表 6-11　六肽-16 与化妆品相关的药理研究

试验项目	浓度	效果说明
对成纤维细胞增殖的促进	1mg/kg	促进率 28%
对血管内皮细胞（HUVECS）增殖的促进	1mg/kg	促进率 38%
对人毛发毛乳头细胞增殖的促进	1mg/kg	促进率 43%

[**化妆品中应用**]　六肽-16 与其衍生物作用相似，六肽-16 衍生物的稳定性更好，有刺激成纤维细胞、血管内皮细胞和人毛发毛乳头细胞增殖的作用，可有效刺激毛发重要组成角蛋白的合成，促进毛发（如睫毛）的生长，从深层修复受损毛发。可用于睫毛膏、睫毛护理液等产品中。与生发剂米诺地尔（Minoxidil）等有协同效应，六肽-16 衍生物的用量为 1～5mg/kg。

13　六肽-17　Hexapeptide-17

六肽-17 即 Tyr-Ala-Gly-Phe-Leu-Glu，是白细胞介素-1α的一个片段的改造，现为化学合成品。

六肽-17的结构式

［**理化性质**］　六肽-17 为白色粉末，可溶于水，分子量 698.9。

［**安全性**］　CTFA 将六肽-17 作为化妆品原料，中国香化协会 2010 年版的《国际化妆品原料标准中文名称目录》中列入，未见其外用不安全的报道。

［**药理作用**］　六肽-17 与化妆品相关的药理研究见表 6-12。

表 6-12　六肽-17 与化妆品相关的药理研究

试验项目	浓度	效果说明
对白介素-6 表达的促进	0.1mg/mL	促进率 200%
防晒试验对阳光照射的防卫	$1mg/100cm^2$	SPF 值提高 20%

［**化妆品中应用**］　六肽-17 有白细胞介素-1α样作用，可增强皮肤中胶原蛋白和弹性蛋白的产生，提高皮肤弹性和紧致性，减少皱纹，减少水分经皮蒸发，用作皮肤调理剂。最大用量 0.01%，多用无益。六肽-17 还可用作防晒剂，与防晒剂 PARSOL 1789 配合，可提高防晒效果。

参考文献

Gahring L C. Presence of epidermal-derived thymocyte activating factor/interleukin 1 in normal human SC [J]. Journal of Clinical Investigation, 1985, 76(4): 1585-1591.

14　六肽-18　Hexapeptide-18

六肽-18 即 Tyr-Ala-Gly-Phe-Leu-Asp，是白细胞介素-1α的一个片段的改造。六肽-18 与六肽-17 十分相似，区别仅是最后一个氨基酸，由谷氨酸变为天冬氨酸，而这两个氨基酸都为酸性氨基酸。六肽-18 现为化学合成品。

六肽-18的结构式

［**理化性质**］　六肽-18 为白色粉末，可溶于水，分子量 684.9。CAS 号为 1158820-16-6。

［**安全性**］　CTFA 将六肽-18 作为化妆品原料，中国香化协会 2010 年版的《国际化妆品原料标准中文名称目录》中列入，未见其外用不安全的报道。

［**药理作用**］　六肽-18 与化妆品相关的药理研究见表 6-13。

表 6-13 六肽-18 与化妆品相关的药理研究

试验项目	浓度	效果说明
对白介素-6 表达的促进	0.1mg/mL	促进率 200%
防晒试验对阳光照射的防卫	1mg/100cm²	SPF 值提高 20%

[**化妆品中应用**]　六肽-18 有白细胞介素-1α样作用，效果是同质量的白细胞介素-1α的约 0.25%。可增强皮肤中胶原蛋白和弹性蛋白的产生、提高皮肤弹性和紧致性，减少皱纹，减少水分经皮蒸发，用作皮肤调理剂。最大用量 0.01%，多用无益。与 EGF 配合作用更强。六肽-18 还可用作防晒剂，与防晒剂 PARSOL 1789 配合，可提高防晒效果。

参考文献

Hauser C. Interleukin 1 is present in normal human epidermis [J]. Immunological Journal, 1986, 136 (9):3317-3323.

15　六肽-21　**Hexapeptide-21**

六肽-21 的参考结构为 Phe-Ala-Lys-Leu-Ala-Lys，是青蛙皮肤抗菌肽（cecropins）的一个片段改造。现为化学合成，一般采用其酰胺形式。

六肽-21的参考结构式

[**理化性质**]　六肽-21 为白色粉末，可溶于水，分子量 677.0。

[**安全性**]　CTFA 将六肽-21 作为化妆品原料，中国香化协会 2010 年版的《国际化妆品原料标准中文名称目录》中列入，未见其外用不安全的报道。

[**药理作用**]　六肽-21 酰胺对金黄色葡萄球菌、铜绿假单胞菌和白色念珠菌的 MIC 均小于 0.78μg/mL。对其他变种也有相似的抑制效果。

[**化妆品中应用**]　六肽-21 可用作抗菌剂，与其他抗菌剂有协同作用。六肽-21 的抗菌特点是可以在短时间内显著降低细菌数量，并可持续相当时间。对皮肤伤口有愈合促进作用，可用作调理护肤剂。

16 六肽-23 Hexapeptide-23

六肽-23 的参考结构为 Ala-Lys-Lys-Leu-Lys-Leu，是人胸腺肽 β_4（thymosin beta 4）一个片段的改造，也可见于青蛙皮肤抗菌肽（cecropins）的片段，现为化学合成肽。CTFA 列入的衍生物为肉豆蔻酰六肽-23（myristoyl hexapeptide-23，皮肤调理剂）。

六肽-23的参考结构式

[**理化性质**] 肉豆蔻酰六肽-23 为白色粉末，微溶于水，分子量910.5。

[**安全性**] CTFA 将六肽-23 及其衍生物作为化妆品原料，未见其外用不安全的报道。

[**药理作用**] 六肽-23 酰胺对金黄色葡萄球菌、铜绿假单胞菌和白色念珠菌的 MIC 均小于 0.78μg/mL。对其他变种也有相似的抑制效果。

六肽-23 酰胺与化妆品相关的药理研究见表 6-14。

表6-14 六肽-23酰胺与化妆品相关的药理研究

试验项目	浓度	效果说明
对成纤维细胞增殖的促进	1mg/kg	促进率25%
对血管内皮细胞（HUVECS）增殖的促进	1mg/kg	促进率58%
对人毛发毛乳头细胞增殖的促进	1mg/kg	促进率58%

[**化妆品中应用**] 六肽-23 酰胺具有广谱显著的抗菌性，与其他抗菌剂有协同作用，对皮肤伤口有愈合促进作用，可用作痤疮防治剂。六肽-23 及其衍生物有刺激成纤维细胞、血管内皮细胞和人毛发毛乳头细胞的增殖作用，可有效刺激毛发重要组成角蛋白的合成，促进毛发（如睫毛）的生长，从深层修复受损毛发。可用于睫毛膏、睫毛护理液等产品中。与生发剂米诺地尔（Minoxidil）等有协同效应，用量为 1～5mg/kg。

17 六肽-26 Hexapeptide-26

六肽-26 的参考结构为 Lys-Ala-Gln-Lys-Arg-Phe，是昆虫抗菌肽如天蚕素（cecropin）中一片段的改造，现可化学合成。CTFA 列入的衍生物为棕榈酰六肽-26 酰胺（paimitoyl hexapeptide-26）。

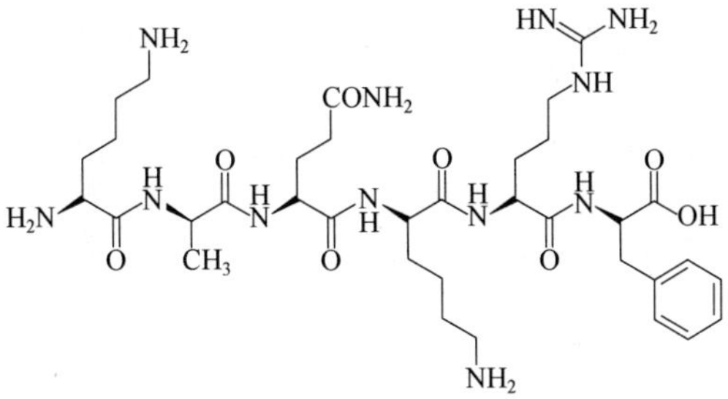

六肽-26的参考结构式

[**理化性质**]　棕榈酰六肽-26 酰胺为白色粉末，稍溶于水，分子量 1014.3。

[**安全性**]　CTFA 将六肽-26 及其衍生物作为化妆品原料，肽的安全性试验，使用人红细胞（RBCs）测定其溶血活性，IC_{50} >500μg/mL，也未见其外用不安全的报道。

[**药理作用**]　棕榈酰六肽-26 酰胺对革兰氏阴性菌的 MIC 在 5～35μg/mL，如对革兰氏阴性菌大肠杆菌和芽孢杆菌 MIC 分别为 5.6μg/mL 和 9.7μg/mL。

对革兰氏阳性菌的 MIC 在 5～15μg/mL，如对金黄色葡萄球菌和表皮葡萄球菌 MIC 分别为 11.7μg/mL 和 5.6μg/mL。

对霉菌的 MIC 在 0.1～0.5μg/mL，如对尖孢镰刀菌、粗糙链孢霉和水霉属霉菌 MIC 分别是 0.5μg/mL、0.2μg/mL 和 0.1μg/mL。

棕榈酰六肽-26 酰胺对 LPS（内毒素）的中和活性的 IC_{50} 为 11μmol/L。

[**化妆品中应用**]　棕榈酰六肽-26 酰胺有较广谱的抗菌性，对霉菌的作用力更强。棕榈酰六肽-26 酰胺似乎是通过细胞膜上的跨膜孔或离子通道的形成而起作用，使微生物必需的代谢物泄漏，导致微生物细胞结构破坏并致细胞死亡。与传统抗生素相比，它们似乎不会引起微生物耐药性，只需要很短的时间就能诱导杀灭。

18　六肽-27　Hexapeptide-27

六肽-27 即 Phe-Ser-Arg-Tyr-Ala-Arg，是人运动神经诱向因子（motoneuronotrophic factor、MNTF）蛋白链的一个重要片段，现为化学合成物。CTFA 列入的衍生物为棕榈酰乙酰六肽-27（palmitoyl hexapeptide-27 acetate）。

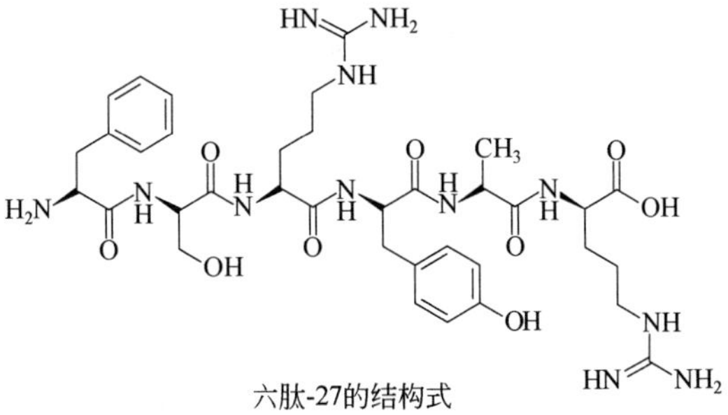

六肽-27的结构式

[**理化性质**]　棕榈酰乙酰六肽-27 为白色粉末，微溶于水，分子量 1079.5。CAS 号为 1181365-35-4。

[**安全性**]　CTFA 将六肽-27 及其衍生物作为化妆品原料，未见其外用不安全的报道。

[**药理作用**]　六肽-27 及其衍生物与化妆品相关的药理研究见表 6-15。

表 6-15　六肽-27 及其衍生物与化妆品相关的药理研究

试验项目	浓度	效果说明
棕榈酰乙酰六肽-27 对成纤维细胞增殖的促进	1mmol/L	促进率 22%
六肽-27 对神经芽细胞增殖的促进	0.1μg/mL	促进率 19.8%
六肽-27 对脊髓神经元瘤细胞（VSC4.1）增殖的促进	0.1μg/mL	促进率 115.7%
棕榈酰乙酰六肽-27 对透明质酸生成的促进	200μmol/L	促进率 40%
棕榈酰乙酰六肽-27 对脂质过氧化的抑制	79μmol/L	抑制率 40.2%
棕榈酰乙酰六肽-27 对 LPS 诱发 NO 生成的抑制	1μmol/L	抑制率 28%

[**化妆品中应用**]　六肽-27 及其衍生物可促进皮层细胞增殖，可减轻或抑制与光照损伤相关的炎症或自由基损伤，促进皮肤再生，促进皮肤内透明质酸的生成，减少皮肤上的瘢痕，用作皮肤调理剂。棕榈酰乙酰六肽-27 一般先配制成 0.1% 的水溶液，在配方中用入 0.1%～1%。

参考文献

周明华. 神经细胞诱向（营养）因子[J]. 神经解剖学杂志, 1990, 2: 129-137.

19　六肽-28　Hexapeptide-28

六肽-28 即 Leu-Gln-Asp-Gly-Val-Arg，是成纤维细胞生长因子-10（FGF-10）的一个片段。FGF-10 是纤维细胞生长因子家族的一个成员，具有广泛促进细胞分裂以及促进细胞生存的能力。六肽-28 现为化学合成品。

六肽-28 的结构式

[**理化性质**]　六肽-28 为白色粉末，可溶于水，分子量 686.8。

[**安全性**]　CTFA 将六肽-28 作为化妆品原料，未见其外用不安全的报道。

[药理作用]　六肽-28 与化妆品相关的药理研究见表 6-16。

表 6-16　六肽-28 与化妆品相关的药理研究

试验项目	浓度	效果说明
对角质层细胞增殖的促进	1μg/mL	促进率 15.2%
对成纤维细胞增殖的促进	1μg/mL	促进率 135.0%
对毛发原生毛乳头细胞（初级毛细胞）增殖的促进	1μg/mL	促进率 76.4%
在 10μmol/L 双氧水存在下对细胞凋亡的抑制	1μg/mL	完全抑制其影响，仍有增殖的能力

[化妆品中应用]　六肽-28 可激活皮肤的自然恢复周期，改善皮肤状况，有抗皱、抗衰、促进伤口愈合或皮肤再生作用，可用作皮肤调理剂；用量 0.001%～0.01%，与泛醇、泛酸、蛋白水解物等配合效果更好。六肽-28 也可用于生发制品，有防治脱发作用。

参考文献

Botchkarev V A. Stress and the hair follicle: exploring the connections[J]. The American Journal of Pathology, 2003, 162(3):709-712.

20　六肽-29　Hexapeptide-29

六肽-29 的参考结构为 Lys-Ile-Glu-Lys-Met-Gly，来自蚕体液中的抗菌肽（cecropin B）的主要片段，现为化学合成。

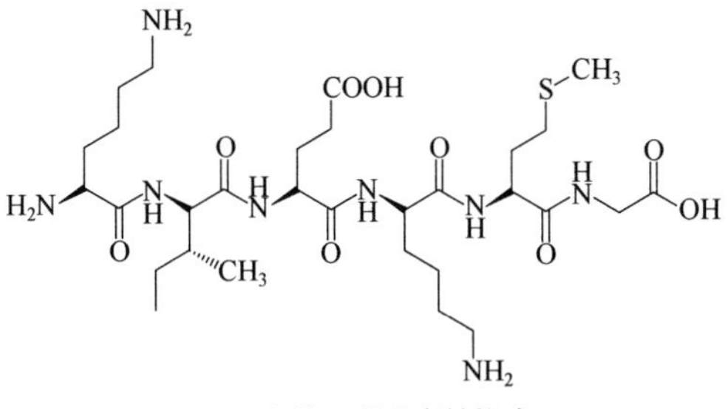

六肽-29的参考结构式

[理化性质]　六肽-29 为白色粉末，可溶于水，室温水溶解度>0.1%，分子量 705.0。

[安全性]　CTFA 将六肽-29 作为化妆品原料，未见其外用不安全的报道。

[药理作用]　六肽-29 对革兰氏阴性菌如变形杆菌、大肠杆菌、铜绿假单胞菌等和革兰氏阳性菌如金黄色葡萄球菌、枯草杆菌和化脓性链球菌等均有抑制，MIC 在 0.1～0.2μmol/L。

六肽-29 与化妆品相关的药理研究见表 6-17。

表 6-17　六肽-29 与化妆品相关的药理研究

试验项目	浓度	效果说明
对角质层细胞增殖的促进	21.5μg/mL	促进率 85%
对人上皮角化细胞迁移的促进	20μg/mL	促进率 400%

[**化妆品中应用**]　六肽-29 有较广谱的抗菌性，结合其对细胞迁移的强烈促进，可促进皮肤伤口的愈合；六肽-29 可刺激角质层细胞的增殖，激活皮肤的新陈代谢，修复表皮-真皮组织，用作皮肤调理剂。用量 0.01%，需与胶原蛋白水解物、植物来源的抗氧剂等配合。

21　六肽-30　Hexapeptide-30

六肽-30 即 Glu-Asp-Tyr-Tyr-Arg-Leu，是人脑啡肽（enkephalin）中的一个关键片段，现为化学合成品。CTFA 列入的衍生物为乙酰六肽-30（acetyl hexapeptide-30，皮肤调理剂）。

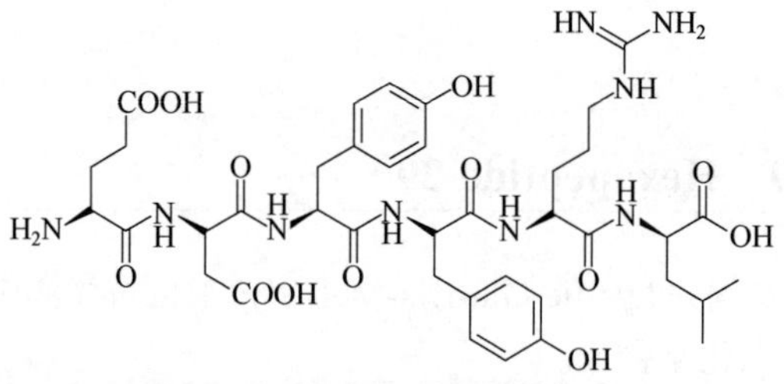

六肽-30的结构式

[**理化性质**]　乙酰六肽-30 为白色粉末，可溶于水，分子量 569.7。

[**安全性**]　CTFA 将六肽-30 及其衍生物作为化妆品原料，未见其外用不安全的报道。

[**药理作用**]　六肽-30 及其衍生物与化妆品相关的药理研究见表 6-18。

表 6-18　六肽-30 及其衍生物与化妆品相关的药理研究

试验项目	浓度	效果说明
乙酰六肽-30 对乙酰胆碱受体聚集活性的抑制	10μmol/L	抑制率 57.1%
棕榈酰六肽-30 对乙酰胆碱受体聚集活性的抑制	10μmol/L	抑制率 34.8%
涂敷乙酰六肽-30 对皮肤皱纹的改善	0.0024%	Ra 值[①]下降 13.9%
对氧自由基的消除		每克相当于 1.29μmol 的 Trolex

　① Ra：表面粗糙度的评定参数（在此借用机械加工中的一个术语）。

[**化妆品中应用**] 　乙酰胆碱受体是神经肌肉连接形成的核心，对乙酰胆碱受体聚集活性的抑制则使肌肉纤维无法活动，可降低肌肉的收缩，减少表情皱纹的生成。六肽-30 及其衍生物对肌肉收缩引起的皱纹有防治作用，可用作皮肤抗皱抗衰的调理剂。用量 0.0025%～0.2%，与精氨酸、卵磷脂等配合更有效。常规采用低浓度，因为六肽-30 及其衍生物与肉毒杆菌的作用原理是一样的。

参考文献

Rzany B. Treatment of glabellar lines with botulinum toxin type A[J]. Journal of the European Academy of Dermatology and Venereology, 2010, 24(S1):1-14.

22　六肽-33　Hexapeptide-33

六肽-33 即 Ser-Phe-Lys-Leu-Arg-Tyr，是人血管生成肽（angiogenic peptides）中的重要片段。现为化学合成。

六肽-33的结构式

[**理化性质**] 　六肽-33 为白色粉末，微溶于水，分子量 813.1。
[**安全性**] 　CTFA 将六肽-33 作为化妆品原料，未见其外用不安全的报道。
[**药理作用**] 　六肽-33 与化妆品相关的药理研究见表 6-19。

表 6-19　六肽-33 与化妆品相关的药理研究

试验项目	浓度	效果说明
对I型胶原蛋白生成的促进	0.1μmol/L	促进率 20%
对血管内皮细胞增殖的促进	0.1μmol/L	促进率 97.0%
对人脐静脉内皮细胞迁移的促进	0.1μmol/L	促进率 26.3%
对血管内皮生长因子生成的促进	10μmol/L	促进率 250%
对 B-16 黑色素细胞生成黑色素的抑制	1μmol/L	抑制率 57.5%

[**化妆品中应用**] 　六肽-33 有血管生成肽类似的性能，可促进内皮细胞的增殖、迁移和毛细血管样管的形成，特别是皮肤伤口的愈合。六肽-33 还有抗皱调理和皮肤

美白的作用。

参考文献

Folkman J. Angiogenesis in cancer, vascular, rheumatoid and other disease[J]. Nature Medicine, 1995, 1(1):27-31.

23 六肽-37 Hexapeptide-37

六肽-37 即 Ser-Pro-Ala-Gly-Gly-Pro，来自水通道蛋白-3（AQP-3）的片段的改造，商品名为 Diffuporine，现已化学合成。CTFA 列入的衍生物为乙酰六肽-37（acetyl hexapeptide-37，皮肤调理剂）。

六肽-37的结构式

［理化性质］ 六肽-37 为白色粉末，可溶于水，分子量 484.6。乙酰六肽-37 也是白色粉末，溶于水。CAS 号为 1447824-16-9。

［安全性］ CTFA 将六肽-37 及其衍生物作为化妆品原料，未见其外用不安全的报道。

［药理作用］ 六肽-37 与化妆品相关的药理研究见表6-20。

表6-20 六肽-37与化妆品相关的药理研究

试验项目	浓度	效果说明
成纤维细胞培养对胶原蛋白Ⅰ型生成的促进	10μg/mL	促进率36%
对人表皮角质形成细胞增殖的促进	0.16mg/mL	促进率24%
对水通道蛋白（AQP-3）生成的促进	0.5mg/mL	促进率35%
对水通道蛋白（AQP3)在mRNA水平的表达促进	0.1mg/mL	促进率100%

［化妆品中应用］ 六肽-37 能够有效地提高人体内 AQP3 在 mRNA 水平的表达量，从而提高皮肤中 AQP3 的含量，具有加强保湿的特性，是一种很好的保湿活性成分，同时还能促进人体真皮成纤维细胞中Ⅰ型胶原蛋白的合成及角化细胞的增殖，可用作皮肤调理剂。用量 0.001%，不宜多用，与透明质酸钠、海藻糖等天然保湿剂等配合有更好的效果。

Fushimi K. Isolation of Human Aquaporin 3 Gene [J]. Journal of Biological Chemistry, 1995, 270(30): 17913-17916.

 24 六肽-38　**Hexapeptide-38**

六肽-38 即 Ser-Val-Val-Val-Arg-Thr，是过氧化物酶体增殖剂激活受体（PPAR）的一个重要片段的改造，现可化学合成。CTFA 列入的衍生物为乙酰六肽-38（acetyl hexapeptide-38）。

六肽-38的结构式

[**理化性质**]　乙酰六肽-38 为白色粉末，可溶于水，分子量 701.7。CAS 号为 1400634-44-7。

[**安全性**]　CTFA 将六肽-38 及其衍生物作为化妆品原料，未见其外用不安全的报道。

[**药理作用**]　乙酰六肽-38 与化妆品相关的药理研究见表 6-21。

表 6-21　乙酰六肽-38 与化妆品相关的药理研究

试验项目	浓度	效果说明
对过氧化物酶体增殖物激活受体 γ 共激活因子 1α（PGC-1α）表达的促进	0.5mg/mL	促进率 14%
对大鼠皮下脂肪细胞内的脂质生成的促进	0.1mg/mL	促进率 28%
对大鼠皮下脂肪细胞中的 mRNA 表达的促进	0.1mg/mL	促进率 25%
涂敷对青年女性乳房丰盈的促进	0.05%	促进率>1%

[**化妆品中应用**]　六肽-38 及其衍生物对 PGC-1α的表达有刺激促进作用，PGC-1α的主要功能是刺激脂肪或肌肉细胞中线粒体的生物发生和氧化代谢，促进脂肪的生成，可用于丰乳制品。用量 0.001%～0.05%，需同时配合用入透明质酸钠、植物蛋白水解物、氨基酸（如脯氨酸、羟脯氨酸）等。六肽-38 及其衍生物还有皮肤调理和护肤作用。

Okuno A. Troglitazone increases the number of small adipocytes[J]. Journal of Clinical Investigation, 1998, 101(6): 1354-1361.

 25 六肽-39　Hexapeptide-39

六肽-39 即 Ser-Ile-Tyr-Val-Ala-Thr，是人成纤维生长因子-2 中片段的改造，现为化学合成，常采用其酰胺形式。CTFA 列入的衍生物为乙酰六肽-39（acetyl hexapeptide-39）。

六肽-39酰胺的结构式

[**理化性质**]　六肽-39 为白色粉末，可溶于水，分子量 652.8。

[**安全性**]　CTFA 将六肽-39 及其衍生物作为化妆品原料，未见其外用不安全的报道。

[**药理作用**]　乙酰六肽-39 与化妆品相关的药理研究见表 6-22。

表 6-22　乙酰六肽-39 与化妆品相关的药理研究

试验项目	浓度	效果说明
对过氧化物酶体增殖物激活受体 γ 共激活因子 1α（PGC-1α）表达的抑制	0.5mg/mL	抑制率 43%
对大鼠皮下脂肪细胞中的 mRNA 数量的抑制	0.1mg/mL	抑制率 37%
对大鼠皮下脂肪细胞内的脂质生成的抑制	0.1mg/mL	抑制率 67%
涂敷对蜂窝织炎治疗的促进	0.05%	促进率 17.1%（与安慰剂类药物作对比）

[**化妆品中应用**]　六肽-39 及其衍生物能够有效抑制过氧化物酶体增殖物激活受体γ共激活因子 1α（PGC-1α）的表达，从而降低前脂肪细胞分化成为脂肪细胞的数量，降低细胞脂质积累，达到抗脂肪团、瘦身的效果。用量 0.01%～0.05%。

参考文献

Jones J R. Deletion of PPAR gamma in adipose tissues of mice leads to impaired lipid deposition[J]. PNAS, 2005, 102(17): 6207-6212.

26 六肽-40 Hexapeptide-40

六肽-40 即 His-His-His-His-His-His，也名六聚组氨酸，是人血管内皮细胞生长因子 B（VEGF-B）中的一个特殊片段，现可生化法制取。

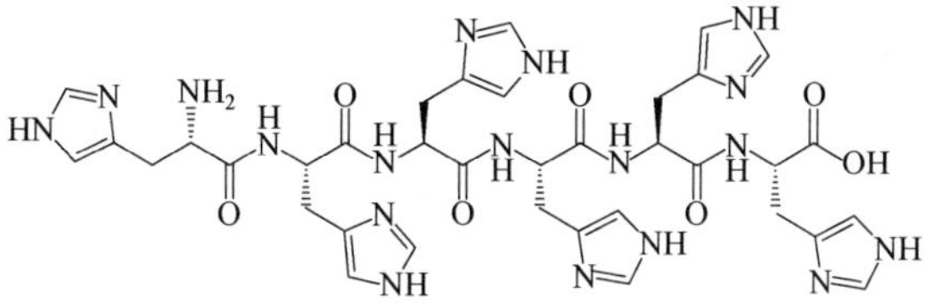

六肽-40的结构式

[**理化性质**] 六肽-40 为白色粉末，可溶于水，室温下溶解度>5%，分子量840.9。CAS 号为 64134-30-1。

[**安全性**] CTFA 将六肽-40 作为化妆品原料，未见其外用不安全的报道。

[**化妆品中应用**] 六肽-40 有血管内皮细胞生长因子 B 样作用，有抗血栓、抗血小板聚集、抗凝血功能，可用作剂活血调理剂，对不溶性脂、不溶性蛋白质有溶解促进作用。

27 六肽-42 Hexapeptide-42

六肽-42 的参考结构为 Ile-Gln-Ala-Cys-Arg-Gly，是半胱氨酸蛋白酶（Caspase-14）蛋白链中第 129～134 的片段，现为化学合成品。CTFA 列入的衍生物为六肽-42 的酰胺（hexapeptide-42 amide）。

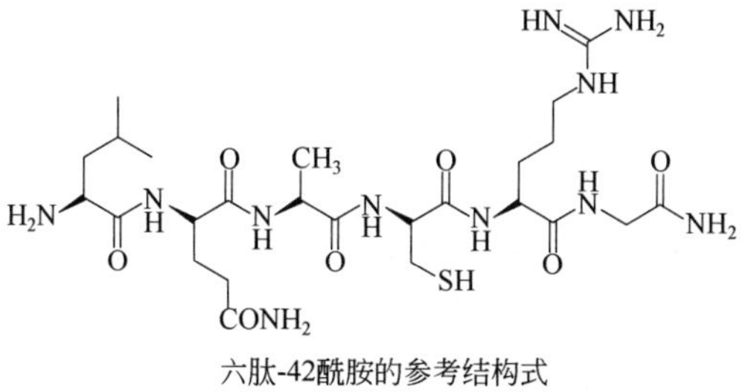

六肽-42酰胺的参考结构式

[**理化性质**] 六肽-42 为白色粉末，可溶于水，分子量636.8。

[**安全性**] CTFA 将六肽-42 作为化妆品原料，MTT 法测定浓度在 10mg/kg 时对成纤维细胞无细胞毒性，未见其外用不安全的报道。

[**药理作用**] 六肽-42 酰胺与化妆品相关的药理研究见表6-23。

表6-23　六肽-42酰胺与化妆品相关的药理研究

试验项目	浓度	效果说明
对半胱氨酸肽酶14（Caspase-14）表达的促进	10mg/kg	促进率20.9%
在200mJ/cm^{2}的UVB照射下对细胞凋亡的抑制	10mg/kg	抑制率>57.1%
涂敷对皮肤皱纹的改善	2mg/kg	皱纹深度减小4.3%

　　[**化妆品中应用**]　Caspase-14是一种半胱氨酸蛋白酶。Caspase-14的表达和加工可能参与角质形成细胞的终末分化，这对皮肤屏障的形成，特别是对紫外线的防护具有重要意义，也与皮肤柔软润湿有关。研究表明，暴露在UVB辐射下的Caspase-14缺陷皮肤比正常皮肤受到的损伤要大得多。六肽-42酰胺可用作抗衰抗皱防晒皮肤调理剂，对皱纹（眼角鱼尾纹、前额抬头纹等）有消除作用。用量3~10mg/kg，与有强烈抗氧、保湿、调理作用的植物提取物如高山玫瑰杜鹃花（*Rhododendron ferrugineum*）提取物、刺阿干树（*Argania Spinosa*）仁油等配合有协同作用。

参考文献

Eckhart L. Terminal differentiation of human keratinocytes and stratum corneum formation is associated with caspase-14 activation[J]. Journal of Investigative Dermatology, 2000, 115(6): 1148-1151.

28　六肽-43　Hexapeptide-43

　　六肽-43的参考结构为Gly-Ala-Gly-Ala-Gly-Ser，是蚕丝蛋白的一个基本单位，此结构所占比例在80%以上。六肽-43可从蚕丝蛋白选择性水解分离。

六肽-43的参考结构式

　　[**理化性质**]　六肽-43为白色或类白色粉末，可溶于水，分子量418.6。
　　[**安全性**]　CTFA将六肽-43作为化妆品原料，未见其外用不安全的报道。
　　[**药理作用**]　六肽-43与化妆品相关的药理研究见表6-24。

表6-24　六肽-43与化妆品相关的药理研究

试验项目	浓度	效果说明
细胞培养对成纤维细胞增殖的促进	0.01%	促进率85.6%
对皮肤伤口愈合的促进	0.01%	促进率15%
对白介素IL-6生成的抑制	15μg/mL	抑制率29.7%
对白介素IL-8生成的抑制	15μg/mL	抑制率14.0%
护发素中使用对头发梳理性的改善	5%	梳理破断率降低5%

[**化妆品中应用**]　六肽-43 可加速成纤维细胞细胞的增殖，在皮肤伤口愈合中，可用作黏附组织黏合剂和密封剂，同时有抗炎、调理和保湿皮肤的作用。用量 0.01% 以上。也用于头发的护理。

参考文献

Sierra D H. Fibrin scalant adhesive systems:a review of their chemistry,material properties and clinical application[J]. Journal of Biomaterials Applications, 1993, 7: 309-352.

29　六肽-44　Hexapeptide-44

六肽-44 即 Phe-Ser-Leu-Leu-Arg-Tyr，是蛋白酶激活受体 2（PAR2）中的一个片段，现为化学合成，常采用其酰胺形式。CTFA 列入的衍生物为烟酰六肽-44（nicotinoyl hexapeptide-44）。

六肽-44酰胺的结构式

[**理化性质**]　六肽-44 酰胺为白色粉末，可溶于水，分子量 797.0。CAS 号为 245329-02-6。

[**安全性**]　CTFA 将六肽-44 及其衍生物作为化妆品原料，未见其外用不安全的报道。

[**药理作用**]　烟酰六肽-44 与化妆品相关的药理研究见表 6-25。

表 6-25　烟酰六肽-44 与化妆品相关的药理研究

试验项目	浓度	效果说明
对角质形成细胞增殖的促进	0.00005%	促进率 16.3%
对成纤维细胞增殖的促进	0.0005%	促进率 128.3%
在 UVB（50mJ/cm²）照射下对细胞损伤的抑制	0.0005%	抑制率 20%

[**化妆品中应用**]　六肽-44 及其衍生物对皮层细胞的增殖有显著的促进作用，可帮助实现最佳皮肤结构，激活皮肤的自然恢复周期，减少了皮肤细纹和皱纹，与 EGF、bFGF、SCF 和 PGF 等生长因子配合效果更好，更能发挥上述生长因子的作用。微量使用，浓度在 5mg/kg。

参考文献

Anke Rattenholl. Proteinase-Activated Receptor 2[M]. Berlin: Springer Berlin Heidelberg, 2008.

30 六肽-45 Hexapeptide-45

六肽-45 即 Ser-Leu-Ile-Gly-Arg-Leu，是蛋白酶激活受体 2（PAR2）蛋白链中的一个片段，蛋白酶激活受体 2 在人表皮角质形成细胞中也有存在。现为化学合成，一般采用其酰胺形式。CTFA 列入的衍生物为烟酰六肽-45（nicotinoyl hexapeptide-45）。

六肽-45的结构式

[理化性质]　六肽-45 为白色粉末，可溶于水，分子量 658.0。

[安全性]　CTFA 将六肽-45 及其衍生物作为化妆品原料，未见其外用不安全的报道。

[药理作用]　六肽-45 酰胺与化妆品相关的药理研究见表 6-26。

表 6-26　六肽-45 酰胺与化妆品相关的药理研究

试验项目	浓度	效果说明
对蛋白酶激活受体 2（PAR2）表达的促进	3μmol/L	促进率 35.5%
对鼠足趾肿胀的抑制	30μmol/L	抑制率 68%
对血管紧张素Ⅱ作用的抑制	0.3μmol/kg	抑制率 12%

[化妆品中应用]　六肽-45 及其衍生物对蛋白酶激活受体 2（PAR2）的表达有促进作用。蛋白酶激活受体可促进细胞分裂与增殖、释放炎症介质或细胞因子调控局部炎症反应、调节血管张力等。六肽-45 及其衍生物可用作皮肤调理剂、活血剂和抗炎剂。六肽-45 衍生物较六肽-45 稳定性好。用量 20mg/kg。

参考文献

Naukkarinen A. Mast cell tryptase and chymase are potential regulators of neurogenic inflammation in psoriatic skin[J]. International Journal of Dermatology, 1994, 33(5): 361-366.

六肽-46 的参考结构为 Pro-Ser-Thr-His-Val-Leu，是毛发生长因子蛋白链的一个片段，现为化学合成。

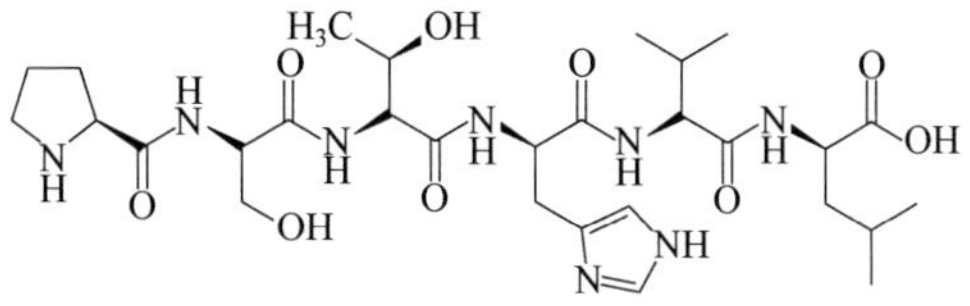

六肽-46的参考结构式

[**理化性质**]　六肽-46 为白色粉末，可溶于水，分子量 652.8。

[**安全性**]　CTFA 将六肽-46 作为化妆品原料，未见其外用不安全的报道。

[**药理作用**]　六肽-46 与化妆品相关的药理研究见表 6-27。

表6-27　六肽-46 与化妆品相关的药理研究

试验项目	浓度	效果说明
对毛囊干细胞再生的促进	50μmol/L	促进率 56.1%
对角质形成细胞增殖的促进	200μmol/L	促进率 115.6%
对巨噬细胞（wnt16）基因表达的促进	200μmol/L	促进率 144.5%
对 β-连环蛋白（β-catenin）的活性增加的促进	200μmol/L	促进率 113.3%

[**化妆品中应用**]　六肽-46 对毛囊干细胞、角质形成细胞等均有强烈的促进作用，也可促进 β-连环蛋白的活性，β-连环蛋白可启动促使细胞分裂的基因，因此可用于促进毛发生长和治疗脱发制品。用量 100μg/mL 以下。

参考文献

Uno H. Chemical Agents and Peptides Affect Hair Growth[J]. Journal of Investigative Dermatology, 1993, 101(1): 143-147.

32 **六肽-47　Hexapeptide-47**

六肽-47 的参考结构为 His-Gly-Ser-Pro-Trp-Gly，是端粒酶（telomerase）蛋白链中一个片段的改造，现为化学合成。端粒酶的作用与促进细胞分裂的次数增加相关。

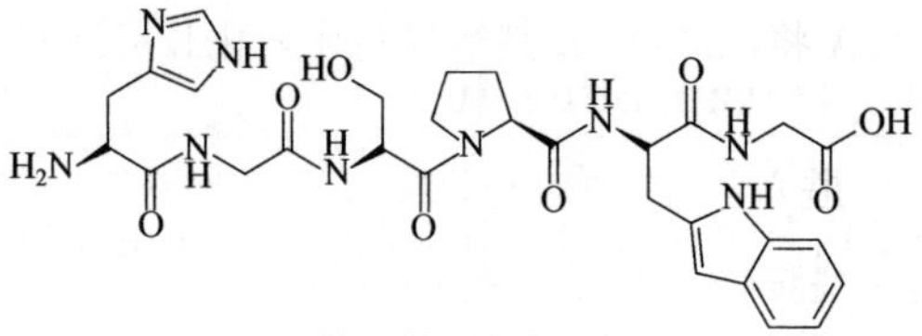

六肽-47的参考结构式

[理化性质] 六肽-47 为白色粉末，稍溶于水，此溶解度在化妆品使用中已足够，分子量 639.7。

[安全性] CTFA 将六肽-47 作为化妆品原料，未见其外用不安全的报道。

[药理作用] 六肽-47 与化妆品相关的药理研究见表 6-28。

表 6-28 六肽-47 与化妆品相关的药理研究

试验项目	浓度	效果说明
对人永生化角质形成细胞（Hacat）增殖的促进	10μg/mL	促进率 35%
对小鼠胚胎成纤维细胞（NIH3T3）增殖的促进	10μg/mL	促进率 42%
对人毛囊真皮乳头细胞增殖的促进	10μg/mL	促进率 53%
对 5α-还原酶活性的抑制	10μg/mL	抑制率 48%
对前列腺素 E_2 生成的抑制	10μg/mL	抑制率 27%
对自由基 DPPH 的消除	10μg/mL	消除率 33.9%

[化妆品中应用] 六肽-47 对人毛囊真皮乳头细胞的增殖有促进，又可抑制 5α-还原酶活性，可用于治疗因睾丸激素旺盛而致的脱发和头发生长缓慢等，可与米诺地尔（Minoxidil）配合使用。六肽-47 还有抗衰抗皱、皮肤调理、抗炎抑敏等作用。用量<10μg/mL。

33 六肽-49　Hexapeptide-49

六肽-49 即 Phe-Phe-Trp-Phe-His-Val，是蛋白酶激活受体 2（PAR2）蛋白链中一片段的改造。现为化学合成品，常采用其酰胺形式。CTFA 列入的衍生物为乙酰六肽-49（acetyl hexapeptide-49）。

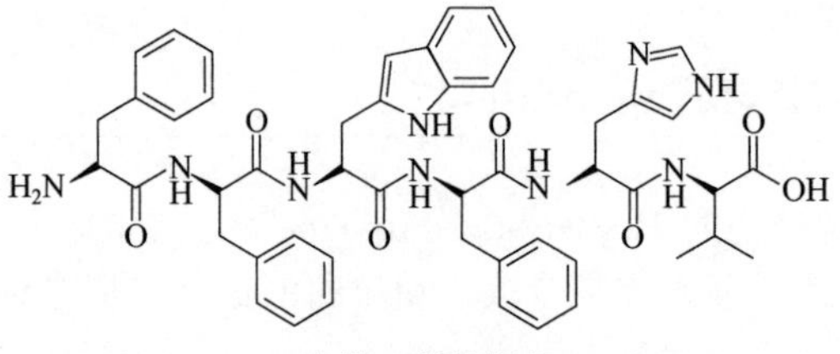

六肽-49的结构式

[理化性质] 乙酰六肽-49 为白色粉末，稍溶于水，分子量 923.6。CAS 号为 1459205-54-9。

［**安全性**］　CTFA 将六肽-49 及其衍生物作为化妆品原料，未见其外用不安全的报道。

［**药理作用**］　乙酰六肽-49 酰胺与化妆品相关的药理研究见表 6-29。

表 6-29　乙酰六肽-49 酰胺与化妆品相关的药理研究

试验项目	浓度	效果说明
对人表皮角质层细胞增殖的促进	10μg/mL	促进率 21.3%
对人皮肤伤口愈合的促进	25μg/mL	愈合速度快近 1 倍
对 PAR-2 活性诱发白介素 IL-6 的抑制	0.1mg/mL	抑制率 38.1%
对辣椒素受体 1（TRPV1）致敏诱导的钙素基因相关肽（CGRP）水平的抑制	25μg/mL	抑制率 41.1%
在 UVA（37mJ/cm²）照射下对细胞凋亡的抑制	0.01μg/mL	抑制率 100%

［**化妆品中应用**］　六肽-49 及其衍生物可加速细胞增殖，可用作皮肤调理剂；可加速愈合皮肤表皮伤口，减少疤痕，减轻炎症和舒缓瘙痒，有抗炎和抗过敏作用，可用于防晒护理、抗敏等制品。乙酰六肽-49 酰胺一般先与卵磷脂、单甘酯等配制成脂质体，用量 0.05%，与透明质酸钠等配合效果更好。

参考文献

Nystedt S. The proteinase-activated receptor 2 is induced by inflammatory mediators in human endothelial cells[J]. Journal of Biological Chemistry, 1996, 1271(25): 14910-14915.

34　六肽-52　Hexapeptide-52

六肽-52 即 Asp-Asp-Met-Gln-Arg-Arg，片段存在于人的神经组织内的蛋白链，现为化学合成。CTFA 列入的衍生物为棕榈酰六肽-52（palmitoyl hexapeptide-52）。

六肽-52 的结构式

［**理化性质**］　六肽-52 为白色粉末，可溶于水，分子量 819.9。

［**安全性**］　CTFA 将六肽-52 及其衍生物作为化妆品原料，未见其外用不安全的报道。

［**药理作用**］　棕榈酰六肽-52 与化妆品相关的药理研究见表 6-30。

表 6-30　棕榈酰六肽-52 与化妆品相关的药理研究

试验项目	浓度	效果说明
对神经传送物质分泌的抑制	50mg/kg	抑制率 39.8%
涂敷四个星期对皮肤皱纹的改善	0.1%	皱纹深度减小 2.7%
对活性物经皮渗透的促进	0.1%	促进率提高 2~3 倍

[**化妆品中应用**]　　六肽-52 及其衍生物均可抑制神经细胞的神经传送物质的分泌排放，减少肌纤维/成肌细胞（C2C 12 细胞）的收缩次数，抑制皱纹的生成或减少了皮肤细纹和皱纹，用作抗皱皮肤调理剂。用量 0.1%，配合使用透明质酸钠、高效的植物提取的抗氧剂。六肽-52 及其衍生物对活性物经皮渗透有强烈的促进作用，可与抗皱肽等结合使用。

第七章

七肽

1 七肽-4 Heptapeptide-4

七肽-4 即 Glu-Glu-Met-Gln-Arg-Arg-Ala，片段存在于人的神经组织内的蛋白链，现为化学合成，一般采用其酰胺形式。在结构上，七肽-4 与六肽-8 很相似，仅在后面多了一个丙氨酸。CTFA 列入的衍生物为乙酰七肽-4（acetyl heptapeptide-4，CAS 号为 1253115-74-0，皮肤调理剂）。

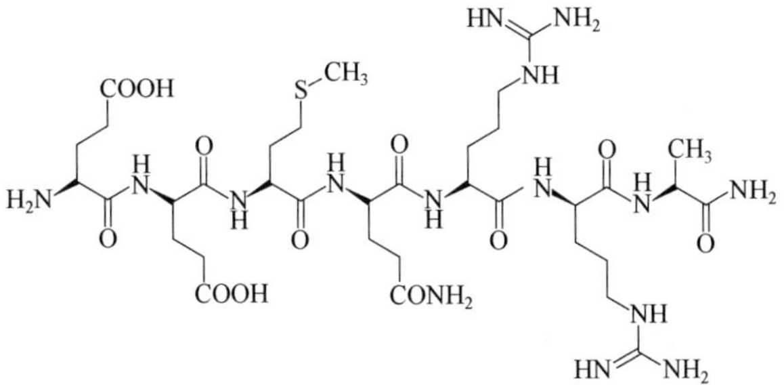

七肽-4酰胺的结构式

[**理化性质**]　七肽-4 为白色粉末，可溶于水，分子量为 919.0。使用时一般先与单甘酯、防腐剂等配制成 0.05% 的水溶液。

[**安全性**]　CTFA 将七肽-4 及其衍生物作为化妆品原料，中国香化协会 2010 年版的《国际化妆品原料标准中文名称目录》中列入，未见其外用不安全的报道。

[**药理作用**]　七肽-4 酰胺与化妆品相关的药理研究见表 7-1。

表 7-1　七肽-4 酰胺与化妆品相关的药理研究

试验项目	浓度	效果说明
对渗透性嗜铬细胞释放儿茶酚胺的抑制	1mmol/L	抑制率 21%
对活性物经皮渗透的促进	0.1%	促进率提高 2 倍

[**化妆品中应用**]　七肽-4 及其衍生物功能与六肽-8 和六肽-1 类似，可加速细胞外基质蛋白的合成，用作皮肤保湿调理剂。七肽-4 酰胺对渗透性嗜铬细胞释放儿茶酚胺有抑制，因此有助于减轻皮肤的紧张状态，减少因肌肉收缩而产生的面部皱纹。用量 0.005%，多用不宜。七肽-4 有抑汗作用，抑汗机理与收敛性金属盐（如铝盐或锆盐）不同，不是通过堵塞汗孔减少出汗，而是刺激收缩小汗腺来减少出汗。与抑制细菌的三氯生、龙沙、聚氨丙基双胍配合抑汗祛臭效果更好。

2 　七肽-6　Heptapeptide-6

七肽-6 即 Gly-Leu-Tyr-Asp-Asn-Leu-Glu，是 SIRT 5 蛋白基因的一个片段。SIRT 蛋白也被称为长寿因子，能够控制各种有机体和人类的年龄相关疾病，以及针对衰老、肥胖、代谢综合征等起调节作用。七肽-6 现为化学合成品。

七肽-6的结构式

[**理化性质**]　七肽-6 为白色粉末，可溶于水，分子量 823.0。
[**安全性**]　CTFA 将七肽-6 作为化妆品原料，未见其外用不安全的报道。
[**药理作用**]　七肽-6 与化妆品相关的药理研究见表 7-2。

表 7-2　七肽-6 与化妆品相关的药理研究

试验项目	浓度	效果说明
对成纤维细胞增殖的促进	10mg/kg	促进率 20%
前脂肪细胞（pre-adipocyte cell）培养对脂肪水解的促进	50mg/kg	促进率 87.5%

[**化妆品中应用**]　七肽-6 局部使用可加速皮肤细胞的增殖，延长皮肤细胞的寿命，加强其 DNA 修复过程和刺激保护性抗氧化剂的产生来帮助老化细胞恢复活力，可用作皮肤抗衰调理剂；七肽-6 对脂肪细胞的脂肪水解和降解有显著的促进作用，可用于减肥制品，用量 1.25mg/kg 左右，与高效的抗氧剂联合效果更好。

参考文献

Tissenbaum H A. Increased dosage of a sir-2 gene extends lifespan in *Caenorhabditis elegans*[J]. Nature, 2001, 410:227-230.

七肽-7　Heptapeptide-7

七肽-7 即 Met-Gly-Arg-Asn-Ile-Arg-Asn，是抗菌肽天蚕素 B（antimicrobial protein cecropin B）蛋白链中的一个重要片段，现可化学合成。

七肽-7的结构式

［**理化性质**］　七肽-7 为白色粉末，可溶于水，分子量 860.1。

［**安全性**］　CTFA 将七肽-7 作为化妆品原料，MTT 法测定无细胞毒性，未见其外用不安全的报道。

［**药理作用**］　七肽-7 与化妆品相关的药理研究见表 7-3。

表 7-3　七肽-7 与化妆品相关的药理研究

试验项目	浓度	效果说明
对小鼠上皮角化细胞增殖的促进	0.22μg/mL	促进率 22%
对人上皮角化细胞迁移的促进	20μg/mL	促进率 400%

［**化妆品中应用**］　七肽-7 可加速刺激细胞的增殖，对角化细胞的作用尤其明显；对人上皮角化细胞迁移的促进显示可显著加速闭合和愈合伤口，用于皮肤和黏膜组织损伤的防治。七肽-7 还有抗菌、抗炎和调理护理作用。用量 10mg/kg，剂量增加，则效果更好。

参考文献

Shaykhiev R. The human endogenous antibiotic LL-37 stimulates airway epithelial cell proliferation and wound closure [J]. American Journal of Physiology. Lung Cellular and Molecular Physiology, 2005, 289(5): L842-8.

4

七肽-8　Heptapeptide-8

七肽-8 即 Ile-Arg-Leu-Arg-Phe-Leu-Arg，是趋化因子受体-2 中片段的改造，现可采用生化法制取。一般采用其酰胺形式。

七肽-8酰胺的结构式

[理化性质]　七肽-8为白色粉末，可溶于水，分子量为974.3。使用前先与水、乳化剂、防腐剂等配成100mg/kg的水溶液。

[安全性]　CTFA将七肽-8作为化妆品原料，未见其外用不安全的报道。

[药理作用]　七肽-8及其衍生物与化妆品相关的药理研究见表7-4。

表7-4　七肽-8及其衍生物与化妆品相关的药理研究

试验项目	浓度	效果说明
七肽-8对Ⅰ型胶原蛋白生成的促进	1mg/kg	促进率120%
七肽-8酰胺对Ⅲ型胶原蛋白生成的促进	1mg/kg	促进率20%
七肽-8酰胺对粘连蛋白生成的促进	1mg/kg	促进率19.1%
七肽-8酰胺对角质层细胞增殖的促进	1mg/kg	促进率>20%
七肽-8酰胺对β_1整合蛋白的表达促进	1mg/kg	促进率>20%

[化妆品中应用]　七肽-8及其衍生物可显著刺激细胞外基质分子的合成，如粘连蛋白、Ⅰ型胶原和Ⅲ型胶原、角蛋白等，能增加皮肤厚度和基质弹性体的密度，用于抗皱型的皮肤调理剂，并有抗炎和护理作用。用量0.5～5mg/kg，不宜多用。

5　七肽-11　Heptapeptide-11

七肽-11即Leu-Lys-Lys-Thr-Glu-Thr-Gln，是人胸腺素-β_4的氨基酸17～23的片段，现为化学合成。胸腺素-β_4是人胸腺分泌的激素，在促进上皮细胞增生、迁移、抗炎、抗凋亡和新生血管的调节方面有重要作用，七肽-11是人胸腺素-β_4的关键部分。CTFA列入的衍生物为咖啡酰七肽-11（caffeoyl heptapeptide-11，皮肤调理剂）。

七肽-11的结构式

[**理化性质**]　七肽-11 为白色粉末，可溶于水，分子量 819.0。

[**安全性**]　CTFA 将七肽-11 及其衍生物作为化妆品原料，未见其外用不安全的报道。

[**药理作用**]　七肽-11 与化妆品相关的药理研究见表 7-5。

表 7-5　七肽-11 与化妆品相关的药理研究

试验项目	浓度	效果说明
对小鼠毛囊细胞增殖的促进	100μg/mL	促进率>300%
细胞培养对核糖核酸（RNA）生成的促进	1ng/mL	增加 1 倍
对β-连环蛋白生成的促进	1ng/mL	促进率>30%
对神经细胞增殖的促进	0.1μmol/L	促进率 85.4%

[**化妆品中应用**]　七肽-11 与其衍生物的性能相似，对小鼠毛囊细胞的增殖有显著的促进作用，可用于生发和脱发防治，用量 0.005%左右，可与米诺地尔（Minoxidil）、非那雄胺（Finasteride）等配合使用。七肽-11 还有愈合伤口、抗炎、调理皮肤的作用。

参考文献

Malinda K M. Thymosin β₄ accelerates wound healing[J]. Journal of Investigative Dermatology, 1999, 113(3): 364-368.

6　七肽-18　Heptapeptide-18

七肽-18 的结构为 Tyr-Pro-Trp-Thr-Gln-Arg-Phe，以片段普遍存在于动物的脑神经组织，在牡蛎的蛋白中也以片段存在。现可从牡蛎蛋白中水解分离，也可化学合成。CTFA 列入的衍生物为棕榈酰七肽-18（palmitoyl heptapeptide-18）。

七肽-18的结构式

[**理化性质**]　七肽-18 为白色粉末，可溶于水，分子量 997.1。

[**安全性**]　CTFA 将七肽-18 及其衍生物作为化妆品原料，未见其外用不安全的报道。

[药理作用]　棕榈酰七肽-18 与化妆品相关的药理研究见表 7-6。

表 7-6　棕榈酰七肽-18 与化妆品相关的药理研究

试验项目	浓度	效果说明
对活性物经皮渗透的促进	0.1%	促进率提高 2～3 倍
对神经传送物质分泌的抑制	50mg/kg	抑制率 20%
涂敷 4 周对皮肤皱纹的改善	0.1%	皱纹深度减少 6.7%
对含氧自由基的消除		相当于 3μmol 的 Trolex

[化妆品中应用]　七肽-18 及其衍生物均可抑制神经细胞的神经传送物质的分泌排放，减少肌纤维/成肌细胞（C2C 12 细胞）的收缩次数，抑制皱纹的生成或减少了皮肤细纹和皱纹，用作抗皱皮肤调理剂。用量 0.05%，需配合用入透明质酸钠等。七肽-18 及其衍生物对活性物经皮渗透有强烈的促进作用，可与抗皱肽等结合使用。

7　七肽-19　Heptapeptide-19

七肽-19 即 Met-Leu-Lys-Glu-Trp-Glu-Leu，是人表皮细胞生长因子（EGF）中一个片段的改造，为化学合成肽。CTFA 列入的衍生物为乙酰七肽-19 酰胺（acetyl heptapeptide-19 Amide）。

七肽-19的结构式

[理化性质]　七肽-19 为白色冻干粉末，可溶于水，分子量 948.1。

[安全性]　CTFA 将七肽-19 及其衍生物作为化妆品原料，MTT 法测定在 1.1μg/mL 对成纤维细胞无细胞毒性，未见其外用不安全的报道。

[药理作用]　七肽-19 与化妆品相关的药理研究见表 7-7。

表 7-7　七肽-19 与化妆品相关的药理研究

试验项目	浓度	效果说明
对成纤维细胞的增殖促进	10ng/mL	促进率 47%
对可促进伤口愈合的角质形成细胞（HaCat）增殖的促进	0.02mg/kg	促进率 98.6%
经皮渗透能力的测定		EGF 的 6.19 倍

[化妆品中应用]　七肽-19 及其衍生物均有 EGF 类似的性能，但由于分子量

小，比 EGF 更易渗透，并且比 EGF 稳定性好。对成纤维细胞的增殖等有显著的促进作用，可增强细胞活性，促进新陈代谢，防止皮肤衰老，促进创面愈合，减少瘢痕组织形成。微量使用（1mg/kg 左右），与高营养性活性成分如透明质酸、神经酰胺、泛醇、肉碱等共同使用，否则效果不佳。

8 七肽-26 Heptapeptide-26

七肽-26 的可能结构是 Ser-Pro-Val-Glu-Phe-Leu-Arg，是骨钙蛋白（bone gla protein）中片段的改造，现为化学合成。

七肽-26的参考结构式

[**理化性质**] 七肽-26 为白色冻干粉末，可溶于水，分子量 846.9。

[**安全性**] CTFA 将七肽-26 作为化妆品原料，未见其外用不安全的报道。

[**药理作用**] 七肽-26 与化妆品相关的药理研究见表 7-8。

表 7-8 七肽-26 与化妆品相关的药理研究

试验项目	浓度	效果说明
对组织蛋白酶 K（cathepsin K）活性的抑制	1μg/mL	抑制率 35%
对核因子 κB（NF-κB）受体活化的抑制	10 μg/mL	抑制率 65%

[**化妆品中应用**] 七肽-26 对组织蛋白酶 K 有强烈抑制作用，组织蛋白酶 K 是一种溶酶体半胱氨酸蛋白酶，具有很强的胶原溶解活性，可降解I和II型胶原蛋白，尤其是I型胶原蛋白，可用作皮肤伤口疤痕组织改善的调理剂，实现无疤痕或疤痕最小化；七肽-26 有抗炎性，对小鼠腹腔巨噬细胞（raw 264.7 macrophages）研究表明，可抑制血凝素相关匿名蛋白（thrombospondin-related anonymous protein，TRAP）的表达水平。用量 1～10μg/mL，性价比以 1μg/mL 为好。

参考文献

Kiefer M C. The cDNA and derived amino acid sequences of human bovine bone gla protein[J]. Nucleic Acids Research, 1990, 18(7): 1900-1909.

sh-七肽-13 sh-Heptapeptide-13

sh-七肽-13 即 Asp-Arg-Val-Tyr-Ile-His-Pro，也称为 n-Ang（1-7），是人血管紧张素Ⅱ的一个重要片段。此片段也药理出现在人血液中，是血管紧张素Ⅱ的降解产物，浓度为 nmol/L 级，现可化学合成。CTFA 列入的衍生物为咖啡酰 sh-七肽 13（caffeoyl sh-heptapeptide-13，抗氧剂、护肤剂）。

sh-七肽-13的结构式

［**理化性质**］ sh-七肽-13 为白色粉末，可溶于水，在 20%的乙腈水溶液中的溶解度为 0.1%，分子量899.0。

［**安全性**］ CTFA 将 sh-七肽-13 及其衍生物作为化妆品原料，未见其外用不安全的报道。

［**药理作用**］ sh-七肽-13 与化妆品相关的药理研究见表 7-9。

表 7-9 sh-七肽-13 与化妆品相关的药理研究

试验项目	浓度	效果说明
对亚硝基左旋精氨酸甲酯（L-NAME）诱发 NO 生成的抑制	1μmol/L	抑制率 39.9%
对前列腺素 E_2 生成的抑制	1μmol/L	抑制率 39.4%
对 AKT 蛋白表达的促进作用	1μmol/L	促进率 47.1%
对皮脂分泌中甘油三酯的抑制	1μmol/L	抑制率 10.9%

［**化妆品中应用**］ AKT 蛋白即蛋白激酶 B，在细胞存活和凋亡中起重要作用；sh-七肽-13 可增强皮肤的新陈代谢，用作油性皮肤的调理护理剂。sh-七肽-13 有抗炎性，也能加强血液的流通，用于皮肤疾病和脱发的防治。咖啡酰 sh-七肽-13 的性能与 sh-七肽-13 类似，另有抗氧性。

参考文献

Sampaio W. Angiotensin-(1-7) through receptor mas mediates endothelial nitric oxide synthase activation via akt-dependent pathways[J]. Hypertension, 2007, 49(1): 185-192.

10 ### sh-七肽-18 sh-Heptapeptide-18

sh-七肽-18 的参考结构为 Tyr-Gly-Gly-Phe-Leu-Arg-Arg，是人内源性类阿片肽强啡肽（Dynorphin）的一重要片段，属于神经肽。现为化学合成。

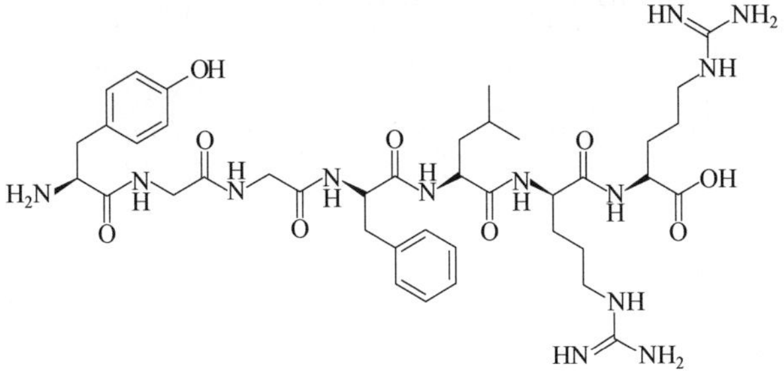

sh-七肽-18的参考结构式

［**理化性质**］　sh-七肽-18 为白色粉末，可溶于水，分子量为 868.2。

［**安全性**］　CTFA 将 sh-七肽-18 作为化妆品原料，未见其外用不安全的报道。

［**药理作用**］　sh-七肽-18 与化妆品相关的药理研究见表 7-10。

表 7-10　sh-七肽-18 与化妆品相关的药理研究

试验项目	浓度	效果说明
大鼠试验对灼热致肿胀的抑制		IC_{50} 1.4mg/kg
大鼠试验对盐酸纳洛酮致肿胀的抑制	剂量 0.5mg/kg	抑制率 78%
大鼠脑缓激肽受体表达的抑制		IC_{50} 8.1μmol/L

［**化妆品中应用**］　sh-七肽-18 与强啡肽类似，有抗炎作用，可用于痤疮的防治；sh-七肽-18 也有阿片类肽样神经的抚慰作用，可降低皮肤的紧张，缓解过敏。

参考文献

Cooper J R. Biochemical basis of neuropharmacology[M]. 8th Edition. New York: Oxford University Press, 2003: 321-356.

第八章

八肽

1 八肽-2　Octapeptide-2

八肽-2 即 Lys-Leu-Lys-Lys-Thr-Glu-Thr-Gln，是人胸腺素 β_4 的第 16～23 位氨基酸的片段，现为化学合成，常常采用其酰胺形式。CTFA 列入的衍生物为乙酰八肽-2（acetyl octapeptide-2）。

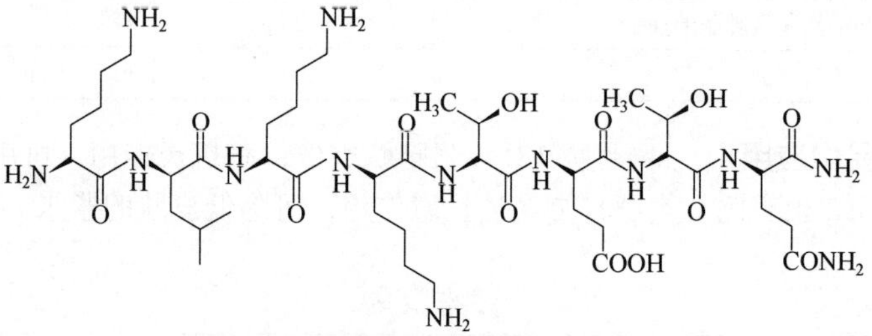

八肽-2酰胺的结构式

[**理化性质**]　乙酰八肽-2 酰胺为白色粉末，可溶于水，分子量 1016.2。

[**安全性**]　CTFA 将八肽-2 及其衍生物作为化妆品原料，中国香化协会 2010 年版的《国际化妆品原料标准中文名称目录》中列入，未见其外用不安全的报道。

[**药理作用**]　八肽-2 及其衍生物与化妆品相关的药理研究见表 8-1。

表 8-1　八肽-2 及其衍生物与化妆品相关的药理研究

试验项目	浓度	效果说明
八肽-2 对角朊细胞增殖的促进	2ng/mL	促进率 98%
乙酰八肽-2 酰胺对角朊细胞增殖的促进	2ng/mL	促进率 120.6%
水杨酰八肽-2 对角质层细胞增殖的促进	3.5μmol/L	促进率 30.9%
乙酰八肽-2 酰胺对原胶原蛋白生成的促进	10ng/mL	促进率 10.8%
乙酰八肽-2 酰胺对透明质酸生成的促进	1μg/mL	促进率 83.3%
乙酰八肽-2 酰胺涂敷对皮层厚度的促进	0.001%	促进率 33%
乙酰八肽-2 酰胺涂敷对小鼠毛发生长的促进	0.005%	促进率 25%～30%

试验项目	浓度	效果说明
紫外 UVB 50mJ/cm^2 和 UVA 16mJ/cm^2 照射水杨酰八肽-2 对角质形成细胞凋亡的抑制	50μmol/L	抑制率 100%
水杨酰八肽-2 对丙酸痤疮杆菌的抑制	0.2μmol/L	抑菌圈直径 22mm

[化妆品中应用] 八肽-2 及其衍生物可促进角朊细胞增殖，加速细胞外基质蛋白如胶原蛋白的生成，并有保湿作用，可用于改善皮肤松弛、减少皮肤细纹和皱纹制品。乙酰八肽-2 用量 0.001%，与有抗氧作用的植物提取物如白芒花籽油配合效果更好。八肽-2 及其衍生物还有促进生发、痤疮防治和防晒等作用。

参考文献

Frohm M. Biochemical and antibacterial analysis of human wound and blister fluid [J]. European Journal of Biochemistry, 1996, 237(1): 86-92.

2 八肽-3 Octapeptide-3

八肽-3 即 Glu-Glu-Met-Gln-Arg-Arg-Ala-Asp，是人神经组织的突触相关蛋白-25（SNAP-25）第 12～19 的片段，现为化学合成品。CTFA 列入的衍生物为乙酰八肽-3（acetyl octapeptide-3，CAS 号为 868844-74-0，皮肤调理剂）。

八肽-3的结构式

[理化性质] 八肽-3 为白色粉末，易溶于水，分子量 1034.1。

[安全性] CTFA 将八肽-3 及其衍生物作为化妆品原料，中国香化协会 2010 年版的《国际化妆品原料标准中文名称目录》中列入，未见其外用不安全的报道。

[药理作用] 八肽-3 与化妆品相关的药理研究见表 8-2。

表 8-2 八肽-3 与化妆品相关的药理研究

试验项目	浓度	效果说明
大鼠海马神经元细胞培养对谷氨酸释放的抑制	1mmol/L	抑制率 12%
对神经元活动电位频率的抑制	1mmol/L	抑制率 26.9%

试验项目	浓度	效果说明
对神经元活动电位幅度的抑制	1mmol/L	抑制率2.9%
对渗透性嗜铬细胞释放儿茶酚胺的抑制	1mmol/L	抑制率21%
对活性物经皮渗透性的促进	1mmol/L	渗透率提高2~3倍

［化妆品中应用］ 谷氨酸是中枢神经系统中最重要的兴奋性神经递质之一，八肽-3可抑制神经元细胞的谷氨酸释放，缓解皮肤紧张，减少和改善面部表情纹，用作皮肤抗皱调理剂。用量500mg/kg，需与植物提取的高效抗氧剂配合使用。八肽-3还可用作助渗剂。

参考文献

Carruthers J D. Treatment of glabellar frown lines with *C.botulinum*-A exotoxin [J]. Journal of Dermatologic Surgery & Oncology, 1992, 18(1): 17-21.

3 八肽-6 Octapeptide-6

八肽-6即Leu-Phe-Arg-Glu-Gly-Arg-Asp-Asn，是人细胞分裂素（cytokine）蛋白链中的一个重要片段，细胞分裂素是由免疫细胞等分泌的一类具有广泛生物学活性的小分子蛋白质。现八肽-6为化学合成肽。

八肽-6的结构式

［理化性质］ 八肽-6为白色粉末，易溶于水，分子量1006.6。

［安全性］ CTFA将八肽-6作为化妆品原料，MTT法测定无细胞毒性，未见其外用不安全的报道。

［药理作用］ 八肽-6与化妆品相关的药理研究见表8-3。

表8-3 八肽-6与化妆品相关的药理研究

试验项目	浓度	效果说明
对LPS诱发白介素IL-4生成的抑制	1μg/mL	抑制率43.9%
对LPS诱发白介素IL-10生成的抑制	1μg/mL	抑制率28.4%

试验项目	浓度	效果说明
对 LPS 诱发白介素 IL-13 生成的抑制	1μg/mL	抑制率 36.3%
对 LPS 诱发 TNF-α 生成的抑制	1μg/mL	抑制率 27.9%
对 LPS 诱发白介素 IL-6 生成的抑制	1μg/mL	抑制率 30.9%

[**化妆品中应用**] 八肽-6 有细胞分裂素样相似的性能，对促炎细胞因子的生成有较广谱的抑制作用，能使免疫细胞恢复到正常水平，可用于改善皮肤状况，对皮肤炎症有防治作用。八肽-6 比细胞分裂素更稳定，有很强的经皮渗透能力，作用强于细胞分裂素。八肽-6 的用量 0.001%～0.005%，与营养性助剂如泛酸、泛醇等配合有更好的效果。

参考文献

Larsen F S. Atopic dermatitis: a genetic-epidemiologic study in a population-based twin sample [J]. Journal of the American Academy of Dermatology, 1993, 28(5 part 1): 719-723.

4　八肽-17　Octapeptide-17

八肽-17 即 Met-Leu-Lys-Glu-Trp-Glu-Leu-Arg，是人表皮细胞生长因子（EGF）中一个片段的改造，为化学合成肽，一般采用其酰胺形式。CTFA 列入的衍生物为乙酰八肽-17 酰胺（acetyl octapeptide-17 amide，皮肤调理剂）。

八肽-17的结构式

[**理化性质**] 八肽-17 为白色冻干粉末，可溶于水，分子量 1104.3。

[**安全性**] CTFA 将八肽-17 及其衍生物作为化妆品原料，未见其外用不安全的报道。

[**药理作用**] 八肽-17 与化妆品相关的药理研究见表 8-4。

表 8-4　八肽-17 与化妆品相关的药理研究

试验项目	浓度	效果说明
对成纤维细胞的增殖促进	10ng/mL	促进率 47%
经皮渗透能力的测定		EGF 的 6.03 倍

[**化妆品中应用**]　八肽-17 及其衍生物均有与 EGF 类似的性能，但由于分子量小，经皮渗透能力大大优于 EGF，并且比 EGF 稳定性好。对成纤维细胞的增殖等有显著的促进作用，可增强细胞活性，促进新陈代谢，防止皮肤衰老，促进创面愈合，减少瘢痕组织形成。微量使用（1mg/kg 左右），与高营养性活性成分如透明质酸、神经酰胺、泛醇、肉碱和植物来源抗氧剂等共同使用，否则效果不佳。

5　八肽-18　Octapeptide-18

八肽-18 即 Arg-Thr-Glu-Met-Pro-Thr-Leu-Tyr，源于 CTLA-4（cytoxic T lymphocyte-associatigen 4）蛋白链的一个重要片段。CTLA-4 是一种白细胞分化抗原，也是 T 细胞上的一种跨膜受体。CTLA-4 对移植排斥反应及各种自身免疫性疾病有显著的治疗作用。八肽-18 现为化学合成品。

八肽-18 的结构式

[**理化性质**]　八肽-18 为白色冻干粉末，可溶于水，八肽-18 分子量 1010.2。

[**安全性**]　CTFA 将八肽-18 作为化妆品原料，MTT 法测定无细胞毒性，未见其外用不安全的报道。

[**药理作用**]　八肽-18 与化妆品相关的药理研究见表 8-5。

表 8-5　八肽-18 与化妆品相关的药理研究

试验项目	浓度	效果说明
对甘油醛-3-磷酸脱氢酶诱发 IFN-γ 生成的抑制	1μg/mL	抑制率 24%
对甘油醛-3-磷酸脱氢酶诱发白介素 IL-2 生成的抑制	1μg/mL	抑制率 67%

[**化妆品中应用**]　八肽-18 有 CTLA-4 样性能，但体积比 CTLA-4 小许多，具有显著的皮肤渗透性；可以防止炎性细胞因子如 IL-2 和 IFN-γ 的表达，提高皮肤免疫功能，可用作皮肤护理和调理剂。用量 0.001%～0.005%，多用无益，即配即用，需与维生素原 B_5、尿囊素等配合。

参考文献

Wen J. Skin-specifically transgenic expression of biologically active human cytoxic T-lymphocyte associated antigen4-immunoglobulin (hCTLA4Ig) in mice using lentiviral vector[J]. Transgenic Research, 2012, 21(3): 579-591.

 6 八肽-19　Octapeptide-19

八肽-19 的参考结构为 Arg-Ala-Leu-Leu-Val-Asn-Ser-Ser，是人促红细胞生成素中片段的改造，为化学合成肽。人促红细胞生成素是一种人体内源性糖蛋白激素，可刺激红细胞生成。

八肽-19的参考结构式

[**理化性质**]　八肽-19 为白色粉末，可溶于水，分子量858.9。

[**安全性**]　CTFA 将八肽-19 作为化妆品原料，未见其外用不安全的报道。

[**药理作用**]　八肽-19 与化妆品相关的药理研究见表 8-6。

表8-6　八肽-19与化妆品相关的药理研究

试验项目	浓度	效果说明
紫外 UVA 8mJ/cm² 照射下对胶原蛋白生成的促进	1μg/mL	促进率 177.8%
紫外 UVA 8mJ/cm² 照射下对人皮层细胞凋亡的抑制	1μg/mL	抑制率 60%
紫外 UVB 25mJ/cm² 照射下对角质细胞内活性氧的消除	1μg/mL	消除率 7.3%
紫外 UVA 8mJ/cm² 照射下对金属蛋白酶 MMP-1 活性的抑制	1μg/mL	抑制率 56.1%
对 TNF-α 生成的抑制	1μg/mL	抑制率 92%

[**化妆品中应用**]　八肽-19 具有抗氧化活性、抑制皮肤细胞死亡、增加胶原生成和抗炎活性，用于减少皱纹、皮肤再生、皮肤弹性改善、皮肤老化抑制、伤口修复、改善紫外线对皮肤的损伤以及减轻炎症皮肤疾病。用量 1mg/kg，使用浓度大了效果并不好。

参考文献

Grove G L. Optical profilometry: An objective method for quantification of facial wrinkles[J]. Journal of the American Academy of Dermatology, 1989, 2: 631-637.

7 八肽-21 Octapeptide-21

八肽-21 即 Asp-Trp-Tyr-Gly-Phe-Gly-Asp-Trp，是人骨形态发生蛋白（bone morphogenetic protein，BMP）又称骨形成蛋白的一个片段的改造，现为化学合成，一般采用其酰胺形式。BMP 在身体内的功能是能刺激 DNA 的合成和细胞的复制。

八肽-21的结构式

［理化性质］ 八肽-21 为白色粉末，可溶于水，分子量 1043.3。

［安全性］ CTFA 将八肽-21 作为化妆品原料，MTT 法测定无细胞毒性，未见其外用不安全的报道。

［药理作用］ 八肽-21 酰胺与化妆品相关的药理研究见表 8-7。

表 8-7 八肽-21 酰胺与化妆品相关的药理研究

试验项目	浓度	效果说明
对胶原蛋白I型生成的促进	8μmol/L	促进率 67.0%
对细胞迁移（trans-well migration）的促进	8μmol/L	促进率 94.3%
对金属蛋白酶 MMP-1 活性的抑制	8μmol/L	抑制率 37.1%

［化妆品中应用］ 八肽-21 酰胺可加速细胞外基质蛋白如胶原蛋白的生成，对细胞迁移有显著的促进作用，兼之有抗炎活性，在伤口治疗、皮肤再生、皮肤皱纹改善等方面具有优异的效果，可用于皮肤创口修复的制品。用量约 10mg/kg。

8 sh-八肽-4 sh-Octapeptide-4

sh-八肽-4 即 Tyr-Gly-Gly-Phe-Leu-Gly-His-Lys，是人 β-内啡肽（β-endorphin）中一片段的改造，现为化学合成品。CTFA 列入的衍生物为咖啡酰 sh-八肽-4（caffeoyl sh-octapeptide-4，护肤剂、抗氧剂、抗霉菌剂、祛痘剂）。

sh-八肽-4的结构式

[理化性质]　sh-八肽-4 为白色粉末，可溶于水，分子量 878.2。

[安全性]　CTFA 将 sh-八肽-4 及其衍生物作为化妆品原料，MTT 法测定浓度在 100μg/mL 无细胞毒性，未见其外用不安全的报道。

[药理作用]　sh-八肽-4 及其衍生物与化妆品相关的药理研究见表 8-8。

表 8-8　sh-八肽-4 及其衍生物与化妆品相关的药理研究

试验项目	浓度	效果说明
烟酰 sh-八肽-4 对胶原蛋白生成的促进	0.1μg/mL	促进率 35.9%
烟酰 sh-八肽-4 对皮肤光亮度的提升	0.1μg/mL	促进率 11.2%
烟酰 sh-八肽-4 对皮肤角质层含水量的促进	0.1μg/mL	促进率 58.6%
咖啡酰 sh-八肽-4 对自由基 DPPH 的消除	50μmol/L	消除率 62.2%

[化妆品中应用]　sh-八肽-4 及其衍生物可加速细胞外基质蛋白如胶原蛋白的生成，并有抗氧性，具有保护皮肤、增强皮肤屏障和改善皮肤质地的作用，可用于护肤和抗衰制品。与酵母提取物、紫苜蓿提取物、高丽红参提取物、小麦胚胎提取物、甘草提取物、茯苓提取物等配合更有效果。最大使用浓度为 50μmol/L。

9　sh-八肽-24　sh-Octapeptide-24

sh-八肽-24 即 Ile-Ser-Leu-Leu-Asp-Ala-Gln-Ser，是人黑皮素受体 1 的蛋白链片段改造，现为化学合成。CTFA 列入的衍生物为棕榈酰 sh-八肽-24 酰胺（palmitoyl sh-octapeptide-24 amide，皮肤调理剂）。

sh-八肽-24 的结构式

[理化性质]　sh-八肽-24 为白色粉末，可溶于水，分子量为 846.1。

[安全性]　CTFA 将 sh-八肽-24 及其衍生物作为化妆品原料，未见其外用不安全的报道。

[药理作用]　sh-八肽-24 及其衍生物与化妆品相关的药理研究见表 8-9。

表 8-9　sh-八肽-24 及其衍生物与化妆品相关的药理研究

试验项目	浓度	效果说明
乙酰 sh-八肽-24 酰胺对酪氨酸酶活性的抑制	100μg/mL	抑制率 28%
棕榈酰 sh-八肽-24 酰胺对酪氨酸酶活性的抑制	100μg/mL	抑制率 39%
乙酰 sh-八肽-24 酰胺对黑色素细胞生成黑色素的抑制	100μg/mL	抑制率 13%
棕榈酰 sh-八肽-24 酰胺对黑色素细胞生成黑色素的抑制	100μg/mL	抑制率 15%

[化妆品中应用]　sh-八肽-24 及其衍生物对黑色素细胞有抑制作用，可用于亮肤和消除皮肤黑斑的化妆品，对皮肤也有保湿和调理作用。

参考文献

Bednarek M A. Analogs of α-melanocyte stimulating hormone with high agonist potency and selectivity at human melanocortin receptor[J]. Biopolymers, 2008, 89(5): 401-408.

第九章

九肽

1　九肽-6　Nonapeptide-6

九肽-6 即 Ala-Glu-Asp-Glu-Pro-Leu-Leu-Met-Glu，是人衔接蛋白（adaptor protein）的一个片段，现可化学合成。衔接蛋白的作用是控制细胞增殖及细胞循环。CTFA 列入的衍生物为棕榈酰九肽-6（palmitoyl nonapeptide-6）。

九肽-6的结构式

[**理化性质**]　九肽-6 为白色粉末，可溶于水，分子量 1050.0。

[**安全性**]　CTFA 将九肽-6 及其衍生物作为化妆品原料，未见其外用不安全的报道。

[**药理作用**]　棕榈酰九肽-6 与化妆品相关的药理研究见表 9-1。

表 9-1　棕榈酰九肽-6 与化妆品相关的药理研究

试验项目	浓度	效果说明
对促黑激素诱发黑色素细胞生成黑色素的抑制	10μg/mL	抑制率 20%
对酪氨酸酶活性的抑制	10μg/mL	抑制率 78%
对经皮渗透的促进	4μg/mL	促进率 176%

[**化妆品中应用**]　九肽-6 及其衍生物可抑制皮肤黑色素的生成，缓解皮肤色素沉着缺陷，如老年性雀斑或黄褐斑。九肽-6 有衔接蛋白类似的功能，与酪氨酸酶有强烈的亲和力，干扰酪氨酸酶的体内传送，延缓酪氨酸酶进入黑色素细胞，因此减少皮肤色素的生成。九肽-6 及其衍生物有极强的渗透能力，可穿透黑素体膜，而黑素体膜是一种非常不透水的结构，许多皮肤美白剂作用不大也是由于黑素体膜的

阻拦。九肽-6 及其衍生物对皮肤还有调理作用，用量 10mg/L，与其他皮肤美白剂、植物来源抗氧剂配合效果更好。

参考文献

Dell Angelica E C. Adaptor protein 3-dependent microtubule-mediated movement of lytic granules to the immunological synapse[J]. European Molecular Biology Organization, 1997, 1(16):917-928.

九肽-8　Nonapeptide-8

九肽-8 即 Ile-Thr-Leu-Gln-Glu-Ile-Ile-Arg-Thr，是骨钙蛋白（bone gla protein）中片段的改造，现可化学合成。

九肽-8的结构式

[**理化性质**]　九肽-8 为白色冻干粉末，可溶于水，分子量 1086.3。

[**安全性**]　CTFA 将九肽-8 作为化妆品原料，未见其外用不安全的报道。

[**药理作用**]　九肽-8 与化妆品相关的药理研究见表 9-2。

表 9-2　九肽-8 与化妆品相关的药理研究

试验项目	浓度	效果说明
对组织蛋白酶 K（cathepsin K）活性的抑制	1μg/mL	抑制率 67%
对核因子 κB（NF-κB）受体活化的抑制	10μg/mL	抑制率 53%

[**化妆品中应用**]　九肽-8 对组织蛋白酶 K 有强烈抑制作用，组织蛋白酶 K 是一种溶酶体半胱氨酸蛋白酶，具有很强的胶原溶解活性，可降解 Ⅰ 和 Ⅱ 型胶原蛋白，尤其是I型胶原蛋白，可用作皮肤伤口疤痕组织改善的调理剂；九肽-8 还有抗炎性，对小鼠腹腔巨噬细胞（Raw 264.7 macrophages）研究表明，可抑制 TRAP 蛋白（thrombospondin-related anonymous protein）的表达水平，提高免疫能力。浓度用量 1～10μg/mL，性价比以 1μg/mL 为好。

九肽-11　Nonapeptide-11

九肽-11 即 Tyr-Gly-Gly-Phe-Leu-Arg-Lys-Tyr-Pro，是人下丘脑的神经组织中脑啡

肽的一个片段，属于神经肽。现可化学合成。九肽-11 与 sh-九肽-12 结构相同，一起介绍。CTFA 列入的衍生物为没食子酰九肽-11（galloyl nonapeptide-11）和水杨酰 sh-九肽-12（salicyloyl sh-nonapeptide-12）。

九肽-11的结构式

[理化性质] 九肽-11 为白色粉末，可溶于水，$[\alpha]_D^{20} - 33.5°$（$c = 0.49\text{mol/L}$，水），分子量 1074.5。

[安全性] CTFA 将九肽-11、sh-九肽-12 及其衍生物作为化妆品原料，MTT 法测定无细胞毒性，未见其外用不安全的报道。

[药理作用] 九肽-11 及其衍生物与化妆品相关的药理研究见表 9-3。

表 9-3 九肽-11 及其衍生物与化妆品相关的药理研究

试验项目	浓度	效果说明
没食子酰九肽-11 对原胶原蛋白生成的促进	5mg/kg	促进率 106%
烟酰九肽-11 对I型胶原蛋白生成的促进	100μmol/L	促进率 23%
没食子酰九肽-11 对自由基 DPPH 的消除	5mg/kg	消除率 34%
没食子酰九肽-11 对金属蛋白酶 MMP-9 活性的抑制	5mg/kg	抑制率 59%
烟酰九肽-11 对 LPS 诱发 NO 生成的抑制	100μmol/L	抑制率 24.9%
九肽-11 的吗啡样镇痛相对活性	1mg/kg	是同等浓度脑啡肽的3.9倍
没食子酰九肽-11 对角质层含水量的提高	1mg/kg	促进率 73.6%
没食子酰九肽-11 对经皮水分蒸发的抑制	1mg/kg	抑制率 10.7%
没食子酰九肽-11 对皮肤弹性的提高	1mg/kg	促进率 80.5%

[化妆品中应用] 九肽-11 及其衍生物可加速细胞外基质蛋白如胶原蛋白的生成，在改善皮肤弹性、皮肤保湿和减少皮肤皱纹方面具有优异的效果；有抗氧和抗炎性，对痤疮类皮肤疾患有防治作用；有强烈的镇痛作用，也可缓解皮肤过敏。九肽-11 及其衍生物一般先配制成 100mg/kg 的水溶液，在配方中用入该水溶液 1%～5%。

参考文献

Kangawa K. Alpha-Neo-endorphin: a "big" Leu-enkephalin with potent opiate activity from porcine hypothalami[J]. Biochemical and Biophysical Research Communications, 1979, 86(1): 153-160.

4 九肽-16 Nonapeptide-16

九肽-16 即 Tyr-Leu-Pro-Cys-Phe-Val-Thr-Ser-Lys，是人金属蛋白酶中一个片段的改造。金属蛋白酶是由巨噬细胞产生的、活性中心中含有金属离子的蛋白酶。九肽-16 现可化学合成。

九肽-16的结构式

[**理化性质**] 九肽-16 为白色粉末，可溶于水，分子量 1057.3。

[**安全性**] CTFA 将九肽-16 作为化妆品原料，MTT 法测定浓度 1μg/mL 时对成纤维细胞无细胞毒性，未见其外用不安全的报道。

[**药理作用**] 九肽-16 与化妆品相关的药理研究见表 9-4。

表 9-4 九肽-16 与化妆品相关的药理研究

试验项目	浓度	效果说明
对人表皮成纤维细胞增殖的促进	1μg/mL	促进率 91.7%
在 20mJ/cm^2 的 UVB 照射下对细胞凋亡的抑制	1μg/mL	抑制率 100%
对金属蛋白酶 MMP-2 活性的抑制	1μg/mL	抑制率 79.4%
对 TNF-α 诱发金属蛋白酶 MMP-2 活性的抑制	1μg/mL	抑制率 74.5%
对 LPS 诱发白介素 IL-6 生成的抑制	1μg/mL	抑制率 94%
对 LPS 诱发白介素 IL-1β 生成的抑制	1μg/mL	抑制率 83%
对 LPS 诱发环氧合酶 COX-2 活性的抑制	1μg/mL	抑制率 67%
对胰蛋白酶活性的抑制	1μg/mL	抑制率 35.0%

[**化妆品中应用**] 九肽-16 可加速表皮成纤维细胞的增殖，激活皮肤的新陈代谢周期；有较广泛的抗炎活性，并有保湿作用，可用作护肤调理剂。用量 0.001%，与尿囊素、天然提取物配合效果更好，同时用入高效抗氧剂。

参考文献

Van Wart H E. The cysteine switch: a principle of regulation of metalloproteinase activity with potential applicability to the entire matrix metalloproteinase gene family [J]. Proceedings of the National Academy of Sciences, 1990, 87(14): 5578-5582.

5 九肽-19　Nonapeptide-19

九肽-19 即 Cys-Thr-Lys-Ile-Tyr-Asp-Pro-Val-Cys，是人金属蛋白酶中一个片段的改造。现可化学合成。

九肽-19的结构式

［**理化性质**］　九肽-19 为白色粉末，可溶于水，分子量 1042.3。

［**安全性**］　CTFA 将九肽-19 作为化妆品原料，未见其外用不安全的报道。

［**药理作用**］　九肽-19 与化妆品相关的药理研究见表 9-5。

表 9-5　九肽-19 与化妆品相关的药理研究

试验项目	浓度	效果说明
对人原发性（primary）真皮成纤维细胞增殖的促进	1μg/mL	促进率 59.1%
对金属蛋白酶 MMP-2 活性的抑制	0.1μg/mL	抑制率 36.3%
对 TNF-α 诱发金属蛋白酶 MMP-2 活性的抑制	0.1μg/mL	抑制率 76.1%
对胰蛋白酶活性的抑制	1μg/mL	抑制率 20.3%

［**化妆品中应用**］　九肽-19 可加速真皮成纤维细胞的增殖，激活皮肤的新陈代谢周期；有较广泛的抗炎活性，可用作护肤调理剂，并能增白皮肤和保湿，对头发有极强的护理作用。用量 0.0001%，超过此浓度，效果反而不好，需与植物提取的高效抗氧剂配合。

参考文献

Murphy G. The role of the C-terminal domain in collagenase and stromelysin specificity[J]. Journal of Biological Chemistry, 1992, 267(14):9612-9618.

6 九肽-22　Nonapeptide-22

九肽-22 即 Gln-Cys-Arg-Phe-Phe-Arg-Ser-Ala-Cys，是刺鼠关联蛋白（agouti-related protein）的蛋白链中的一个重要片段，刺鼠关联蛋白是大脑中产生的一种神经肽，在调节皮肤色素沉着、脂肪细胞的脂质代谢中起重要作用。九肽-22 现可化学合成。

九肽-22的结构式

[**理化性质**] 九肽-22 为白色粉末，可溶于水，分子量 1117.3。

[**安全性**] CTFA 将九肽-22 作为化妆品原料，未见其外用不安全的报道。

[**药理作用**] 九肽-22 与化妆品相关的药理研究见表 9-6。

表 9-6 九肽-22 与化妆品相关的药理研究

试验项目	浓度	效果说明
对黑色素细胞生成黑色素生成的促进	10μg/mL	促进率 38.8%
对酪氨酸酶活性的促进	10μg/mL	效果与 100ng/mL 的促黑激素（α-MSH）相同
对脂肪细胞油脂分解的促进	1μg/mL	促进率 60%
对过氧化物增殖激活受体-γ（PPAR-γ）表达的抑制	1μg/mL	抑制率 33%

[**化妆品中应用**] 九肽-22 可增加酪氨酸酶的表达并最终增加黑色素合成，可用于增黑、晒黑、乌发、灰发防治类制品，对皮肤色素退行性疾患如白癜风等有防治作用；九肽-22 通过减少脂肪细胞内积累的脂肪量，用于减肥产品。用量 10～20mg/kg，再增多意义不大，需与强烈的抗氧剂协同使用。

参考文献

Sakae T. Handbook of Hormones[M]. Salt Lake City USA: Academic Press, 2016.

7 九肽-23 Nonapeptide-23

九肽-23 即 Tyr-Cys-Arg-Phe-Phe-Asn-Ala-Phe-Cys，是重组人刺鼠色蛋白相关蛋白（AGRP Human）的蛋白链中的一个重要片段，现可化学合成。

九肽-23的结构式

[**理化性质**]　九肽-23 为白色粉末，可溶于水，分子量 1168.3。

[**安全性**]　CTFA 将九肽-23 作为化妆品原料，未见其外用不安全的报道。

[**药理作用**]　九肽-23 与化妆品相关的药理研究见表 9-7。

表 9-7　九肽-23 与化妆品相关的药理研究

试验项目	浓度	效果说明
对黑色素细胞生成黑色素生成的促进	10μg/mL	促进率 81.2%
对酪氨酸酶活性的促进	10μg/mL	效果与 100ng/mL 的促黑激素（α-MSH）相同
对脂肪细胞油脂分解的促进	1μg/mL	促进率 31.4%
对过氧化物增殖激活受体-γ（PPAR-γ）表达的抑制	1μg/mL	抑制率 36%

[**化妆品中应用**]　九肽-23 可增加酪氨酸酶的表达并最终增加黑色素合成，可用于增黑、晒黑类护肤品，对皮肤色素退行性疾患如白癜风等有防治作用；九肽-23 通过减少脂肪细胞内积累的脂肪量，用于减肥产品。用量 10～20mg/kg，再增多意义不大，需与强烈的抗氧剂协同使用。

8　九肽-24　Nonapeptide-24

九肽-24 即 Thr-Glu-Trp-Thr-Ala-Ser-Lys-Ser-Gly，为肾母细胞瘤过度表达基因（nephroblastoma overexpressed human recombinant, NOV）蛋白链中一片段的改造，NOV 蛋白可影响人神经干细胞（HNSCs）的增殖和分化。现可化学合成。

九肽-24的结构式

[**理化性质**]　九肽-24 为白色粉末，可溶于水，分子量 966.0。

[**安全性**]　CTFA 将九肽-24 作为化妆品原料，MTT 法测定在 10μg/mL 对角质形成细胞无细胞毒性，未见其外用不安全的报道。

[**药理作用**]　九肽-24 与化妆品相关的药理研究见表 9-8。

表 9-8　九肽-24 与化妆品相关的药理研究

试验项目	浓度	效果说明
在紫外 UVA 8mJ/cm^2 照射下对 I 型胶原蛋白生成的促进	1μg/mL	促进率 230%
在紫外 UVA 8mJ/cm^2 照射下对皮肤细胞凋亡的抑制	1μg/mL	抑制率 33%
在紫外 UVB 25mJ/cm^2 照射下对角质细胞内活性氧的消除	1μg/mL	消除率 36.5%

试验项目	浓度	效果说明
在紫外 UVA 8mJ/cm² 照射下对金属蛋白酶 MMP-1 活性的抑制	1μg/mL	抑制率 39.1%
对环氧合酶 COX-2 活性的抑制	1μg/mL	抑制率 70%
对 TNF-α 生成的抑制	1μg/mL	抑制率 90%

[化妆品中应用] 九肽-24 在紫外照射下仍显示抗氧化活性，可抑制皮肤细胞的凋亡、促进胶原蛋白的生成、抑制炎症反应，用于改善皮肤皱纹、促进皮肤再生、提高皮肤弹性、抑制皮肤老化、抵御紫外线对皮肤的损伤以及缓解皮肤炎症。用量 1mg/kg，不要再提高使用浓度。

9 九肽-27 Nonapeptide-27

九肽-27 的参考结构为 Leu-Leu-Cys-Ile-Ala-Leu-Arg-Lys-Lys，是甲虫类昆虫三开蜣螂（Copris tripartitus）中抗菌肽（coprisin）的关键片段的改造，现为化学合成品。

九肽-27的参考结构式

[理化性质] 九肽-27 为白色粉末，可溶于水，分子量 1057.6。

[安全性] CTFA 将九肽-27 作为化妆品原料，MTT 法测定在 100μg/mL 以下时对成纤维细胞无细胞毒性，未见其外用不安全的报道。

[药理作用] 九肽-27 与化妆品相关的药理研究见表 9-9。

表 9-9 九肽-27 与化妆品相关的药理研究

试验项目	浓度	效果说明
对由 LPS 诱发 NO 生成的抑制	50μg/mL	抑制率 28.1%
对由 LPS 诱发 TNF-α 生成的抑制	50μg/mL	抑制率 71.6%
对由 LPS 诱发白介素 IL-6 生成的抑制	5μg/mL	抑制率 49.2%
对由 LPS 诱发白介素 IL-1β 生成的抑制	100μg/mL	抑制率 44.4%

[化妆品中应用] 九肽-27 具有较广泛的抑制促炎介质的产生和表达，可有效预防和减轻由炎症引起的皮肤疾病，用于痤疮的防治和皮肤的调理。最大用量为 100μg/mL。

参考文献

Kim Dong-Hee. CopA3 peptide prevents ultraviolet-induced inhibition of type-I procollagen and induction of matrix metalloproteinase-1 in human skin fibroblasts[J]. Molecules (Basel, Switzerland), 2014 ,19(5): 6407-6414.

九肽-32　Nonapeptide-32

九肽-32 即 Lys-Gly-Ala-Cys-Thr-Gly-Trp-Met-Ala，是人促脂解激素中一个片段的改造，现可化学合成。

九肽-32的结构式

[**理化性质**]　九肽-32 为白色粉末，可溶于水，分子量 924.1。

[**安全性**]　CTFA 将九肽-32 作为化妆品原料，未见其外用不安全的报道。

[**药理作用**]　九肽-32 与化妆品相关的药理研究见表 9-10。

表 9-10　九肽-32 与化妆品相关的药理研究

试验项目	浓度	效果说明
脂肪细胞培养对脂肪分解的促进	1μg/mL	促进分解 82%
对 GAPDH（甘油醛-3-磷酸脱氢酶）活性的抑制	1μg/mL	抑制率 10.0%
对脂肪酸结合蛋白 AP2 表达的抑制	1μg/mL	抑制率 50%

[**化妆品中应用**]　九肽-32 可抑制脂肪积累、促进脂肪的分解和降低了脂肪细胞的体积，可用于减肥制品。对过氧化物酶体增殖剂激活受体 γ（PPAR-γ）的表达也有抑制作用，PPAR-γ 在人脂生成中的作用是遗传和表观遗传调控。对 GAPDH（甘油醛-3-磷酸脱氢酶）活性抑制和对脂肪酸结合蛋白 AP2 表达的抑制都显示从源头控制脂肪的生成。用量 0.1～1μg/mL，浓度增大无益，与维生素 C 衍生物、植物提取抗氧剂配合。

参考文献

Seidah N G. The primary structure of human β-lipotropin[J]. Febs Letters, 1982, 147(2): 267-272.

11 D-九肽-2　D-Nonapeptide-2

　　D-九肽-2 的参考结构为 Arg-Lys-Lys-Arg-Arg-Gln-Arg-Arg-Arg，也名细胞穿透肽或穿膜肽，是穿膜肽 HIV-TAT 蛋白第 49~57 的氨基酸片段，现可化学合成。

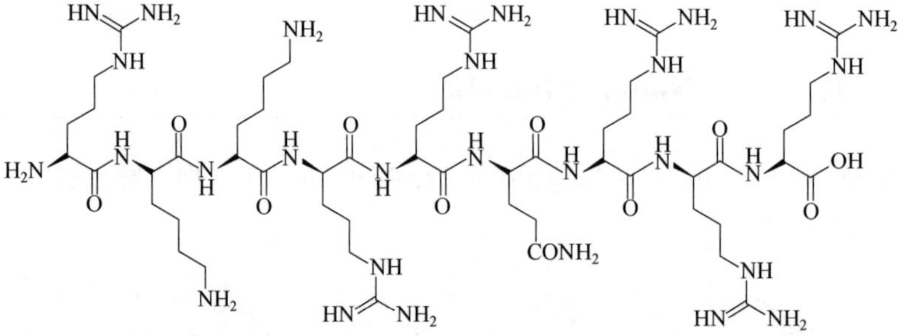

D-九肽-2的参考结构式

　　[理化性质]　　D-九肽-2 为白色粉末，可溶于水，分子量 1339.7。

　　[安全性]　　CTFA 将 D-九肽-2 作为化妆品原料，未见其外用不安全的报道。

　　[药理作用]　　D-九肽-2 与化妆品相关的药理研究见表 9-11。

表 9-11　D-九肽-2 与化妆品相关的药理研究

试验项目	浓度	效果说明
对金黄色葡萄球菌的杀灭（4 周测定）	11ng/mL	杀灭率>99.9%
对大肠杆菌的杀灭（4 周测定）	11ng/mL	杀灭率>99.9%
对白色念珠菌的杀灭（4 周测定）	11μg/mL	杀灭率>99.4%
对黑色荓状菌的杀灭（4 周测定）	11μg/mL	杀灭率>52.2%
对铜绿假单胞菌的杀灭（4 周测定）	11mg/mL	杀灭率>99.9%

　　[化妆品中应用]　　D-九肽-2 有较广谱的抗菌性，除铜绿假单胞菌外，均有强烈的抑菌作用，对真菌类如白癣、黑癣、黄癣、足癣、指甲真菌等都有防治作用，用于皮肤感染的防治。可与其他抗菌剂配合使用，用量 0.1~1mg/kg。

参考文献

尹锐. 穿膜肽 HIV-Tat 蛋白的研究进展[J]. 免疫学杂志，2005,1: 21-25.

12 sh-九肽-1　sh-Nonapeptide-1

　　sh-九肽-1 的参考结构为 Glu-His-Phe-Arg-Trp-Gly-Lys-Pro-Val，是人脑垂体中叶

生成的促黑细胞激素（α-melanotropin）的第5～13的片段，现可化学合成。

sh-九肽-1的参考结构式

[**理化性质**]　　sh-九肽-1为白色粉末，可溶于水，分子量1155.3。

[**安全性**]　　CTFA将sh-九肽-1作为化妆品原料，未见其外用不安全的报道。

[**药理作用**]　　sh-九肽-1与化妆品相关的药理研究见表9-12。

表9-12　sh-九肽-1与化妆品相关的药理研究

试验项目	浓度	效果说明
对黑色素细胞增殖的促进	1μg/mL	促进率增加1倍
对酪氨酸酶活性的促进	1μg/mL	促进率220%

[**化妆品中应用**]　　sh-九肽-1有促黑细胞激素样作用，对黑色素细胞增殖和酪氨酸酶的活性都有显著的促进作用，可用于晒黑类护肤品和灰发的防治。sh-九肽-1还参与其他人体生长激素的分泌调节，有皮肤调理功能。用量小于1～10mg/kg，多用无益，与泛酸、泛醇等配合更好。

参考文献

Cremer M C. Structure-activity studies of α-melanotropin fragments on cAMP production in striatal slices[J]. Peptides, 2000, 21(6): 803-806.

13　sh-九肽-3　sh-Nonapeptide-3

sh-九肽-3即Tyr-Gly-Gly-Phe-Leu-Arg-Lys-Tyr-Pro，是人β-新内啡肽的片段。β-新内啡肽是内成性（人脑下垂体分泌）的类吗啡生物化学合成物激素之一。现可化学合成。CTFA列入的衍生物为没食子酰sh-九肽-3（galloyl sh-nonapeptide-3，皮肤调理剂）。

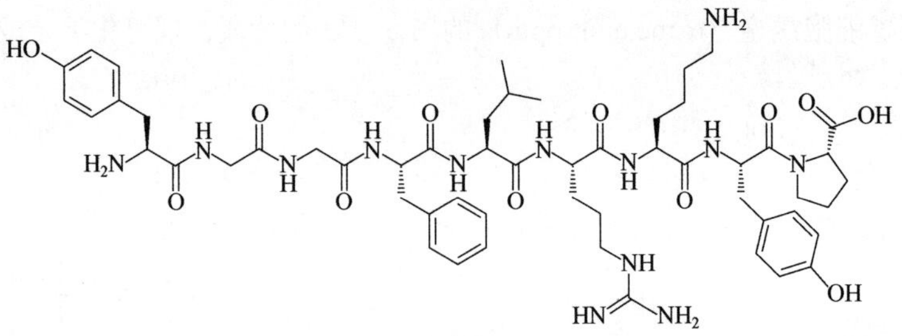

sh-九肽-3的结构式

[**理化性质**]　　sh-九肽-3 是白色粉末，可溶于水，分子量 1100.3。CAS 号为 77739-21-0。

[**安全性**]　　CTFA 将 sh-九肽-3 及其衍生物作为化妆品原料，MTT 法在 100μg/mL 范围内测定无细胞毒性，未见其外用不安全的报道。

[**药理作用**]　　sh-九肽-3 与化妆品相关的药理研究见表 9-13。

表 9-13　sh-九肽-3 与化妆品相关的药理研究

试验项目	浓度	效果说明
对胶原蛋白生成的促进	10mg/kg	促进率 22.1%
对皮肤角质层含水量的促进	10mg/kg	促进率 34.2%
对皮肤弹性的促进	10mg/kg	促进率 61%

[**化妆品中应用**]　　sh-九肽-3 及其衍生物都可加速细胞外基质蛋白如胶原蛋白的生成，恢复皮肤的弹性，也有保湿护肤作用，减少了皮肤细纹，用作调理剂。用量 10～100μg/mL，与人参、海藻等提取物配合效果更好。

10

1 十肽-3 Decapeptide-3

十肽-3 即 Tyr-Arg-Ser-Arg-Lys-Tyr-Thr-Ser-Trp-Tyr，是人碱性成纤维细胞生长因子（bFGF）的重要片段，现可化学合成。CTFA 列入的衍生物为乙酰十肽-3（acetyl decapeptide-3）。

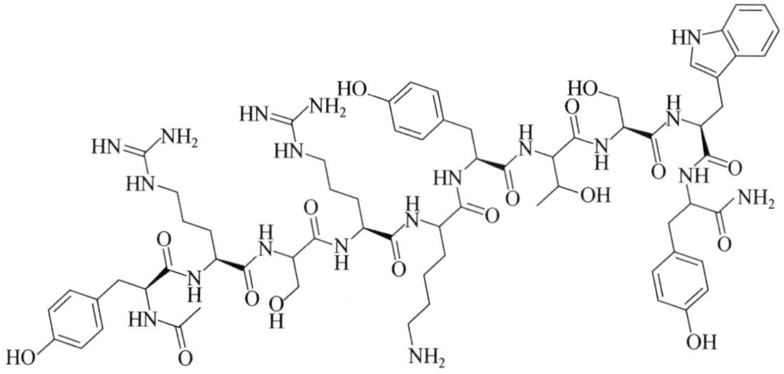

乙酰十肽-3酰胺的结构式

[**理化性质**] 十肽-3 为白色粉末，可溶于水。乙酰十肽-3 酰胺的分子量 1450.6。CAS 号为 935288-50-9。

[**安全性**] CTFA 将十肽-3 及其衍生物作为化妆品原料，中国香化协会 2010 年版的《国际化妆品原料标准中文名称目录》中列入，未见其外用不安全的报道。

[**药理作用**] 乙酰十肽-3 与化妆品相关的药理研究见表 10-1。

表 10-1 乙酰十肽-3 与化妆品相关的药理研究

试验项目	浓度	效果说明
对人角质形成细胞增殖的促进	10ng/mL	促进率 37.8%
对原胶原蛋白生成的促进	1μg/mL	促进率 21.1%
对层粘蛋白生成的促进	1μg/mL	促进率 35.7%
对透明质酸生成的促进	1μg/mL	促进率增加 6 倍多

[化妆品中应用] 十肽-3 和乙酰十肽-3 的生化性能相同，但乙酰十肽-3 的稳定性是十肽-3 的五倍。十肽-3 及其衍生物都有与人碱性成纤维细胞生长因子类似的作用，微量使用可显著促进皮层细胞的增殖，有保湿活肤调理抗皱抗衰功能。用量 0.001%～0.005%，多用不宜。

参考文献

王保莉. 山羊卵泡细胞中 bFGF 基因表达和 bFGF cDNA 部分序列分析[J]. 农业生物技术学报, 2003, 11(1): 1-5.

2 十肽-4 Decapeptide-4

十肽-4 即 Cys-Asp-Leu-Arg-Arg-Leu-Glu-Met-Tyr-Cys，是人胰岛素样生长因子-1（insulin like growth factor-1，IGF-1）的第 52-61 氨基酸的片段，现可化学合成。

十肽-4的结构式

[理化性质] 十肽-4 为白色粉末，可溶于水，分子量 1303.6。

[安全性] 国家药品监督管理局和 CTFA 都将十肽-4 作为化妆品原料，未见其外用不安全的报道。

[药理作用] 十肽-4 与化妆品相关的药理研究见表 10-2。

表 10-2 十肽-4 与化妆品相关的药理研究

试验项目	浓度	效果说明
对角质形成细胞（HaCaT ketatinocytes）增殖的促进	10ng/mL	促进率 64%
对原胶原蛋白生成的促进	10ng/mL	促进率 37%
对层粘连蛋白（laminin）生成的促进	10ng/mL	促进率 21.4%
对粘连蛋白（fibronectin）生成的促进	10ng/mL	促进率 723.0%

[化妆品中应用] 十肽-4 可加速细胞外基质蛋白的生成，如层粘连蛋白、纤维连接蛋白、胶原蛋白，修复表皮-真皮连接组织，帮助实现最佳皮肤结构，激活皮肤的自然恢复周期，减少了皮肤细纹和皱纹，用作抗皱调理剂。十肽-4 还有抑制脂

肪积累和降解已积累的脂肪的作用，用于减肥化妆品。用量 10～20μg/mL，与尿囊素、泛醇等配合尤佳，需同时用入足够并高效的抗氧剂和防腐剂。

<h2 style="text-align:center">参考文献</h2>

Kodama K. Insulin-like growth factor-1 (IGF-1)-derived peptide protects against diabetes in NOD mice [J]. Autoimmunity, 2004, 37(6-7): 481-487.

3　十肽-10　Decapeptide-10

十肽-10 即 Tyr-Lys-Ser-Lys-Lys-Gly-Gly-Trp-Thr-His，是人角质细胞生长因子（keratinocyte growth factor，KGF）的片段改造，现可化学合成。

十肽-10的结构式

［**理化性质**］　乙酰十肽-10 为白色粉末，可溶于水，分子量 1233.4。

［**安全性**］　CTFA 将十肽-10 作为化妆品原料，未见其外用不安全的报道。

［**药理作用**］　乙酰十肽-10 与化妆品相关的药理研究见表 10-3。

表 10-3　乙酰十肽-10 与化妆品相关的药理研究

试验项目	浓度	效果说明
对角质细胞增殖的促进	1ng/mL	促进率 42.9%
对成纤维细胞增殖的促进	1ng/mL	促进率 42.9%
对胶原蛋白生成的促进	0.1μg/mL	促进率 7.1%
对粘连蛋白生成的促进	0.1μg/mL	促进率 18%

［**化妆品中应用**］　乙酰十肽-10 有角化细胞生长因子样类似作用，促进新的头发细胞的增殖和迁移，从而使毛囊和毛干更强壮，可米诺地尔（minoxidil）配合使用，用于生发制品和睫毛膏，用量 0.002%。乙酰十肽-10 也可加速细胞外基质蛋白如胶原蛋白、粘连蛋白的生成，可抗皱抗衰，并促进愈伤，用作皮肤调理剂。

4 十肽-12 Decapeptide-12

十肽-12 即 Tyr-Arg-Ser-Arg-Lys-Tyr-Ser-Ser-Trp-Tyr，是人碱性成纤维细胞生长因子（basic fibroblast growth factor，bFGF）的蛋白链中第 106～115 的片段，现可化学合成。

十肽-12的结构式

[理化性质]　十肽-12 为白色或淡黄色粉末，可溶于水，分子量 1395.7。CAS 号为 137665-91-9。

[安全性]　CTFA 将十肽-12 作为化妆品原料，MTT 法测定无细胞毒性，未见其外用不安全的报道。

[药理作用]　十肽-12 与化妆品相关的药理研究见表 10-4。

表10-4　十肽-12 与化妆品相关的药理研究

试验项目	浓度	效果说明
对抗老化酶（SIRT 1）转录量的促进	100μm/L	促进率 41%
对酪氨酸酶活性的抑制	10μmol/L	抑制率 24.1%
对黑色素细胞生成黑色素的抑制	10μmol/L	抑制率 39.9%
对黑色素细胞增殖的促进作用	20ng/mL	促进率 66.3%

[化妆品中应用]　十肽-12 对抗老化酶的基因表达有促进作用，抗老化酶与细胞分化、衰老、凋亡和能量代谢密切相关，因此十肽-12 有明显的抗衰作用，用作调理剂。用量 0.01% 时，十肽-12 能抑制酪氨酸酶的活性，减少黑色素的生成，能淡化色素过度沉积而致的黄褐斑、雀斑、老年斑、晒斑、肤色不均和光损伤，与其他美白成分如白藜芦醇等配合更有效果。十肽-12 微量使用时则能促进皮肤黑色素细胞的生成，用于晒黑类制品。

参考文献

Kassim A T. Open-label evaluation of the skin-brightening efficacy of a skin-brightening system using decapeptide-12[J]. Journal of Cosmetic and Laser Therapy，2012，14(2): 117-121.

5　十肽-14　Decapeptide-14

十肽-14 即 Ile-Ile-Ala-Pro-Ser-Gly-Tyr-His-Ala-Asn，是人重组蛋白-A（activin A）蛋白链中的一个片段，人重组蛋白-A 也称重组人激活素-A，在乳蛋白等中存在，与细胞生长和分化、细胞信号转导等相关。现可化学合成。

十肽-14的结构式

[**理化性质**]　十肽-14 为白色粉末，可溶于水，分子量 1042.1。

[**安全性**]　CTFA 将十肽-14 作为化妆品原料，未见其外用不安全的报道。

[**药理作用**]　十肽-14 与化妆品相关的药理研究见表 10-5。

表 10-5　十肽-14 与化妆品相关的药理研究

试验项目	浓度	效果说明
对促黑激素诱发黑色素细胞生成黑色素的抑制	1μg/mL	抑制率 26.9%
对促黑激素诱发酪氨酸酶活性的抑制	1μg/mL	抑制率 30.4%
对促黑激素诱发酪氨酸相关蛋白-1（TRP-1）mRNA 表达的抑制	0.1μg/mL	抑制率 35%
对促黑激素诱发酪氨酸相关蛋白-1（TRP-2）mRNA 表达的抑制	0.1μg/mL	抑制率 42%

[**化妆品中应用**]　十肽-14 对皮肤黑色素的生成、酪氨酸酶的活性以及酪氨酸酶相关蛋白的表达均有深层次的抑制作用，用于美白类护肤品。十肽-14 的经皮渗透性强，增白效果优于常规的增白剂，并且持续作用时间长。用量 0.001%～0.005%，多用无益，应与泛醇等活性物配合使用。

参考文献

Massague J. How cells read TGF-beta signals [J]. Nature Reviews Molecular Cell Biology, 2000, 1(3): 169-178.

6　十肽-16　Decapeptide-16

十肽-16 即 Glu-Ala-Tyr-Met-Thr-Met-Lys-Ile-Arg-Asn，是人白介素-10（IL-10）蛋白链中的一个重要片段，现可化学合成。

十肽-16的结构式

[理化性质]　十肽-16 为白色粉末，可溶于水，分子量 1256.5。

[安全性]　CTFA 将十肽-16 作为化妆品原料，未见其外用不安全的报道。

[药理作用]　十肽-16 及其衍生物与化妆品相关的药理研究见表 10-6。

表 10-6　十肽-16 及其衍生物与化妆品相关的药理研究

试验项目	浓度	效果说明
对 LPS 诱发 TNF-α 生成的抑制	0.1μg/mL	抑制率 55%
对 LPS 诱发白介素 IL-6 生成的抑制	1μg/mL	抑制率 92%
对 LPS 诱发白介素 IL-12 生成的抑制	0.1μg/mL	抑制率 62%
对 LPS 诱发白介素 IL-1β 生成的抑制	1μg/mL	抑制率 50%

[化妆品中应用]　十肽-16 有白介素-10 样作用。白介素-10 是一种多细胞源、多功能的细胞因子，调节细胞的生长与分化，参与炎性反应和免疫反应，是目前公认的炎症与免疫抑制因子。十肽-16 有抗炎性，可抑制皮肤接触过敏原产生的刺灼感，对免疫性疾病如牛皮癣有防治作用。用量 0.001%～0.005%，与尿囊素、泛醇类化合物配合效果更好。

参考文献

Redpath S. Hijacking and exploitation of IL-10 by intracellular pathogens [J]. Trends in Microbiology, 2001, 9(2): 86-92.

7　十肽-17　Decapeptide-17

十肽-17 即 Tyr-Gly-Gly-Phe-Leu-Arg-Lys-Tyr-Pro-Lys，也称 α-新内啡肽（α-neoendorphin），是人内源性阿片肽中的一个关键片段。阿片肽是一种神经递质，天然存在于包括人类在内的许多动物的大脑中。十肽-17 为化学合成物，结构与 sh-十肽-9（sh-decapeptide-9）一样 [CTFA 列入的衍生物有咖啡酰 sh-十肽-9（caffeoyl sh-decapeptide-9）和烟酰 sh-十肽-9（nicotinoyl sh-decapeptide-9）]。

十肽-17的结构式

[**理化性质**]　十肽-17为白色粉末，可溶于水，分子量1228.7。

[**安全性**]　CTFA将十肽-17、sh-十肽-9及其衍生物作为化妆品原料，未见其外用不安全的报道。

[**药理作用**]　十肽-17、sh-十肽-9及其衍生物与化妆品相关的药理研究见表10-7。

表10-7　十肽-17、sh-十肽-9及其衍生物与化妆品相关的药理研究

试验项目	浓度	效果说明
十肽-17对胶原蛋白生成的促进	50mg/kg	促进率35.9%
没食子酰十肽-17对胶原蛋白生成的促进	50mg/kg	促进率43.8%
咖啡酰sh-十肽-9对血液中IgE水平的降低（过敏源非特异性）	400μg/耳（大鼠）	降低率33.9%
咖啡酰sh-十肽-9对白介素IL-4生成的抑制	400μg/耳（大鼠）	抑制率18%
咖啡酰sh-十肽-9对白介素IL-5生成的抑制	400μg/耳（大鼠）	抑制率17.6%
咖啡酰sh-十肽-9对白介素IL-13生成的抑制	400μg/耳（大鼠）	抑制率23.8%
咖啡酰sh-十肽-9对白介素IL-10生成的抑制	400μg/耳（大鼠）	抑制率9.8%
咖啡酰sh-十肽-9对痤疮丙酸杆菌的抑制	6.25mg/mL	抑制率65%
咖啡酰sh-十肽-9对金黄色葡萄球菌的抑制	25mg/mL	抑制率40%
没食子酰十肽-17对自由基DPPH的消除	50mg/kg	消除率65%
没食子酰十肽-17对LPS诱发NO生成的抑制	50mg/kg	抑制率27.5%
sh-十肽-9对LPS诱发NO生成的抑制	50mg/kg	抑制率18.8%

[**化妆品中应用**]　十肽-17、sh-十肽-9及其衍生物可加速细胞外基质蛋白的如胶原蛋白的生成，对皮肤角质细胞、皮肤纤维芽细胞的增殖有强烈的促进作用，用作皮肤调理剂；有较广谱的抗炎性，对致痤疮菌有抑制，用于粉刺类皮肤疾患的防治，也有缓解皮肤过敏的功能；用量在50mg/kg左右，与酵母提取物、紫苏蓿提取物、高丽红参提取物、小麦胚胎提取物、甘草提取物、茯苓提取物等配合更好。

8　十肽-18　**Decapeptide-18**

十肽-18即Arg-Gln-Thr-Arg-Val-Glu-Arg-Cys-His-Cys，是人源全长重组蛋白

（WNT 蛋白）中的重要片段，现可化学合成。

十肽-18的结构式

[**理化性质**]　十肽-18 为白色粉末，可溶于水，分子量 1286.5。

[**安全性**]　CTFA 将十肽-18 作为化妆品原料，未见其外用不安全的报道。

[**药理作用**]　十肽-18 与化妆品相关的药理研究见表 10-8。

表 10-8　十肽-18 与化妆品相关的药理研究

试验项目	浓度	效果说明
对角质细胞增殖的促进	10ng/mL	促进率 114.1%
对纤维芽细胞增殖的促进	10ng/mL	促进率 253.8%
对β-连环蛋白（β-catenin）生成的促进	1μg/mL	促进率 258%
对粘连蛋白生成的促进	1μg/mL	促进率增长 12.2 倍

[**化妆品中应用**]　十肽-18 可加速皮层细胞的增殖以及细胞外基质蛋白如β-连环蛋白、粘连蛋白的生成。β-连环蛋白的功能主要为介导细胞间黏附和参与基因的表达。β-连环蛋白作为一种多功能的蛋白质，广泛存在于人体各种类型的细胞，如内皮细胞、成纤维细胞、成骨细胞中，参与这些细胞的增殖、分化和凋亡等方面发挥了重要的调节作用。在生发制品中使用，可促进头发毛囊上皮干细胞分化为毛发角质形成细胞，使产生新生头发，并有抑制脱发作用。用量为 10～25mg/kg，须与高效抗氧剂和营养剂配合。

参考文献

Ouji Y. Wnt-10b promotes differentiation of skin epithelial cells in vitro[J]. Biochemical & Biophysical Research Communications, 2006, 342(1): 28-35.

9　十肽-19　Decapeptide-19

十肽-19 即 Ala-Cys-Asp-Gly-Arg-Thr-Gln-Ala-Leu-Cys，是人肿瘤坏死因子-α（TNF-α）中的一个片段，现可化学合成。

十肽-19的结构式

[**理化性质**]　十肽-19 为白色粉末，可溶于水，分子量 1037.1。

[**安全性**]　CTFA 将十肽-19 作为化妆品原料，未见其外用不安全的报道。

[**药理作用**]　十肽-19 与化妆品相关的药理研究见表 10-9。

表 10-9　十肽-19 与化妆品相关的药理研究

试验项目	浓度	效果说明
对毛发真皮乳头细胞的增殖促进	1μg/mL	促进率 36.3%
对人毛囊生发基质细胞（human hair follicle germinal matrix cell）增殖的促进	1μg/mL	促进率 74.0%
对人脐静脉内皮细胞（human umbilical vein endothelial cell）增殖的促进	1μg/mL	促进率 38.7%
对 TNF-α 诱发白介素 IL-1 生成的抑制	10μg/mL	抑制率 13.6%
对 TNF-α 诱发白介素 IL-8 生成的抑制	10μg/mL	抑制率 15.6%
对核因子 κB（NF-κB）受体活化的抑制	50μg/mL	抑制率 49.9%
对 RAW 264.7 细胞（单核巨噬细胞）增殖的促进	50μg/mL	促进率 42%

[**化妆品中应用**]　十肽-19 可促进毛发母囊细胞及内皮细胞的增殖，并抑制脱发基因 DKK-1 的表达，应用试验显示可促进毛发生长和预防脱发，可用于生发和促睫毛生长制品。十肽-19 对炎症因子如白介素 IL-1 等的生成有抑制作用，可提高皮肤免疫力，用作护肤类的调理剂。用量 1～10mg/kg，十肽-19 属信号肽，多用无益，采用性能良好的抗氧剂可增加其效果和稳定性。

10　十肽-23　Decapeptide-23

　　十肽-23 即 Ala-Cys-Phe-Thr-Arg-Thr-Ser-His-Ala-Cys，是人肿瘤坏死因子-α（TNF-α）中的一个片段的改造，现可化学合成。

十肽-23的结构式

［理化性质］　十肽-23 为白色粉末，可溶于水，分子量 1096.2。

［安全性］　CTFA 将十肽-23 作为化妆品原料，未见其外用不安全的报道。

［药理作用］　十肽-23 与化妆品相关的药理研究见表 10-10。

表 10-10　十肽-23 与化妆品相关的药理研究

试验项目	浓度	效果说明
与 TNF 受体的结合分析		效果与相同浓度的 TNF-α 一样
对 TNF-α 诱发白介素 IL-1 生成的抑制	10μg/mL	抑制率 16.5%
对 TNF-α 诱发白介素 IL-8 生成的抑制	10μg/mL	抑制率 14.9%
对核因子 κB（NF-κB）受体活化的抑制	50μg/mL	抑制率 64.2%
对 RAW 264.7 细胞（单核巨噬细胞）增殖的促进	50μg/mL	促进率 32%

［化妆品中应用］　十肽-23 对炎症因子如白介素 IL-1 等的生成有抑制作用，可提高皮肤免疫力，用作护肤类的调理剂。用量 1～10mg/kg，十肽-23 属信号肽，多用无益，采用性能良好的抗氧剂可增加其效果和稳定性。十肽-23 对胰岛素样生长因子一号（IGF-1）的表达、毛发母囊细胞及内皮细胞的增殖都有促进作用，可用于生发制品。

11　十肽-24　Decapeptide-24

十肽-24 即 Ala-Cys-Arg-Ser-Ala-Ile-Gly-Arg-Pro-Cys，是人肿瘤坏死因子-α（TNF-α）中的一个片段改造，现可化学合成。

十肽-24的结构式

［理化性质］　十肽-24 为白色粉末，可溶于水，分子量 1033.2。

［安全性］　CTFA 将十肽-24 作为化妆品原料，未见其外用不安全的报道。

［药理作用］　十肽-24 与化妆品相关的药理研究见表 10-11。

［化妆品中应用］　十肽-24 可促进毛发母囊细胞及内皮细胞的增殖，并抑制脱发基因 DKK-1 的表达，应用试验显示可促进毛发生长和预防脱发，可用于生发和促睫毛生长制品，作用比十肽-19 稍差。十肽-24 对炎症因子如白介素 IL-1 等的生成有抑制作用，可提高皮肤免疫力，用作护肤类的调理剂。用量 1～10mg/kg，十肽-24

属信号肽，多用无益，采用性能良好的抗氧剂可增加其效果和稳定性。

表 10-11　十肽-24 与化妆品相关的药理研究

试验项目	浓度	效果说明
对毛发真皮乳头细胞的增殖促进	1μg/mL	促进率 16.2%
对人毛囊生发基质细胞（human hair follicle germinal matrix cell）增殖的促进	1μg/mL	促进率 55.8%
对人脐静脉内皮细胞（human umbilical vein endothelial cell）增殖的促进	1μg/mL	促进率 41.1%
对 TNF-α诱发白介素 IL-1 生成的抑制	10μg/mL	抑制率 12.4%
对 TNF-α诱发白介素 IL-8 生成的抑制	10μg/mL	抑制率 14.9%
对核因子 κB（NF-κB）受体活化的抑制	50μg/mL	抑制率 11.8%
与 TNF 受体的结合分析		效果与相同浓度的 TNF-α一样

12　十肽-25　Decapeptide-25

十肽-25 即 Leu-Cys-Cys-Gly-Arg-Gly-His-Asn-Ala-Arg，是人 WNT 蛋白中的一个重要片段，人 WNT 蛋白由成骨细胞分泌。现可化学合成。

十肽-25的结构式

［**理化性质**］　十肽-25 为白色粉末，可溶于水，分子量 1446.5。

［**安全性**］　CTFA 将十肽-25 作为化妆品原料，MTT 法测定对角质形成细胞无细胞毒性，未见其外用不安全的报道。

［**药理作用**］　十肽-25 与化妆品相关的药理研究见表 10-12。

表 10-12　十肽-25 与化妆品相关的药理研究

试验项目	浓度	效果说明
对角质形成细胞（HaCat cell）增殖的促进	1μg/mL	促进率 46.8%
对纤维芽细胞增殖的促进	1μg/mL	促进率 62.6%
对毛发毛母细胞增殖（human hair follicle dermal papilla cell）的促进	1μg/mL	促进率 50.0%
对 β-连环蛋白（β-catenin）发现的促进	1μg/mL	促进率增加 4.5 倍多
对粘连蛋白生成的促进	1μg/mL	促进率 69.9%

［化妆品中应用］　十肽-25 有与 WNT 蛋白类似的功能，如 Wnt 信号途径能引起胞内 β-连环蛋白积累。十肽-25 可加速皮层细胞的增殖，促进细胞外基质蛋白如粘连蛋白的生成，可用作抗皱护肤调理剂。十肽-25 可显著毛发毛母细胞的增殖，用于防治脱发。用量 0.1～1mg/kg，与泛醇、苦参提取物、当药提取物、地黄提取物等配合生发效果更好。

参考文献

Arck P C. Stress inhibits hair growth in mice by induction of premature catagen development and deleterious perifollicular inflammatory events via neuropeptide substance P-dependent pathways[J]. American Journal of Pathology, 2003, 162(3): 803-814.

13　十肽-31　Decapeptide-31

十肽-31 的参考结构为 Gly-Pro-Ile-Gly-Ser-Lys-Thr-Thr-Lys-Ser，是五肽-20 和五肽-4 的结合物。前五个氨基酸为五肽-20，头发生长因子蛋白链的片段；后五个氨基酸为五肽-4，是 I 型胶原蛋白中的一片段。现可化学合成。

十肽-31的参考结构式

［理化性质］　十肽-31 为白色粉末，可溶于水，分子量为 949.3，使用前一般先与水、防腐剂、单甘酯等配成 10% 的溶液。

［安全性］　CTFA 将十肽-31 作为化妆品原料，在 100mg/kg 浓度以下 MTT 法测定无细胞毒性，未见其外用不安全的报道。

［药理作用］　十肽-31 与化妆品相关的药理研究见表 10-13。

表 10-13　十肽-31 与化妆品相关的药理研究

试验项目	浓度	效果说明
对弹性蛋白酶活性的抑制	50mg/kg	抑制率 12.8%
涂敷对皮肤含水量的促进（4h 后测定）	0.1%	促进率 87.3%
对 2% SLS 对皮肤刺激的抑制	0.1%	抑制率 9.9%

［化妆品中应用］　十肽-31 能抑制弹性蛋白酶活性，可以维持皮肤弹性达到抗

衰的效果，促进皮层细胞的增殖，保湿效果出色，具有促使皮肤再生、增加皮肤弹力及缓解皮肤刺激的效果。也可用于护发和生发、促睫毛生长制品。最大用量0.001%，需与乳清蛋白类营养成分配合。

14 十肽-32 Decapeptide-32

十肽-32 即 Glu-Gln-Leu-Glu-Arg-Ala-Leu-Asn-Ser-Ser，衍生于人促血红细胞生长素（EPO）、促红细胞生成素又称红细胞刺激因子、促红素，是一种人体内源性糖蛋白激素，可刺激红细胞生成。十肽-32 现可化学合成肽。

十肽-32的结构式

[**理化性质**]　十肽-32 为白色粉末，易溶于水，分子量1146.2。

[**安全性**]　CTFA 将十肽-32 作为化妆品原料，未见其外用不安全的报道。

[**药理作用**]　十肽-32 及其衍生物与化妆品相关的药理研究见表10-14。

表10-14　十肽-32 及其衍生物与化妆品相关的药理研究

试验项目	浓度	效果说明
在紫外 UVA 8mJ/cm^2 照射下对I型胶原蛋白生成的促进	1μg/mL	促进率88.9%
在紫外 UVA 8mJ/cm^2 照射下对皮肤细胞凋亡的抑制	1μg/mL	抑制率85%
在紫外 UVB 25mJ/cm^2 照射下对角质细胞内活性氧的消除	1μg/mL	消除率9.1%
在紫外 UVA 8mJ/cm^2 照射下，对金属蛋白酶 MMP-1 活性的抑制	1μg/mL	抑制率94.4%
对环氧合酶 COX-2 活性的抑制	1μg/mL	抑制率33%
对 TNF-α生成的抑制	1μg/mL	抑制率75%

[**化妆品中应用**]　十肽-32 在紫外照射下仍显示抗氧化活性、可抑制皮肤细胞的凋亡、促进胶原蛋白的生成、抑制炎症反应，用于改善皮肤皱纹、促进皮肤再生、皮肤伤口修复、提高皮肤弹性、抑制皮肤老化、抵御紫外线对皮肤的损伤以及缓解皮肤炎症。用量 1mg/kg，不必再提高使用浓度。

15 十肽-33 Decapeptide-33

十肽-33 即 Phe-Asp-Met-Gly-Ala-Tyr-Lys-Ser-Ser-Lys，是人转化生长因子-β

（transforming growth factor-β，TGF-β）中的片段改造，现可化学合成。

十肽-33的结构式

[理化性质]　十肽-33 为白色粉末，可溶于水，分子量 1133.3。

[安全性]　CTFA 将十肽-33 作为化妆品原料，未见其外用不安全的报道。

[药理作用]　十肽-33 与化妆品相关的药理研究见表 10-15。

表 10-15　十肽-33 与化妆品相关的药理研究

试验项目	浓度	效果说明
对 I 型胶原蛋白生成的促进	1μg/mL	促进率 180%
对成纤维细胞增殖的促进	0.1μg/mL	促进率 15.2%
对成骨细胞（osteoblast）增殖的促进（DMEN 法）	10μg/mL	促进率 27.7%
对 P-Smad 1/5/8 上调的促进	10μg/mL	促进率均上调 3 倍多
对碱性磷酸酶（alkaline phosphatase）活性的促进	10μg/mL	促进率增加 1 倍

[化妆品中应用]　十肽-33 显示了对皮层细胞的增殖和分化促进，促进皮肤的新陈代谢，用作抗皱抗衰的调理剂，用量在 0.1～1mg/kg。十肽-33 是一信号肽，多用无益。十肽-33 对成骨细胞增殖的促进、对 P-Smad 1/5/8 上调的促进显示，其可使牙周组织再生激活，对牙周疾病有防治作用。

16　十肽-37　Decapeptide-37

十肽-37 即 Ala-Cys-Tyr-Leu-Pro-His-Pro-Trp-Phe-Cys，是人促脂解激素（lipotrophin）中片段的改造，现可化学合成。

十肽-37的结构式

[**理化性质**]　十肽-37 为白色粉末，可溶于水，分子量 1236.5。

[**安全性**]　CTFA 将十肽-37 作为化妆品原料，未见其外用不安全的报道。

[**药理作用**]　十肽-37 与化妆品相关的药理研究见表 10-16。

表 10-16　十肽-37 与化妆品相关的药理研究

试验项目	浓度	效果说明
脂肪细胞培养对脂肪分解的促进	1μg/mL	促进率 40%
脂肪细胞培养对脂肪水解甘油生成的促进	1μg/mL	促进率 150%
对过氧化物酶体增殖剂激活受体 γ（PPAR γ）表达的抑制	1μg/mL	抑制率 44.4%
对脂肪标记蛋白 AP2 表达的抑制	1μg/mL	抑制率 25%
对 GAPDH（甘油醛-3-磷酸脱氢酶）活性的抑制	1μg/mL	抑制率 12.5%

[**化妆品中应用**]　十肽-37 可显著抑制脂肪积累、促进脂肪的分解和降低脂肪细胞的体积，可用于减肥和抗肥胖制品。过氧化物酶体增殖剂激活受体 γ 在脂肪生成遗传和表观遗传中起调控作用，对其的抑制作用意味着从源头的控制。用量在 1mg/kg 左右，稳定性较差，须与强效抗氧剂配合使用。

参考文献

Li C H. Isolation, characterization and amino acid sequence of β lipotropin from human pituitary glands[J]. International Journal of Peptide and Protein Research，1981, 17(2): 131-142.

十肽-39　Decapeptide-39

十肽-39 的氨基酸顺序为 Ala-Cys-Ile-His-Thr-Leu-Ser-Leu-Leu-Cys，是骨钙蛋白（bone gla protein）中片段的改造，现可化学合成。

十肽-39的结构式

[**理化性质**]　十肽-39 为白色粉末，可溶于水，分子量 1073.3。

[**安全性**]　CTFA 将十肽-39 作为化妆品原料，未见其外用不安全的报道。

[**药理作用**]　十肽-39 与化妆品相关的药理研究见表 10-17。

表 10-17　十肽-39 与化妆品相关的药理研究

试验项目	浓度	效果说明
对组织蛋白酶 K（cathepsin K）活性的抑制	1μg/mL	抑制率 75%
对核因子 κB（NF-κB）受体活化的抑制	10μg/mL	抑制率 25%

［化妆品中应用］ 十肽-39 对组织蛋白酶 K 有强烈抑制作用，组织蛋白酶 K 是一种溶酶体半胱氨酸蛋白酶，具有很强的胶原溶解活性，可降解I和II型胶原蛋白，尤其是I型胶原蛋白，十肽-39 可用作皮肤疤痕调理剂；十肽-39 有抗炎性，对小鼠腹腔巨噬细胞（Raw 264.7 macrophages）研究表明，可抑制 TRAP 蛋白（thrombospondin-related anonymous protein）的表达水平。浓度用量 1～10μg/mL，需与强抗氧剂如生育酚等配合。

18 sh-十肽-1 sh-Decapeptide-1

sh-十肽-1 的参考结构为 Trp-Ile-Ser-Arg-Lys-Arg-Lys-Arg-Glu-Gln，是人的透明质酸受体（Layilin）蛋白链中的一重要片段（第 257～266 位）的改造。透明质酸受体是一细胞膜蛋白质。sh-十肽-1 现可化学合成。CTFA 列入的衍生物为咖啡酰 sh-十肽-1（caffeine carboxyloyi sh-decapeptide-1，皮肤调理剂）。

sh-十肽-1的参考结构式

［理化性质］ sh-十肽-1 为白色粉末，可溶于水，分子量1358.7。

［安全性］ CTFA 将 sh-十肽-1 及其衍生物作为化妆品原料，MTT 法测定在 2.0μmol/L 范围内无细胞毒性，未见其外用不安全的报道。

［药理作用］ sh-十肽-1 与化妆品相关的药理研究见表 10-18。

表 10-18　sh-十肽-1 与化妆品相关的药理研究

试验项目	浓度	效果说明
与空白比较对经膜渗透的促进	1.0μmol/L	促进率 134.0%
与常见助渗肽比较对经膜渗透的促进	1.0μmol/L	促进率 43.4%

［化妆品中应用］ sh-十肽-1 是一新的细胞膜穿透肽，能够帮助难以通过真核细胞的细胞膜的生理活性物质传送到真核细胞内，并有调理皮肤的作用。咖啡酰 sh-十肽-1 与 sh-十肽-1 作用相似，有抗氧性，稳定性优于 sh-十肽-1。

Elliott G. Intercellular trafficking and protein delivery by a herpesvirus structural protein [J]. Cell, 1997, 88(2): 223-233.

 sh-十肽-2 sh-Decapeptide-2

　　sh-十肽-2 即 Cys -Val-Val-Gly-Tyr-Ile-Gly-Gln-Arg-Cys，是大鼠表皮生长因子蛋白链中的一个片段（第 33～42 位氨基酸），现可化学合成。大鼠表皮生长因子与人表皮生长因子有细微的差别，前者由 48 个氨基酸组成，后者为 53 个氨基酸，但核心部分一致。

sh-十肽-2的结构式

　　[**理化性质**]　　sh-十肽-2 为白色粉末，可溶于水，分子量1098.3。

　　[**安全性**]　　CTFA 将 sh-十肽-2 作为化妆品原料，MTT 法测定在 1.1μg/mL 浓度以下对成纤维细胞无细胞毒性，未见其外用不安全的报道。

　　[**药理作用**]　　sh-十肽-2 与化妆品相关的药理研究见表10-19。

表10-19　sh-十肽-2 与化妆品相关的药理研究

试验项目	浓度	效果说明
对成纤维细胞增殖的促进	10ng/mL	促进率42%
对 I 型胶原蛋白生成的促进	10ng/mL	促进率30%
对透明质酸合成酶活性的促进	10ng/mL	促进率120%
涂敷对皮肤伤口愈合速度的促进	10ng/mL	促进率50%

　　[**化妆品中应用**]　　sh-十肽-2 有天然型 EGF（人）相似的性能，由于分子量仅为天然型 EGF 的约 1/5，具有非常优异的皮肤渗透效率，对皮肤细胞的增殖、皮肤保湿以及皮肤伤口的治疗和预防等方面优于天然型 EGF，并且稳定性是天然型 EGF 的 3～4 倍。微量使用，浓度增大并无益处，需与营养性助剂配合。

20　　**sh-十肽-7 sh-Decapeptide-7**

　　sh-十肽-7 即 Tyr-Gly-Gly-Phe-Leu-Lys-Thr-Thr-Lys-Ser，是脑啡肽（enkephalin）

的片段，脑啡肽属于人的神经肽。现可化学合成。

sh-十肽-7的结构式

[**理化性质**]　sh-十肽-7 为白色粉末，可溶于水，分子量 1187.4。

[**安全性**]　CTFA 将 sh-十肽-7 作为化妆品原料，MTT 法在 100μg/mL 范围内测定对成纤维细胞无细胞毒性，未见其外用不安全的报道。

[**药理作用**]　sh-十肽-7 与化妆品相关的药理研究见表 10-20。

表 10-20　sh-十肽-7 与化妆品相关的药理研究

试验项目	浓度	效果说明
对胶原蛋白生成的促进	10mg/kg	促进率 20%
对皮肤角质层含水量的促进	10mg/kg	促进率 35%
对皮肤弹性的促进	10mg/kg	促进率 60%
对皮肤皱纹深度的改善	10mg/kg	减少 9.8%

[**化妆品中应用**]　sh-十肽-7 可加速细胞外基质蛋白如胶原蛋白的生成，恢复皮肤的弹性，也有保湿护肤作用，减少了皮肤细纹，对皮肤色泽也有调理亮化作用。用量 10～100μg/mL，与人参、海藻、酵母等提取物配合效果更好。

21　sh-十肽-13　sh-Decapeptide-13

sh-十肽-13 即 Ser-Ile-Glu-Gln-Ser-Cys-Asp-Gln-Asp-Glu，是人表皮形态发生素（epimorphin）肽链中第 95～104 位氨基酸的重要片段。人表皮形态发生素也名上皮形成素、上皮形态发生素，在表皮形态发生过程中发挥重要作用。sh-十肽-13 现可化学合成。

sh-十肽-13的结构式

[**理化性质**]　sh-十肽-13 为白色粉末，易溶于水和生理盐水，分子量 1153.1。

[**安全性**] CTFA 将 sh-十肽-13 作为化妆品原料，未见其外用不安全的报道。

[**药理作用**] sh-十肽-13 与化妆品相关的药理研究见表 10-21。

表 10-21 sh-十肽-13 与化妆品相关的药理研究

试验项目	浓度	效果说明
对正常人表皮角质形成传代细胞（NHEK cell）增殖的促进	50μmol/L	促进率 57.5%
对成纤维细胞增殖的促进	3μg/mL	促进率 194.4%
对白介素 IL-8 生成的促进	20μmol/L	促进率 168.2%

[**化妆品中应用**] sh-十肽-13 具有人表皮形态发生素类似的作用，用于与形态发生异常相关疾病的防治，例如皮肤炎症疾病、烧伤或伤口，以及皮肤的调理和护理；对毛发的生长有显著的促进作用，用于生发制品。

参考文献

Takebe K. Epimorphin acts to induce hair follicle anagen in C57BL/6 mice[J]. FASEB Journal, 2003, 17(14): 2037-2047.

22 sh-十肽-23　sh-Decapeptide-23

sh-十肽-23 即 Asp-Arg-Val-Tyr-Ile-His-Pro-Phe-His-Leu，也称血管紧张肽（BF-angiotensin-1），是人血管紧张素原（angiotensinogen）中的一个片段，现可化学合成。CTFA 列入的衍生物为咖啡酰 sh-十肽-23（caffeoyl sh-decapeptide-23，抗氧剂、护肤剂）。

sh-十肽-23的结构式

[**理化性质**] sh-十肽-23 为白色粉末，可溶于水，分子量 1296.5，CAS 号为 484-42-4。

[**安全性**] CTFA 将 sh-十肽-23 及其衍生物作为化妆品原料，MTT 法测定无细胞毒性，未见其外用不安全的报道。

[**药理作用**] sh-十肽-23 及其衍生物与化妆品相关的药理研究见表 10-22。

表 10-22　sh-十肽-23 及其衍生物与化妆品相关的药理研究

试验项目	浓度	效果说明
对内皮细胞迁移的促进	10μg/mL	促进率 9%
对 TNF-α 生成的促进	10μg/mL	促进率 17.6%
对 TNF-γ 生成的抑制	10μg/mL	抑制率 37.5%
对白介素 IL-2 生成的促进	10μg/mL	促进率 6.1%
对白介素 IL-4 生成的促进	10μg/mL	促进率 10.7%
对白介素 IL-5 生成的抑制	10μg/mL	抑制率 40.7%

[化妆品中应用]　sh-十肽-23 对皮肤的自身免疫性疾病、纤维化疾病、炎性疾病、神经退行性疾病、感染性疾病、代谢疾病等都有防治作用，对内皮细胞迁移的促进显示可加速愈合伤口，可用于对皮肤的调理和护理。咖啡酰 sh-十肽-23 与 sh-十肽-23 性能类似，并有抗氧功能。

参考文献

Wong M K S. Handbook of Hormones[M]. Salt Lake City USA: Academic Press, 2016.

第十一章

十三肽

1 十三肽-1 Tridecapeptide-1

十三肽-1 即 Val-Ala-Lys-Leu-Leu-Ala-Lys-Leu-Ala-Lys-Lys-Val-Leu，是蜜蜂的抗菌肽中一片段的改造，现可化学合成。

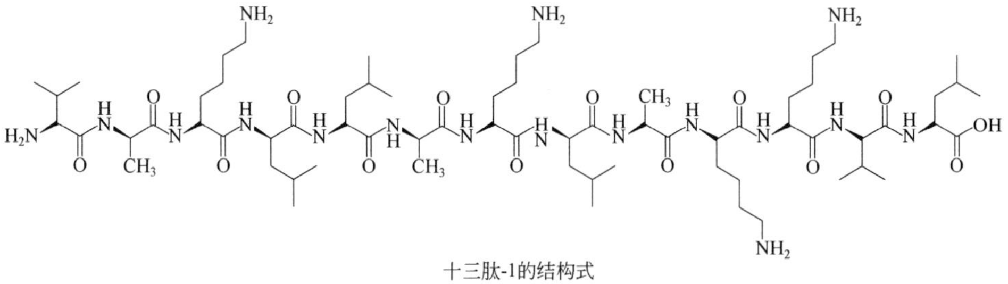

十三肽-1的结构式

[**理化性质**]　十三肽-1 为白色粉末，可溶于水，分子量 1395.1。

[**安全性**]　国家药品监督管理局和 CTFA 都将十三肽-1 作为化妆品原料，MTT 法测定无细胞毒性，未见其外用不安全的报道。

[**药理作用**]　十三肽-1 与化妆品相关的药理研究见表 11-1。

表 11-1　十三肽-1 与化妆品相关的药理研究

试验项目微生物	MIC/(μg/mL)
对金黄色葡萄球菌的抑制	100
对铜绿假单胞菌的抑制	100
对酵母菌的抑制	50
对大肠杆菌的抑制	50
对白色念珠菌的抑制	25

[**化妆品中应用**]　十三肽-1 有较广谱的抗菌性，与其他抗菌剂有协同作用，

可用作防腐剂和抗菌剂；十三肽-1 对成细胞的增殖也有促进作用，可加速皮肤伤口的愈合，用作皮肤调理剂和护肤剂。

参考文献

Hancock R E W. Peptide antibiotics[J]. Lancet, 1997, 349: 418-422.

寡肽-3 Oligopeptide-3

寡肽-3 的参考结构为 Phe-Ala-Lys-Leu-Leu-Ala-Lys-Ala-Leu-Lys-Lys-Leu-Leu，是十三肽，是蜂毒肽（bee melittin）中一片段的改造，现可化学合成，常采用其酰胺形式。

[**理化性质**]　寡肽-3 为白色粉末，可溶于水，分子量 1457.3。

[**安全性**]　国家药品监督管理局和 CTFA 都将寡肽-3 作为化妆品原料，中国香化协会 2010 年版的《国际化妆品原料标准中文名称目录》中列入，未见其外用不安全的报道。

[**药理作用**]　寡肽-3 酰胺与化妆品相关的药理研究见表 12-1。

表 12-1　寡肽-3 酰胺与化妆品相关的药理研究

试验项目	浓度	效果说明
对成纤维细胞增殖的促进	1μg/mL	促进率 70%
对金黄色葡萄球菌的抑制		MIC 5μg/mL
对铜绿假单胞菌的抑制		MIC 5μg/mL
对酵母菌的抑制		MIC 2μg/mL
对大肠杆菌的抑制		MIC 8μg/mL
对白色念珠菌的抑制		MIC>40μg/mL

[**化妆品中应用**]　寡肽-3 酰胺可加速皮肤成纤维细胞的增殖，可激活皮肤的自然恢复周期，减少皮肤细纹和皱纹，有调理作用，用量在 1μg/mL 左右，多用无益。寡肽-3 对微生物有显著的抑制作用，可用作抗菌剂和防腐剂。

参考文献

Friedrich C. Salt-resistant alpha-helical cationic antimicrobial peptides[J]. Antimicrocrobial Agents and

Cemotherapy, 1999, 43(7): 1542-1548.

 2 寡肽-6　Oligopeptide-6

　　寡肽-6 即 Arg-Asp-Phe-Thr-Lys-Ala-Thr-Asn-Ile-Arg-Leu-Arg-Phe-Leu-Arg（RD-FTKATNIRLRFLR），由 15 个氨基酸组成，是人层粘连蛋白（laminin）中的一个片段的改造。层粘连蛋白是构成细胞间质的一种非胶原糖，与胶原一起构成基底膜的成分。其生物功能是细胞黏着于基质的介质，并与多种基底膜成分结合，调节细胞生长和分化。寡肽-6 现可化学合成。

　　[**理化性质**]　寡肽-6 为白色粉末，可溶于水，分子量 1907.5。

　　[**安全性**]　国家药品监督管理局和 CTFA 都将寡肽-6 作为化妆品原料，MTT 法测定在 0.1mmol/L 的范围内对角质形成细胞无细胞毒性，未见其外用不安全的报道。

　　[**药理作用**]　寡肽-6 与化妆品相关的药理研究见表 12-2。

表 12-2　寡肽-6 与化妆品相关的药理研究

试验项目	浓度	效果说明
对皮肤角质细胞增殖的促进	5mg/kg	促进率 19.4%
对胶原蛋白Ⅲ型生成的促进	5mg/kg	促进率 25%
对层粘连蛋白-5（laminine-5）生成的促进	5mg/kg	促进率 15%
对整合蛋白（integral protein）生成的促进	5mg/kg	促进率 10%

　　[**化妆品中应用**]　寡肽-6 可加速皮肤细胞的增殖，可促进细胞外基质蛋白如层粘连蛋白、整合蛋白和胶原蛋白的生成，修复表皮-真皮连接组织，有抗皱抗衰作用。寡肽-6 稳定性和经皮渗透性好，用量 0.5~5mg/kg，与卵磷脂、神经酰胺、透明质酸等配合效果更好。

参考文献

Santos C L S. Differences in human laminin B2 sequences[J]. Mitochondrial DNA, 1991, 1(4):275-277.

 3 寡肽-10　Oligopeptide-10

　　寡肽-10 的参考结构为 Phe-Ala-Lys-Lys-Leu-Ala-Lys-Leu-Ala-Leu-Lys-Leu-Ala-Lys-Leu，是十五肽，为蜂毒肽（bee melittin）中一片段的改造，现可化学合成，常采用其酰胺形式。

　　[**理化性质**]　寡肽-10 为白色粉末，可溶于水，分子量 1656.6。

　　[**安全性**]　国家药品监督管理局和 CTFA 都将寡肽-10 作为化妆品原料，中国

香化协会 2010 年版的《国际化妆品原料标准中文名称目录》中列入，未见其外用不安全的报道。

[**药理作用**]　寡肽-10 酰胺对微生物的 MIC 见表 12-3。

表 12-3　寡肽-10 酰胺对微生物的 MIC

试验项目	MIC/(μg/mL)	试验项目	MIC/(μg/mL)
对金黄色葡萄球菌的抑制	5	对白色念珠菌的抑制	>50
对铜绿假单胞菌的抑制	5	对表皮葡萄球菌的抑制	4
对酵母菌的抑制	50	对痤疮丙酸杆菌的抑制	4
对大肠杆菌的抑制	10	对化脓性链球菌的抑制	4

[**化妆品中应用**]　寡肽-10 酰胺可加速皮肤成纤维细胞的增殖，有调理皮肤的作用；有广谱的抗菌性，与其他抗菌剂有协同作用，对皮肤伤口有愈合促进作用，可用于痤疮的防治、口腔卫生用品、防腐剂、除臭剂。用量在 1μg/mL 左右，多用无益。

 4　寡肽-20　Oligopeptide-20

寡肽-20 即 Arg-Arg-Leu-Glu-Met-Tyr-Cys-Ala-Pro-Leu-Lys-Pro，为十二肽，是人胰岛素样生长因子-1（Insulin like growth factor-1）的关键片段，处于第 55～66 位。现可化学合成。

[**理化性质**]　寡肽-20 为白色粉末，可溶于水，分子量 1476.8。使用前一般先与水、防腐剂、抗氧剂配制成 50mg/kg 的水溶液。

[**安全性**]　CTFA 将寡肽-20 作为化妆品原料，中国香化协会 2010 年版的《国际化妆品原料标准中文名称目录》中列入，未见其外用不安全的报道。

[**药理作用**]　寡肽-20 与化妆品相关的药理研究见表 12-4。

表 12-4　寡肽-20 与化妆品相关的药理研究

试验项目	浓度	效果说明
对角质形成细胞（HaCaT ketatinocytes）增殖的促进	10ng/mL	促进率 69%
对原胶原蛋白生成的促进	10ng/mL	促进率 30%
对层粘连蛋白（Laminin）生成的促进	10ng/mL	促进率 26.2%
对粘连蛋白（Fibronectin）生成的促进	10ng/mL	促进率 812.2%

[**化妆品中应用**]　寡肽-20 有人胰岛素样生长因子-1 样作用，可加速细胞外基质蛋白的生成，如层粘连蛋白、粘连蛋白、胶原蛋白，也能促进透明质酸的生成，减少了皮肤细纹和皱纹，用作抗皱和干性皮肤的调理剂。与透明质酸或透明质酸钠、尿囊素、泛醇等配合尤佳，需同时加入足够并高效的抗氧剂和防腐剂。

Athanasia Varvaresou. Efficacy and tolerance study of an oligopeptide with potential anti-aging activity[J]. Journal of Cosmetics, Dermatological Sciences and Applications, 2011, 1: 133-140.

5　寡肽-21　Oligopeptide-21

寡肽-21 即 Glu-Ser-Ser-Phe-Arg-Ser-Ser-Asp-Leu-Srg-Arg-Leu，为十二肽，是人胰岛素样生长因子-1（insulin like growth factor-1）的关键片段，处于第 46～57 位。现可化学合成。

[理化性质]　寡肽-21 为白色粉末，可溶于水，分子量 1457.4。

[安全性]　CTFA 将寡肽-21 作为化妆品原料，中国香化协会 2010 年版的《国际化妆品原料标准中文名称目录》中列入，未见其外用不安全的报道。

[药理作用]　寡肽-21 与化妆品相关的药理研究见表 12-5。

表 12-5　寡肽-21 与化妆品相关的药理研究

试验项目	浓度	效果说明
对角质形成细胞（HaCaT ketatinocytes）增殖的促进	10ng/mL	促进率 68.9%
对原胶原蛋白生成的促进	10ng/mL	促进率 50.8%
对弹性蛋白生成的促进	1mg/kg	促进率 37%
对层粘连蛋白（laminin）生成的促进	10ng/mL	促进率 14.3%
对粘连蛋白（fibronectin）生成的促进	10ng/mL	促进率 733.8%
对透明质酸生成的促进	1mg/kg	促进率 50%

[化妆品中应用]　寡肽-21 有人胰岛素样生长因子-1 样作用，可加速细胞外基质蛋白的生成，如层粘连蛋白、粘连蛋白、胶原蛋白和弹性蛋白等，也能显著促进透明质酸的生成，减少了皮肤细纹和皱纹，用作抗皱和干性皮肤的调理剂。用量 0.1～1mg/kg，多用无益，与人参提取物、木贼提取物、蛋白水解物等配合效果倍增。

6　寡肽-22　Oligopeptide-22

寡肽-22 为十六肽，结构为 Gly-Phe-Tyr-Phe-Asn-Lys-Ala-Ala-Gly-Tyr-Gly-Ser-Ser-Ser-Arg-Arg，是人胰岛素样生长因子-1（insulin like growth factor-1）的关键片段，处于第 22～37 位。现可化学合成。

[理化性质]　寡肽-22 为白色粉末，可溶于水，分子量 1767.9。使用前一般先与水、1,2-己二醇、抗氧剂配制成 50mg/kg 的水溶液。

[**安全性**]　CTFA 将寡肽-22 作为化妆品原料，中国香化协会 2010 年版的《国际化妆品原料标准中文名称目录》中列入，未见其外用不安全的报道。

[**药理作用**]　寡肽-22 与化妆品相关的药理研究见表 12-6。

表 12-6　寡肽-22 与化妆品相关的药理研究

试验项目	浓度	效果说明
对角质形成细胞（HaCaT ketatinocytes）增殖的促进	10ng/mL	促进率 52.4%
对原胶原蛋白生成的促进	10ng/mL	促进率 36.9%
对层粘连蛋白（laminin）生成的促进	10ng/mL	促进率 16.7%
对粘连蛋白（fibronectin）生成的促进	10ng/mL	促进率 617.6%

[**化妆品中应用**]　寡肽-22 有人胰岛素样生长因子-1 样作用，可加速细胞外基质蛋白的生成，如层粘连蛋白、粘连蛋白、胶原蛋白，也能促进透明质酸的生成，减少了皮肤细纹和皱纹，用作抗皱和干性皮肤的调理剂。用量 5mg/kg，多用无益，与透明质酸或透明质酸钠、尿囊素、泛醇等配合尤佳，需同时用入足够并高效的抗氧剂和防腐剂。

7　寡肽-33　Oligopeptide-33

寡肽-33 即 Ile-Trp-Ser-Leu-Asp-Thr-Gln-Tyr-Gly-Gly-Arg-Gly-Asp，为十三肽，是人转化生长因子-β_1（transforming growth factor-β_1）蛋白链中的一片段，转化生长因子-β 的生化作用为调节细胞生长和分化。寡肽-33 现可化学合成。

[**理化性质**]　寡肽-33 为白色粉末，可溶于水，分子量为 1467.5。

[**安全性**]　CTFA 将寡肽-33 作为化妆品原料，中国香化协会 2010 年版的《国际化妆品原料标准中文名称目录》中列入，MTT 法测定在 200μmol/L 对黑色素细胞无细胞毒性，未见其外用不安全的报道。

[**药理作用**]　寡肽-33 与化妆品相关的药理研究见表 12-7。

表 12-7　寡肽-33 与化妆品相关的药理研究

试验项目	浓度	效果说明
对成纤维细胞增殖的促进	10μg/mL	促进率 16%
对角质形成细胞增殖的促进	10μg/mL	促进率 5%
对α-促黑激素（α-MSH）诱发黑色素细胞生成黑色素的抑制	1μg/mL	抑制率 43.3%
对α-促黑激素（α-MSH）诱发酪氨酸酶活性的抑制	10μg/mL	抑制率 33.7%

[**化妆品中应用**]　寡肽-33 有转化生长因子-β_1 样作用，可用作皮肤调理剂，可促进皮层细胞的增殖，有抗皱抗衰功能；对皮肤的伤口愈合也有促进，用量控制在 0.001% 以下，多用无益。对黑色素细胞生成黑色素、酪氨酸酶的活性有抑制，可用作化妆品的增白剂，对皮肤色素沉着有防治作用。

8　寡肽-42　Oligopeptide-42

寡肽-42 的结构为 Tyr-Ile-Ser-Lys-Lys-His-Ala-Gly-Lys-Asn-Trp-Phe，是人酸性成纤维生长因子的片段，位置在 111～122，为十二肽，现已化学合成。

[**理化性质**]　寡肽-42 为白色粉末，可溶于水，分子量 1478.7。

[**安全性**]　CTFA 将寡肽-42 作为化妆品原料，未见其外用不安全的报道。

[**药理作用**]　寡肽-42 及其衍生物与化妆品相关的药理研究见表 12-8。

表 12-8　寡肽-42 及其衍生物与化妆品相关的药理研究

试验项目	浓度	效果说明
寡肽-42 对成纤维细胞增殖的促进	1ng/mL	促进率 40.0%
寡肽-42 对胶原蛋白生成的促进	0.1μg/mL	促进率 56.0%
寡肽-42 对粘连蛋白生成的促进	0.1μg/mL	促进率 8%
水杨酰寡肽-42 对角质层细胞增殖的促进	2.5μmol/L	促进率 20.4%
水杨酰寡肽-42 对丙酸痤疮杆菌的抑制		抑菌圈直径 14mm

[**化妆品中应用**]　寡肽-42 加速细胞外基质蛋白如胶原蛋白、粘连蛋白的生成，并有保湿作用，可用于改善皮肤松弛、减少皮肤细纹和皱纹、促进愈伤等，寡肽-42 的衍生物还有促进生发、痤疮防治和防晒等作用。用量 0.05%，与植物提取抗氧剂配合效果更好。

9　寡肽-44　Oligopeptide-44

寡肽-44 结构为 Asp-Ser-His-Thr-Gln-Tyr-Cys-Phe-His-Gly-Thr，为人α-转移生长因子（α-transfer growth factor）的第 10～20 肽的片段，为十一肽，现为化学合成制品。

[**理化性质**]　寡肽-44 为白色粉末，可溶于水，分子量 1295.4。

[**安全性**]　CTFA 将寡肽-44 作为化妆品原料，MTT 法测定对成纤维细胞无细胞毒性，未见其外用不安全的报道。

[**药理作用**]　寡肽-44 与化妆品相关的药理研究见表 12-9。

表 12-9　寡肽-44 与化妆品相关的药理研究

试验项目	浓度	效果说明
对角质细胞增殖的促进	1ng/mL	促进率 24.7%
对成纤维细胞增殖的促进	1ng/mL	促进率 24.7%
对胶原蛋白生成的促进	0.1μg/mL	促进率 6.7%
对粘连蛋白生成的促进	0.1μg/mL	促进率 10%

[**化妆品中应用**]　寡肽-44 有角化细胞生长因子样类似作用，促进新的头发细胞的增殖和迁移，从而使毛囊和毛干更强壮，可与米诺地尔（minoxidil）配合使用，

用于生发制品和睫毛膏，用量 0.005%。寡肽-44 也可加速细胞外基质蛋白如胶原蛋白、粘连蛋白的生成，可抗皱抗衰，并促进愈伤，用作皮肤调理剂，需与透明质酸钠、卵磷脂、泛醇等配合。

参考文献

Chieh-Fang Cheng. Transforming growth factor α (TGFα)-stimulated secretion of HSP90α: using the receptor LRP-1/CD91 To promote human skin cell migration against a TGFβ-rich environment during wound healing[J]. Molecular & Cellular Biology, 2008, 28(10): 3344-3358.

10　寡肽-45　Oligopeptide-45

寡肽-45 即 Gly-Tyr-Val-Gly-Val-Arg-Cys-Glu-Ala-Ala-Asp-Leu-Asp-Ala，为人α-转移生长因子（α-Transfer growth factor）的第 37～50 肽片段的改造，为十四肽，现为化学合成制品。

[理化性质]　寡肽-45 为白色粉末，可溶于水，分子量 1437.6。

[安全性]　CTFA 将寡肽-45 作为化妆品原料，MTT 法测定对成纤维细胞无细胞毒性，未见其外用不安全的报道。

[药理作用]　寡肽-45 与化妆品相关的药理研究见表 12-10。

表 12-10　寡肽-45 与化妆品相关的药理研究

试验项目	浓度	效果说明
对角质细胞增殖的促进	1ng/mL	促进率31%
对成纤维细胞增殖的促进	1ng/mL	促进率30%
对胶原蛋白生成的促进	0.1μg/mL	促进率6.2%
对粘连蛋白生成的促进	0.1μg/mL	促进率18%

[化妆品中应用]　寡肽-45 可加速皮层细胞的增殖，并促进细胞外基质蛋白如胶原蛋白、粘连蛋白的生成，可抗皱抗衰，并促进愈伤，用作皮肤调理剂，需与透明质酸钠、卵磷脂、泛醇等配合。用量 0.005%。

11　寡肽-50　Oligopeptide-50

寡肽-50 即 Ile-Leu-Tyr-Tyr-Val-Gly-Arg-Thr-Pro-Lys-Val，为人转移生长因子-β₃（transfer growth factor-β₃，TGF-β₃）的第 88～98 肽的片段，为十一肽。转移生长因子-β₃ 参与皮肤创伤愈合及纤维化疾病防治的生化过程。寡肽-50 现可化学合成制品。

[**理化性质**]　寡肽-50 为白色粉末，可溶于水，分子量 1308.7。

[**安全性**]　CTFA 将寡肽-50 作为化妆品原料，MTT 法测定对角质形成细胞等无细胞毒性，未见其外用不安全的报道。

[**药理作用**]　寡肽-50 与化妆品相关的药理研究见表 12-11。

表 12-11　寡肽-50 与化妆品相关的药理研究

试验项目	浓度	效果说明
对成纤维细胞增殖的促进	0.1μg/mL	促进率 12.2%
对角质形成细胞增殖的促进	1μg/mL	促进率 16.8%
对原胶原蛋白生成的促进	1μg/mL	促进率 41.9%
对粘连蛋白（fibronectin）生成的促进	1μg/mL	促进率 39.1%
对α-MSH 诱发黑色素细胞生成黑色素的抑制	1μg/mL	抑制率 34.5%
对α-MSH 诱发酪氨酸酶活性的抑制	10μg/mL	抑制率 38.5%

[**化妆品中应用**]　寡肽-50 有转化生长因子-β_3 样性能，但较天然 TGF-β_3 有更高的稳定性和经皮渗透性。上述数据显示，寡肽-50 对皮肤创伤有促进愈合、减少疤痕的作用，还可美白皮肤和减少皱纹。用于抗皱护肤品的使用浓度小于 1mg/kg，多用无益；用于美白的浓度为 10mg/kg。

参考文献

Vooijs D P P. Transforming growth factor-β_3-loaded microtextured membranes for skin regeneration in dermal wounds[J]. Journal of Biomedical Materials Research Part A, 2004, 70A(3): 402-411.

 寡肽-51　Oligopeptide-51

寡肽-51 即 Gly-Ala-Gly-Asp-Tyr-Leu-Arg-Ser-Ala-Asp-Thr，为人转移生长因子-β_3（transfer growth factor-β_3，TGF-β_3）的第 46～56 肽的片段改造，为十一肽。转移生长因子-β_3 参与创伤愈合及纤维化疾病防治的生化过程。寡肽-51 现可化学合成制品。

[**理化性质**]　寡肽-51 为白色粉末，可溶于水，分子量为 1125.4。

[**安全性**]　CTFA 将寡肽-51 作为化妆品原料，MTT 法测定无细胞毒性，未见其外用不安全的报道。

[**药理作用**]　寡肽-51 与化妆品相关的药理研究见表 12-12。

表 12-12　寡肽-51 与化妆品相关的药理研究

试验项目	浓度	效果说明
对成纤维细胞增殖的促进	0.1μg/mL	促进率 13.0%
对角质形成细胞增殖的促进	1μg/mL	促进率 17.2%

试验项目	浓度	效果说明
对原胶原蛋白生成的促进	1μg/mL	促进率 55.2%
对粘连蛋白（fibronectin）生成的促进	1μg/mL	促进率 45.3%
对α-MSH 诱发黑色素细胞生成黑色素的抑制	1μg/mL	抑制率 55.1%
对α-MSH 诱发酪氨酸酶活性的抑制	10μg/mL	抑制率 40.6%

　　[**化妆品中应用**]　　寡肽-51 有转化生长因子-β_3 样性能，但较天然 TGF-β_3 有更高的稳定性和经皮渗透性。上述数据显示，寡肽-51 对皮肤创伤有促进愈合、减少疤痕的作用，还可美白皮肤和减少皱纹。用于抗皱护肤品的使用浓度小于 1mg/kg，多用无益；用于美白的浓度为 10mg/kg。与寡肽-50 比较，寡肽-51 性价比更好一些。

 13　寡肽-53　Oligopeptide-53

　　寡肽-53 即 Cys-Leu-Ala-Lys-His-Pro-Ser-His-Phe-Leu-Arg-Pro，为十二肽，是人骨形成蛋白-4（bone morphogenetic protein-4）蛋白链的一个片段，现为化学合成品。

　　[**理化性质**]　　寡肽-53 为白色粉末，可溶于水，分子量 1405.7。

　　[**安全性**]　　CTFA 将寡肽-53 作为化妆品原料，MTT 法测定对黑色素细胞无细胞毒性，未见其外用不安全的报道。

　　[**药理作用**]　　寡肽-53 与化妆品相关的药理研究见表 12-13。

表 12-13　寡肽-53 与化妆品相关的药理研究

试验项目	浓度	效果说明
对α-促黑激素诱发 B-16 黑色素细胞生成黑色素的抑制	10μg/mL	抑制率 26.3%
对α-促黑激素诱发酪氨酸酶活性的抑制	10μg/mL	抑制率 65%
对酪氨酸相关蛋白-1（TRP-1）表达的抑制	10μg/mL	抑制率 50%
对酪氨酸相关蛋白-2（TRP-2）表达的抑制	10μg/mL	抑制率 60%

　　[**化妆品中应用**]　　寡肽-53 能加速皮层细胞的增殖，可用作皮肤调理剂；寡肽-53 对α-促黑激素诱发的黑色素的生成有抑制作用，并深层次地抑制酪氨酸酶基因的活动能力，可用作皮肤美白剂。用量 0.002%。用作调理剂时需与泛醇等配合；用作美白剂时需同时用入高效的抗氧剂。

 14　寡肽-54　Oligopeptide-54

　　寡肽-54 即 Tyr-Leu-Asp-Glu-Asn-Glu-Lys-Val-Val-Leu-Lys-Asn，为十二肽，是人骨形成蛋白-4（bone morphogenetic protein-4）蛋白链的一个片段，现为化学合成品。

　　[**理化性质**]　　寡肽-54 为白色粉末，可溶于水，分子量 1463.7。

[**安全性**]　CTFA 将寡肽-54 作为化妆品原料，MTT 法测定无细胞毒性，未见其外用不安全的报道。

[**药理作用**]　寡肽-54 与化妆品相关的药理研究见表 12-14。

表 12-14　寡肽-54 与化妆品相关的药理研究

试验项目	浓度	效果说明
对α-促黑激素诱发 B-16 黑色素细胞生成黑色素的抑制	10μg/mL	抑制率 50.9%
对α-促黑激素诱发酪氨酸酶活性的抑制	10μg/mL	抑制率 75%
对酪氨酸相关蛋白-1（TRP-1）表达的抑制	10μg/mL	抑制率 55%
对酪氨酸相关蛋白-2（TRP-2）表达的抑制	10μg/mL	抑制率 70%

[**化妆品中应用**]　寡肽-54 能加速皮层细胞的增殖，可用作皮肤调理剂；寡肽-54 对α-促黑激素诱发的黑色素的生成有抑制作用，并深层次地抑制酪氨酸酶基因的活动能力，可用作皮肤美白剂。用量 0.002%～0.005%。用作调理剂时需与泛醇等配合；用作美白剂时需同时用入高效的抗氧剂。

 寡肽-59　Oligopeptide-59

寡肽-59 即 Arg-Phe-Leu-Lys-Arg-Leu-Asp-Arg-Leu-Asn-Trp，来自人白介素 IL-4 蛋白链中的关键片段，为十一肽，现可化学合成。白介素 IL-4 在调节人体体液免疫和适应性免疫中起关键作用。

[**理化性质**]　寡肽-59 为白色粉末，可溶于水，分子量 1516.2。

[**安全性**]　CTFA 将寡肽-59 作为化妆品原料，未见其外用不安全的报道。

[**药理作用**]　寡肽-59 与化妆品相关的药理研究见表 12-15。

表 12-15　寡肽-59 与化妆品相关的药理研究

试验项目	浓度	效果说明
对 LPS 诱发白介素 IL-4 生成的抑制	1μg/mL	抑制率 47.7%
对 LPS 诱发白介素 IL-6 生成的抑制	1μg/mL	抑制率 37.0%
对 LPS 诱发白介素 IL-10 生成的抑制	1μg/mL	抑制率 31.4%
对 LPS 诱发白介素 IL-13 生成的抑制	1μg/mL	抑制率 35.6%
对 LPS 诱发 TNF-α生成的抑制	1μg/mL	抑制率 35.1%

[**化妆品中应用**]　寡肽-59 为抗炎剂，可抑制促炎细胞因子的生成，使活化的免疫细胞恢复到正常水平，用于皮肤疾患的预防或治疗，改善皮肤状况。用量 0.002%～0.005%，与营养性助剂如泛酸、泛醇等配合有更好的效果。

参考文献

Ono S J. Molecular genetics of allergic diseases [J]. Annual Review of Immunology, 2000, 18(1): 347-366.

寡肽-61　Oligopeptide-61

寡肽-61 即十一肽 Leu-Arg-Ala-His-Arg-Leu-His-Gln-Leu-Ala-Phe，是类胰岛素一号增长因子（IGF-1）中的片段，也是人生长荷尔蒙（human growth hormone）的第 15～25 的重要片段。人生长激素具有促进蛋白质合成，缩短皮肤创面愈合时间，增强机体免疫力的作用。寡肽-61 现为化学合成品。

［**理化性质**］　寡肽-61 为白色粉末，可溶于水，分子量 1743.8。寡肽-61 的水溶液易降解，现配现用。

［**安全性**］　CTFA 将寡肽-61 作为化妆品原料，MTT 法测定浓度在 10μg/mL 时对角质形成细胞无细胞毒性，未见其外用不安全的报道。

［**药理作用**］　寡肽-61 与化妆品相关的药理研究见表 12-16。

表 12-16　寡肽-61 与化妆品相关的药理研究

试验项目	浓度	效果说明
对角质形成细胞增殖的促进	1ng/mL	促进率 88.1%
对胶原蛋白生成的促进	10ng/mL	促进率 195.0%
对羟基脯氨酸生成的促进	10ng/mL	促进率 20.5%
对纤连蛋白（fibronectin）生成的促进	10ng/mL	促进率 116.7%

［**化妆品中应用**］　寡肽-61 有类胰岛素一号增长因子样作用，能显著促进成纤维细胞的增殖，有助于皮肤再生、抗皱、抗衰老、皮肤保湿和痤疮治疗，总体改善皮肤状况。寡肽-61 与类胰岛素一号增长因子比较，有更好的稳定性和经皮渗透性。用量 0.001%～0.005%，多用无益。

17　寡肽-62　Oligopeptide-62

寡肽-62 即 Arg-Leu-Tyr-Cys-Lys-Asn-Gly-Gly-Phe-Phe-Leu-Arg，是人上皮调节蛋白（epiregulin）的十二肽的片段，此片段也见于成纤维细胞受体 2。寡肽-62 现可化学合成品。上皮调节蛋白是表皮生长因子家族中的一员，有促进纤维细胞等多种细胞生长的作用。

［**理化性质**］　寡肽-62 为白色粉末，可溶于水，分子量 1473.8。

［**安全性**］　CTFA 将寡肽-62 作为化妆品原料，MTT 法测定浓度在 10μg/mL 时对成纤维细胞无细胞毒性，未见其外用不安全的报道。

［**药理作用**］　寡肽-62 与化妆品相关的药理研究见表 12-17。

表 12-17　寡肽-62 与化妆品相关的药理研究

试验项目	浓度	效果说明
对成纤维细胞增殖的促进	0.1μg/mL	促进率 48.1%
对胶原蛋白生成的促进	1μg/mL	促进率 251.0%
对粘连蛋白生成的促进	1μg/mL	促进率 108.8%

　　［化妆品中应用］　寡肽-62 有上皮调节蛋白样作用，但比上皮调节蛋白的皮肤渗透性好，并且不易降解。具有强烈的促进细胞增殖的能力，可加速细胞外基质蛋白如胶原蛋白、粘连蛋白的生成，可用于改善皮肤多种状况如抗皱、抗衰等，用量 0.001%～0.005%，需与高效的抗氧剂配合使用。

参考文献

Choi N. Epiregulin promotes hair growth via EGFR-medicated epidermal and ErbB4-mediated dermal stimulation[J]. Cell Proliferation, 2020, 53(9): 1-10.

18　寡肽-65　Oligopeptide-65

　　寡肽-65 即 Gly-Gln-Cys-Ile-Tyr-Leu-Ser-Gly-Asp-Arg-Cys，是人上皮调节蛋白（epiregulin）的十一肽的片段，现为化学合成品。上皮调节蛋白是表皮生长因子家族中的一员，有促进纤维细胞等多种细胞生长、抑制病变细胞生长等作用。

　　［理化性质］　寡肽-65 为白色粉末，可溶于水，分子量 1214.4。

　　［安全性］　CTFA 将寡肽-65 作为化妆品原料，MTT 法测定对成纤维细胞无细胞毒性，未见其外用不安全的报道。

　　［药理作用］　寡肽-65 与化妆品相关的药理研究见表 12-18。

表 12-18　寡肽-65 与化妆品相关的药理研究

试验项目	浓度	效果说明
对成纤维细胞增殖的促进	0.1μg/mL	促进率 39.5%
对胶原蛋白生成的促进	1μg/mL	促进率 206.1%
对粘连蛋白生成的促进	1μg/mL	促进率 39.6%
对表皮生成因子含量生成的促进	10μg/mL	促进率 163.0%
对磷酸化表皮生长因子受体表达的促进	0.1μg/mL	促进率增加近 10 倍

　　［化妆品中应用］　寡肽-65 有上皮调节蛋白样作用，但比上皮调节蛋白的经皮渗透性好，并且不易降解。具有强烈的促进细胞增殖的能力，可加速细胞外基质蛋白如胶原蛋白、粘连蛋白的生成，也能促进表皮生成因子的生成和作用，可用于改善皮肤多种状况如抗皱、抗衰等，用量 0.001%～0.002%，需与高效的抗氧剂配合使用。

19 寡肽-66 Oligopeptide-66

寡肽-66 即 Phe-Arg-Lys-Asp-Met-Asp-Lys-Val-Ala-Thr-Phe-Leu-Arg-Ile,是人上皮调节蛋白 (epiregulin) 中的十四肽片段,现可化学合成。上皮调节蛋白是表皮生长因子家族中的一员,有促进纤维细胞等多种细胞生长的生化作用。

[**理化性质**] 寡肽-66 为白色粉末,可溶于水,分子量 1740.1。

[**安全性**] CTFA 将寡肽-66 作为化妆品原料,MTT 法测定无细胞毒性,未见其外用不安全的报道。

[**药理作用**] 寡肽-66 与化妆品相关的药理研究见表 12-19。

表 12-19 寡肽-66 与化妆品相关的药理研究

试验项目	浓度	效果说明
对成纤维细胞增殖的促进	0.1μg/mL	促进率 144.5%
对胶原蛋白生成的促进	1μg/mL	促进率增加近 12 倍
对粘连蛋白生成的促进	1μg/mL	促进率 352.2%
对透明质酸生成的促进	10μg/mL	促进率 51.1%

[**化妆品中应用**] 寡肽-66 有上皮调节蛋白样作用,但比上皮调节蛋白的皮肤渗透性好,并且不易降解。具有强烈的促进细胞增殖的能力,可显著加速细胞外基质蛋白如胶原蛋白、粘连蛋白的生成,能促进透明质酸的生成,有保湿作用,用于迅速改善皮肤多种状况如抗皱、抗衰、干燥等,用量 0.001%~0.002%,注意需与营养性助剂配合使用。

20 寡肽-67 Oligopeptide-67

寡肽-67 即 Val-Lys-Thr-Phe-Phe-Gln-Met-Lys-Asp-Gln-Leu-Asp,为人白介素 IL-13 的蛋白链中的片段,此片段在人 IL-4 或 IL-6 中也有存在,十二肽结构,现为化学合成品。

[**理化性质**] 寡肽-67 为白色粉末,可溶于水,分子量 1498.8。

[**安全性**] CTFA 将寡肽-67 作为化妆品原料 MTT 法测定浓度在 100μg/mL 对成纤维细胞、角质形成细胞和黑色素细胞均无细胞毒性,未见其外用不安全的报道。

[**药理作用**] 寡肽-67 与化妆品相关的药理研究见表 12-20。

表 12-20 寡肽-67 与化妆品相关的药理研究

试验项目	浓度	效果说明
对 LPS 诱发白介素 IL-4 生成的抑制	1μg/mL	抑制率 33.6%
对 LPS 诱发白介素 IL-10 生成的抑制	1μg/mL	抑制率 19.8%

试验项目	浓度	效果说明
对 LPS 诱发白介素 IL-13 生成的抑制	1μg/mL	抑制率 33.4%
对 LPS 诱发白介素 IL-6 生成的抑制	1μg/mL	抑制率 20.5%
对 LPS 诱发 TNF-α生成的抑制	1μg/mL	抑制率 20.2%

[化妆品中应用]　寡肽-67 有较广谱抗炎性，能使活化的免疫细胞（B 淋巴细胞、单核细胞、中性粒细胞或巨噬细胞）恢复到正常水平，并改善皮肤状况，用于牛皮癣、脂溢性皮炎等的防治。用量 0.005%，与营养性助剂如泛酸、泛醇等配合有更好的效果。

参考文献

Hasegawa M. Elevated serum levels of interleukin 4 (IL-4), IL-10 and IL-13 in patients with systemic sclerosis [J]. Journal of Rheumatology, 1997, 24(2): 328-332.

 21　寡肽-71　Oligopeptide-71

寡肽-71 是十二肽，即 Leu-Leu-Ala-Asp-Thr-Thr-His-His-Arg-Pro-Trp-Thr，是人外异蛋白受体（ectodysplasin receptor，EDAR）蛋白链的片段，现为化学合成品。外异蛋白属于肿瘤坏死因子家族，涉及毛发、牙齿、汗腺等器官的发展。

[理化性质]　寡肽-71 为白色粉末，可溶于水和生理盐水，分子量 1446.5。

[安全性]　CTFA 将寡肽-71 作为化妆品原料，未见其外用不安全的报道。

[药理作用]　寡肽-71 与化妆品相关的药理研究见表 12-21。

表 12-21　寡肽-71 与化妆品相关的药理研究

试验项目	浓度	效果说明
对成纤维细胞增殖的促进	50μg/mL	促进率：提高 6 倍多
对音猬因子蛋白（sonic hedgehog protein）生成的促进	50μg/mL	促进率：提高 3 倍多
大鼠试验对毛发生长的促进	50μg/mL	促进率 9.1%
对 TNF-α和 IFN-γ 诱发 IL-6 生成的抑制	10μg/mL	抑制率 75%
对 TNF-α和 IFN-γ 诱发 IL-1β生成的抑制	10μg/mL	抑制率 25%

[化妆品中应用]　寡肽-71 有天然外异蛋白相同或相似的活性，并且比天然外异蛋白具有更高的稳定性和皮肤渗透性。对成纤维细胞的增殖有强烈的促进作用，对音猬因子蛋白的生成促进作用明显。音猬因子蛋白存在于毛发毛囊细胞内，其量的多少与毛发毛囊细胞的增殖活性直接相关。可用于促进毛发生长和脱发防治。用量 0.5～1mg/kg，与尿囊素、泛醇、透明质酸钠共同使用效果更好。寡肽-71 还有抗

炎和提高皮肤屏障功能的作用。

22 寡肽-76　Oligopeptide-76

寡肽-76 的参考结构为 Gly-Leu-Phe-Asp-Ile-Ile-Lys-Lys-Ile-Ala-Glu-Ser-Phe，为十三肽，是牡蛎中抗菌肽的改造物，可从牡蛎蛋白质选择性水解物中分离提取，也可化学合成。

[理化性质]　寡肽-76 为白色粉末，可溶于水，分子量 1544.0。

[安全性]　CTFA 将寡肽-76 作为化妆品原料，MTT 法测定细胞毒性试验，25mg/kg 时对成纤维细胞的毒性为 37%，未见其外用不安全的报道。

[药理作用]　寡肽-76 与化妆品相关的药理研究见表 12-22。

表 12-22　寡肽-76 与化妆品相关的药理研究

试验项目	浓度	效果说明
对痤疮丙酸杆菌的抑制	1mg/mL（0.05mL/皿）	抑菌圈直径 11mm
对 LPS 诱发 NO 生成的抑制	10μg/mL	抑制率 15.3%
对透明质酸酶活性的抑制	25mg/kg	抑制率 14.4%

[化妆品中应用]　寡肽-76 有抗菌性，对青春痘诱发菌痤疮丙酸杆菌的抑制随浓度增大而增强，对敏感皮肤的刺激也小；寡肽-76 还有抗炎和护肤作用。用量100mg/kg，可与甘草酸等抗菌剂配合。

参考文献

Seo J K. Purification of a novel arthropod defensin from the American oyster, Crassostrea virginica[J]. Biochemical and Biophysical Research Communications, 2006, 338(4):1998-2004.

23 寡肽-83　Oligopeptide-83

寡肽-83 即 Leu-Tyr-Leu-Asp-Glu-Asn-Glu-Lys-Val-Val-Leu-Lys-Asn，为十三肽，是人骨形态发生蛋白-2（bone morphogenetic protein-2）中的第 91～103 片段，现可化学合成。骨形态发生蛋白在骨发育和改建中起到了重要的作用。

[理化性质]　寡肽-83 为白色冻干粉末，可溶于水，分子量 1576.9。

[安全性]　CTFA 将寡肽-83 作为化妆品原料，未见其外用不安全的报道。

[药理作用]　寡肽-83 与化妆品相关的药理研究见表 12-23。

表12-23　寡肽-83与化妆品相关的药理研究

试验项目	浓度	效果说明
与骨形成蛋白受体结合的促进	5μg/mL	促进率90%
对人牙周膜成纤维细胞增殖的促进	5μg/mL	促进率33%
对小鼠成肌细胞增殖的促进	1μg/mL	促进率14%
对碱性磷酸酶活性的促进（预示骨骼的生长）	1μg/mL	促进率19%
对I型胶原蛋白-α的生成的促进	5μg/mL	促进率提高4倍以上
对 LPS 诱发 IL-1β生成的抑制	10μg/mL	抑制率70%
对 LPS 诱发 IL-8 生成的抑制	10μg/mL	抑制率25%

　　[化妆品中应用]　　寡肽-83有骨形态发生蛋白类似的性能，可促进成骨细胞的分化和增殖，增加骨整合和成骨，也可促进牙髓组织的增殖；可以通过促进成纤维细胞的生长和运动，用于皮肤伤口的愈合和防止皮肤老化，可用作皮肤调理剂；有抗炎性，对牙龈卟啉单胞菌和变异链球菌也有抑制作用，能抑制由植入手术和口腔细菌引起的炎症反应，用于口腔卫生制品防治蛀牙。用量0.005%，多用无益。

参考文献

Chen B. Activation of demineralized bone matrix by genetically engineered human bone morphogenetic protein-2 with a collagen binding domain derived from von Willebrand factor propolypeptide[J]. Journal of Biomedical Materials Research Part A, 2007, 80A(2): 428-434.

24　寡肽-86　Oligopeptide-86

　　寡肽-86 即 Trp-Val-Pro-Tyr-Gln-Ala-Arg-Val-Pro-Tyr-Pro-Arg，为十二肽，是人基质金属蛋白酶3A（semaphorin 3A）蛋白链中的片段。现为化学合成品。基质金属蛋白酶3A 是一种信号素蛋白，参与引导神经生长因子（NGF）敏感神经元收缩等活动。

　　[理化性质]　　寡肽-86 为白色粉末，溶于水，分子量1531.8。

　　[安全性]　　CTFA 将寡肽-86 作为化妆品原料，MTT 法测定对角质形成细胞无细胞毒性，未见其外用不安全的报道。

　　[药理作用]　　寡肽-86 与化妆品相关的药理研究见表12-24。

表12-24　寡肽-86与化妆品相关的药理研究

试验项目	浓度	效果说明
对角质形成细胞增殖的促进	1μg/mL	促进率7.5%
对成纤维细胞增殖的促进	10μg/mL	促进率8.1%
对肥大细胞凋亡的促进	10μg/mL	促进率41%
对 IgE 和 HSA（人血清白蛋白）诱发组胺分泌的抑制	10μg/mL	抑制率16.5%

[化妆品中应用] 寡肽-86 可加速皮层细胞的增殖，激活皮肤的新陈代谢周期，减少了皮肤细纹和皱纹，用作抗皱抗衰调理剂。寡肽-86 有基质金属蛋白酶 3A 相似性能，由于分子小而对皮肤具有优异的渗透性，可促使肥大细胞特异性凋亡并抑制肥大细胞的活性（例如，减少组胺的分泌量，抑制 β-己糖胺酶的活性），有抗皮肤过敏作用。用量 0.001%～0.005%，浓度大反而有副作用，可与白芒花籽油、维生素 E 等配合。

参考文献

Amici M D. The age impact on serum total and allergen-specific IgE[J]. Allergy Asthma & Immunology Research, 2013, 5(3):170-174.

25 寡肽-91 Oligopeptide-91

寡肽-91 是人过氧化还原酶 2 融合蛋白（peroxiredoxin 2 fusion protein）的片段，即 Lys-Glu-Thr-Trp-Trp-Glu-Thr-Trp-Trp-Thr-Glu-Trp-Ser-Gln-Pro-Lys-Lys-Lys-Arg-Arg-Val，为二十一肽。现为化学合成品，一般采用其乙酰衍生物的形式。

[理化性质] 寡肽-91 为白色冻干粉末，可溶于水，分子量 2848.3。

[安全性] CTFA 将寡肽-91 作为化妆品原料，未见其外用不安全的报道。

[药理作用] 寡肽-91 与化妆品相关的药理研究见表 12-25。

表 12-25 寡肽-91 与化妆品相关的药理研究

试验项目	浓度	效果说明
对 LPS 诱发白介素 IL-6 生成的抑制	0.1μmol/L	抑制率 33.8%
对 LPS 诱发白介素 IL-1β 生成的抑制	0.1μmol/L	抑制率 22.1%
对 LPS 诱发 TNF-α 生成的抑制	0.1μmol/L	抑制率 31.2%
对铜绿假单胞菌的抑制		MIC<64μmol/L
对金黄色葡萄球菌的抑制		MIC 64μmol/L
对表皮葡萄球菌的抑制		MIC 64μmol/L
对枯草芽孢杆菌的抑制		MIC 8μmol/L

[化妆品中应用] 寡肽-91 有过氧化还原酶 2 融合蛋白样作用，但比原蛋白有更强的细胞透过能力。寡肽-91 可消除含氧自由基，也可用作抗炎抗菌成分；用于皮肤伤口的愈合和护理。

参考文献

Rabilloud T. Early events in erythroid differentiation accumulation of the acidic peroxinedoxin [J]. Biochemical Journal, 1995, 312(Pt3): 699-705.

26 **寡肽-92　Oligopeptide-92**

寡肽-92 即 Val-Lys-Lys-Tyr-Arg-Pro-Lys-Tyr-Cys-Gly-Ser-Cys，是人骨形成蛋白（bone morphogenetic protein）中的一个重要片段，为十二肽，现可化学合成。骨形成蛋白属于转化生长因子-β，参与人体骨头的生长和损伤的修复。

　　[**理化性质**]　　寡肽-92 为白色粉末，可溶于水，分子量 1431.7。

　　[**安全性**]　　CTFA 将寡肽-92 作为化妆品原料，未见其外用不安全的报道。

　　[**药理作用**]　　寡肽-92 与化妆品相关的药理研究见表 12-26。

表 12-26　寡肽-92 与化妆品相关的药理研究

试验项目	浓度	效果说明
与骨形成蛋白受体的结合力的促进	1μg/mL	促进率 270%
对人牙周膜成纤维细胞增殖的促进	1μg/mL	促进率 22%
对小鼠成肌细胞增殖的促进	0.1μg/mL	促进率 11%
对碱性磷酸酶活性的促进（预示骨骼的生长）	1μg/mL	促进率 20%
对I型胶原蛋白α生成的促进	5μg/mL	促进率：提高 5 倍以上
对 LPS 诱发白介素 IL-1β 生成的抑制	10μg/mL	抑制率 75%
对 LPS 诱发白介素 IL-8 生成的抑制	10μg/mL	抑制率 45%
对环氧合酶 COX-2 活性的抑制	10μg/mL	抑制率 60%
对金属蛋白酶 MMP-1 活性的抑制	10μg/mL	抑制率 30%

　　[**化妆品中应用**]　　寡肽-92 有与骨形成蛋白相似的性能，因为分子量比最小的骨形成蛋白（分子量 5 万）小许多，更易经皮渗透，并且稳定性好。寡肽-92 可促进骨整合和成骨，从而增加成骨细胞的分化和牙髓组织的增殖，加之对口腔有害细菌如变异链球菌、牙龈卟啉单胞菌等的抑制，对白介素生成抑制的抗炎性，可用于口腔卫生制品防治口腔疾病和感染，并有护齿护牙龈功能。寡肽-92 可促进成纤维细胞的生长和迁移，可用于皮肤抗衰老和伤口愈合。用量 0.005%左右。

27 **寡肽-104　Oligopeptide-104**

寡肽-104 的参考结构为 Gln-Gln-Arg-Phe-Glu-Trp-Glu-Phe-Glu-Gln-Gln，是人釉原蛋白（amelogenin）中一片段的改造，为十一肽，现可化学合成。人釉原蛋白是人牙齿发育的早期阶段，由内釉上皮细胞分泌的蛋白质，在牙齿釉质矿化和成熟中发挥重要的作用。

　　[**理化性质**]　　寡肽-104 为白色粉末，易溶于水，分子量 1554.5。

　　[**安全性**]　　CTFA 将寡肽-104 作为化妆品原料，未见其外用不安全的报道。

　　[**药理作用**]　　寡肽-104 与化妆品相关的药理研究见表 12-27。

表12-27　寡肽-104与化妆品相关的药理研究

试验项目	浓度	效果说明
对牙骨质恢复的促进	3mg/mL	促进率20%
对牙齿骨缺损愈合的促进	0.5mg/mL	促进率63%
对牙齿骨密度的促进	5mg/mL	促进率35.7%
对牙齿表面的白度的增加	5mg/mL	白度增加1倍

　　[化妆品中应用]　寡肽-104有釉原蛋白相似的性质,促进牙釉质物质的生成,有牙齿保健、牙齿护理和美白牙齿作用,对敏感牙齿、龋齿、牙龈腐蚀等均有防治效果,在漱口水、牙膏等的口腔卫生用品中使用。用量0.5mg/mL,多用无益。

参考文献

Adam T. Specific adsorption of osteopontin and synthetic polypeptides to calcium oxalate monohydrate crystals[J]. Biophysical Journal, 2007, 93(5):1768-1777.

28　寡肽-109　Oligopeptide-109

　　寡肽-109即Asn-Cys-Ser-Asn-Met-Ile-Cys-Glu-Ile-Ile-Thr-His,是来自人白介素-3(IL-3)中的片段,十二肽,现可化学合成。IL-3是白介素家族重要成员之一,在机体的造血调节和免疫调节中起非常重要的作用。它的主要功能是能够刺激参与免疫反应的细胞增殖、分化并提高其功能。

　　[理化性质]　寡肽-109为白色粉末,可溶于水,分子量1377.6。

　　[安全性]　CTFA将寡肽-109作为化妆品原料,中国香化协会2010年版的《国际化妆品原料标准中文名称目录》中列入,未见其外用不安全的报道。

　　[药理作用]　寡肽-109与化妆品相关的药理研究见表12-28。

表12-28　寡肽-109与化妆品相关的药理研究

试验项目	浓度	效果说明
对组织蛋白酶K（cathepsin K）活性的抑制	10μg/mL	抑制率40%
对核因子κB（nuclear factor kappa-B）活化的抑制	10μg/mL	抑制率60%

　　[化妆品中应用]　寡肽-109具有与天然白细胞介素-3（IL-3）相同或相似的功能,由于其体积小,具有优异的皮肤通透性,也比IL-3稳定。外用对核因子κB受体活化、NF-κB细胞的活性有抑制作用,NF-κB细胞的活化是发生炎症的标志之一,对NF-κB细胞的抑制可反过来证实提高了皮肤免疫细胞的功能。寡肽-109还有皮肤柔滑和保湿的调理作用,用作调理剂,用量0.001%~0.005%。

参考文献

Khapli S M. IL-3 acts directly on osteoclast precursors and irreversibly inhibits receptor activator of NF-kappa B ligand-induced osteoclast differentiation by diverting the cells to macrophage lineage[J]. Journalof Immunology, 2003, 171(1): 142-151.

29　寡肽-112　Oligopeptide-112

寡肽-112 即 Arg-Arg-Leu-Ile-Asp-Arg-Thr-Asn-Ala-Asn-Phe-Leu-Val-Met，是血小板衍生生长因子（platelet derived growth factor，PDGF）第 108～121 的一个片段，为十四肽，现可化学合成。

［理化性质］　寡肽-112 为白色粉末，可溶于水，分子量 1719.0。

［安全性］　CTFA 将寡肽-112 作为化妆品原料，MTT 法测定在 50μg/mL 以下对角质形成细胞无细胞毒性，未见其外用不安全的报道。

［药理作用］　寡肽-112 与化妆品相关的药理研究见表 12-29。

表 12-29　寡肽-112 与化妆品相关的药理研究

试验项目	浓度	效果说明
对角质形成细胞增殖的促进	10μg/mL	促进率 355.5%
对骨形成蛋白生成的促进	50μg/mL	促进率 32.3%

［化妆品中应用］　寡肽-112 有血小板衍生生长因子样作用，但比血小板衍生生长因子稳定。血小板衍生生长因子水溶液在室温下的半衰期约 2 天，而寡肽-112 水溶液 2 个月的降解率为 15%。可强力地使皮肤细胞再生长，并促进伤口的愈合，重生烧伤的皮肤，减少局部水肿和疤痕的形成。可用作抗皱剂和调理剂。用量 0.001%，多用有害。与神经酰胺、澳洲坚果油等配合更见效果。

参考文献

董茂龙. PDGF 对人正常皮肤和增生性瘢痕成纤维细胞胶原网收缩影响的差异[J]. 第四军医大学学报，2005, 26(3): 226-228.

30　寡肽-114　Oligopeptide-114

寡肽-114 即 Ala-Cys-Thr-Gly-Ser-Thr-Gln-His-Gln-Cys-Gly，是膜蛋白（membrane protein）中蛋白链片段的改造，为富含半胱氨酸的十一肽，现可化学合成。膜蛋白在生物体的许多生命活动中起着非常重要的作用，如细胞的增殖和分化、能量转换、信号转导及物质运输等。CTFA 列入的衍生物为乙酰寡肽-114（oligopeptide-114 acetate）。

　　[理化性质]　寡肽-114 为白色粉末，可溶于水，分子量 1092.1。

　　[安全性]　CTFA 将寡肽-114 及其衍生物作为化妆品原料，未见其外用不安全
的报道。

　　[药理作用]　寡肽-114 与化妆品相关的药理研究见表 12-30。

表 12-30　寡肽-114 与化妆品相关的药理研究

试验项目	浓度	效果说明
对荧光物质在猪皮上的渗透促进	1mg/mL	促进率 123.9%
对荧光物质在人角质层上的渗透促进	1mg/mL	促进率 117.8%
电导测定对皮肤角质层含水量的促进	1mg/mL	促进率 160%

　　[化妆品中应用]　寡肽-114 可用作肽载体，参与生化物质的传递和运输，能
高效率地穿透皮肤角质层，增强局部应用药物的全身吸收能力，并有调理皮肤、润
滑保湿的功能。需与强烈的抗氧剂协同使用。

参考文献

Hsu T. Delivery of siRNA and other macromolecules into skin and cells using a peptide enhancer[J]. Proceedings of the National Academy of Sciences USA, 2011, 108 (38): 15816-15821.

31　寡肽-118　Oligopeptide-118

　　寡肽-118 即 Arg-Arg-Lys-Leu-Thr-Phe-Tyr-Leu-Lys-Thr-Leu-Glu，是来自人白介素-3（IL-3）中的第 $109\sim120$ 片段，为十二肽，现可化学合成。IL-3 是白细胞介素家族重要成员之一，在机体的造血调节和免疫调节中起非常重要的作用。它的主要功能是能够刺激参与免疫反应的细胞增殖、分化并提高其功能。

　　[理化性质]　寡肽-118 为白色粉末，可溶于水，分子量 1567.9。

　　[安全性]　CTFA 将寡肽-118 作为化妆品原料，未见其外用不安全的报道。

　　[药理作用]　寡肽-118 与化妆品相关的药理研究见表 12-31。

表 12-31　寡肽-118 与化妆品相关的药理研究

试验项目	浓度	效果说明
对组织蛋白酶 K（cathepsin K）活性的抑制	10μg/mL	抑制率 80%
对核因子 κB（nuclear factor kappa-B）活化的抑制	10μg/mL	抑制率 65%
对 TNF-α 诱致破骨细胞分化促进酶活性的抑制作用	1μg/mL	抑制率 19.1%

　　[化妆品中应用]　寡肽-118 具有与天然白细胞介素-3（IL-3）相同或相似的功
能，由于其体积小，具有优异的皮肤通透性，比 IL-3 稳定 5 倍以上。外用对核因子

κB 受体活化、NF-κB 细胞的活性有抑制作用，NF-κB 细胞的活化是发生炎症的标志之一，对 NF-κB 细胞的抑制可证实提高了皮肤免疫细胞的功能。寡肽-118 还有皮肤柔滑和保湿的调理作用，用作调理剂；也可用于口腔卫生制品参与对牙齿的护理。用量 0.001%～0.005%。

参考文献

Manzoor H. Interleukin-3: promises and perspectives[J]. Hematology, 1998, 3(1): 55-66.

 32   rh-寡肽-1   rh-Oligopeptide-1

rh-寡肽-1 也称重组人表皮生长因子（recombinant human epidermal growth factor），简称表皮生长因子（epidermal growth factor, EGF），结构与 sh-寡肽-1 相同，也有称作 human oligopeptide-1 和 human oligopeptide-22。在哺乳动物体内都有存在，结构也相似，以雄性小鼠颌下含量最丰富，每克湿组织中含 1mg，在人尿、表皮和角膜上皮中都存在。表皮生长因子是由 53 个氨基酸组成的多肽。现在可通过大肠杆菌培养发酵制取。

CTFA 列入的衍生物为透明质酰表皮生长因子（hyaluronate rh-oligopeptide-1）。

| Asn | Ser | Asp | Ser | Glu | Cys | Pro | Leu | Ser | His | Asp | Gly | Tyr | Cys | Leu | His |
| 1 | | | | 5 | | | | | 10 | | | | | 15 | |

| Asp | Gly | Val | Cys | Met | Tyr | Ile | Glu | Ala | Leu | Asp | Lys | Tyr | Ala | Cys | Asn |
| | | 20 | | | | | 25 | | | | | | 30 | | |

| Cys | Val | Val | Gly | Tyr | Ile | Gly | Glu | Arg | Cys | Gln | Tyr | Arg | Asp | Leu | Lys |
| | | 35 | | | | | 40 | | | | | 45 | | | |

| Trp | Trp | Glu | Leu | Arg |
| 50 | | | | |

rh-寡肽-1的结构

［理化性质］   表皮生长因子产品有水溶液和冻干粉两种形式。

一般为冻干后的粉状，白色结晶，可溶于水，不溶于酒精等有机溶剂。表皮生长因子等电点 pH4.6，对热稳定。CAS 号为 62253-63-8。

另一种产品规格为 0.0002%的水溶液。

［安全管理情况］   CTFA 将表皮生长因子作为化妆品原料，未见其外用不安全的报道。

［药理作用］   表皮生长因子与化妆品相关的药理研究见表 12-32。

［化妆品中应用］   表皮生长因子可通过传导信号，引起细胞内一系列生化变化，启动与细胞分裂有关的基因，使静止细胞进入细胞分裂周期，从而使细胞增殖。具体表现是刺激表皮和上皮细胞，直接促使表皮增生和角质化，为作用很强的促细胞分裂因子，可增强细胞活性，促进新陈代谢，防止皮肤衰老，促进创面愈合，减

少瘢痕组织形成。微量使用，常与高营养性活性成分如透明质酸、神经酰胺、肉碱等共同使用，否则效果不佳。在配方中需考虑维持 EGF 的活性，不同的乳化剂中，非离子乳化剂的保护作用最佳；配方中避免使用甲醛释放体的防腐剂；营养性添加剂在配方中对 EGF 的活性有保护效果。

表12-32　表皮生长因子与化妆品相关的药理研究

试验项目	浓度	效果说明
成纤维细胞培养对 I 型胶原蛋白生成的促进	0.02mg/kg	促进率29.6%
对可促进伤口愈合的 HaCat 细胞增殖的促进	0.02mg/kg	促进率88.8%
涂敷对皮肤伤口愈合速度的促进	10μg/mL	促进率50%
对层粘连蛋白（laminin）生成的促进	0.01μg/mL	促进率150%
对透明质酸合成酶活性的促进	0.01μg/mL	活性提高1倍
对角质形成细胞中细胞迁移的促进	0.06mg/kg	促进率53.7%
对角质形成细胞中细胞迁移的促进	0.06mg/kg	促进率687.5%
护发液中用入对脱发的抑制	15mg/kg	抑制率94%

参考文献

张许昌. 表皮生长因子的性质及其在化妆品中的应用[J]. 日用化学工业, 1994, 1: 22-28.

33　rh-寡肽-2　rh-Oligopeptide-2

rh-寡肽-2 也称重组胰岛素样生长因子（recombinant insulin like growth factor-1），简称胰岛素样生长因子（IGF-1）、生长调节素等。与 sh-寡肽-2（sh-oligopeptide-2）结构相同。胰岛素样生长因子是一组具有促生长作用的多肽类物质，其分泌细胞广泛分布在人体肝、肾、肺、心、脑和肠等组织中。胰岛素样生长因子有两种构型，IGF-1 和 IGF-2，以 IGF-1 重要。IGF-2 也名 rh-多肽-31（rh-polypeptide-31），由 180 个氨基酸组成。两种寡肽的应用性能相似。

胰岛素样生长因子现可采用生化法制取，也可化学合成。

```
1                           10                              20
Gly Pro Glu Thr Leu Cys Gly Ala Glu Leu Val Asp Ala Leu Gln Phe Val Cys Gly Asp

21                          30                              40
Arg Gly Phe Tyr Phe Asn Lys Pro Thr Gly Tyr Gly Ser Ser Ser Arg Arg Ala Pro Gln

41                          50                              60
Thr Gly Ile Val Asp Glu Cys Cys Phe Arg Ser Cys Asp Leu Arg Arg Leu Glu Met Tyr

61                          70
Cys Ala Pro Leu Lys Pro Ala Lys Ser Ala
```

rh-寡肽-2(胰岛素样生长因子)的结构

［理化性质］ IGF-I 是由 70 个氨基酸组成的碱性多肽，分子量 7649，等电点 pH8。白色粉末，可溶于水，不溶于酒精等有机溶剂。CAS 号为 67763-96-6。

［安全管理情况］ CTFA 将 rh-寡肽-2 和 rh-多肽-31 作为化妆品原料，未见其外用不安全的报道。

［药理作用］ 胰岛素样生长因子与化妆品相关的药理研究见表 12-33。

表 12-33 胰岛素样生长因子与化妆品相关的药理研究

试验项目	浓度	效果说明
对 HaCat 角化细胞增殖的促进	0.1mg/kg	促进率 87%
细胞培养对原胶原蛋白生成的促进	0.01mg/kg	促进率 110.8%
对层粘连蛋白生成的促进	0.01mg/kg	促进率 14.3%
对纤粘蛋白生成的促进	0.01mg/kg	促进率 617.6%
涂敷对毛发生长的促进	0.1mg/kg	促进率 139.8%
对金属蛋白酶 MMP-1 活性的抑制	0.00015%	抑制率 12.1%
对角质形成细胞中细胞迁移的促进	0.06mg/kg	促进率 14.8%
对成纤维细胞中细胞迁移的促进	0.06mg/kg	促进率 487.5%

［化妆品中应用］ 胰岛素样生长因子是人体内非常重要的细胞有丝分裂促进剂，可作为肌源性神经营养因子刺激肌内神经突起生长，并参与创伤愈合的过程，可用作皮肤调理剂。需与高营养性活性成分如维生素 C、维甲酸等共同使用，效果更佳。胰岛素样生长因子还有促进生发和防止脱发的作用。建议用量为 0.0002%。

 34 **rh-寡肽-4　rh-Oligopeptide-4**

rh-寡肽-4 也称胸腺素 β₄ (thymosin β₄)，广泛存在于脊椎动物和无脊椎动物，是位于哺乳动物腭部以下和胸腔之间胸腺分泌的一种蛋白质多肽，又名胸腺生成素。sh-寡肽-4 与 rh-寡肽-4 结构相同。胸腺素是一很大的系列，胸腺素 β₄ 是其中含量最高、影响最大的成分。动物体内胸腺素的多少与其年龄成反比，因此药用或化妆品用胸腺素均来自小牛胸腺的提取。

Ser　Asp　Lys　Pro　Asp　Met　Ala　Glu　Ile

Glu　Lys　Phe　Asp　Lys　Ser　Lys　Leu　Lys

Lys　Thr　Glu　Thr　Gin　Glu　Lys　Asn　Pro

Leu　Pro　Ser　Lys　Glu　Thr　Ile　Glu　Gln

Glu　Lys　Gln　Ala　Gly　Glu　Ser

rh-寡肽-4(胸腺素β₄)的氨基酸顺序

［理化性质］ 胸腺素 β₄ 易溶于水，不溶于乙醇、丙酮等有机溶剂，虽对热稳

定性好，在短时间内加热至 80℃，生物活性不降低，但仍需冷藏保管，等电点 pH5.1。分子量 4963.5。CAS 号为 77591-33-4。

[安全管理情况] CTFA 将胸腺素 β_4 作为化妆品原料，未见其外用不安全的报道。

[药理作用] 胸腺素 β_4 与化妆品相关的药理研究见表 12-34。

表 12-34 胸腺素 β_4 与化妆品相关的药理研究

试验项目	浓度	效果说明
细胞培养对表皮角质细胞增殖的促进	0.1mg/kg	促进率 161.9%
对成纤维细胞增殖的促进	1mg/kg	促进率 150%
涂敷皮肤伤口对愈合速度的促进	100μg/mL	愈合时间减少 20.3%
涂敷皮肤伤口使疤痕长度的减少	100μg/mL	减少率 17.3%
涂敷对毛发生长的促进	1mg/kg	促进率 41.0%

[化妆品中应用] 胸腺素 β_4 人体内主要的肌动蛋白调节分子之一，具有多重生物学功能，在组织再生、重塑、创伤愈合、维持肌动蛋白平衡、肿瘤发病与转移、细胞凋亡、炎症、血管生成、毛囊发育等生理、病理过程中扮演着极为重要的角色。与氧自由基俘获剂配合使用效果更好（如 SOD、黄酮类化合物）；海藻糖或蘑菇多糖对胸腺素有增强作用；有抑制皮肤过敏的作用，局部施用可减少疤痕或伤口处的痛感，可用作皮肤调理剂。小鼠试验胸腺素 β_4 毛发生长更快，毛干数量更多，毛囊更聚集，可用于生发剂。

35 rh-寡肽-33　rh-Oligopeptide-33

rh-寡肽-33 也称防御素 β_3（human beta defensing-3），是在植物以及动物界广泛存在的一类阳离子多肽，在人的皮肤中就有存在，起抗菌作用，并以此命名，也是一内源性抗菌肽。已知 β 型的防御素有六种，其中人防御素 β_3 较常见，含 45 个氨基酸。现在采用生化法制取。

GIINTLQKYYCRVRGGRCAVLSCLPKEEQIGKCSTRGRKCCRRKK

rh-寡肽-33的结构式

[理化性质] 人防御素 β_3 为冻干粉，可溶于水，不溶于酒精等有机溶剂。

[安全管理情况] CTFA 将人防御素 β_3 作为化妆品原料，未见其外用不安全的报道。

[药理作用] 人防御素 β_3 有抗菌性，对痤疮丙酸杆菌的 MIC 为 35.7μg/mL，对霉菌如黑色莆状菌抑制的 IC_{50} 为 36.4μg/mL。

人防御素 β_3 与化妆品相关的药理研究见表 12-35。

表 12-35　人防御素 β₃ 与化妆品相关的药理研究

试验项目	浓度	效果说明
对 LPS 诱发 TNF-α 生成的抑制	10μg/mL	抑制率 48.6%
对 LPS 诱发白介素 IL-6 生成的抑制	10μg/mL	抑制率 44.2%
对 LPS 诱发 NO 生成的抑制	10μg/mL	抑制率 49.1%

[化妆品中应用]　虽然人防御素 β₃ 作为抗菌肽对病原体的抗微生物作用方式还不明确，但已发现它可以结合微生物细胞壁脂质来破坏和阻碍其繁殖，与菌丝霉素的抗菌机制相似；可用于去臭剂，用量在 0.0002% 左右；人防御素 β₃ 可作为炎症抑制剂来抑制炎症的发生，并防止感染，可用作痤疮抑制剂。人防御素 β₃ 对上皮组织的修复有关联，因此也有护肤作用。防御素 β₃ 也可在口腔卫生用品中使用。

参考文献

Becknell B. Expression and antimicrobial function of beta-defensin 1 in the lower urinary tract[J]. PLoS ONE, 2013, 8(10): 1-10.

36　sh-寡肽-6　sh-Oligopeptide-6

sh-寡肽-6 也称 α-内啡肽，与 oligopeptide-36（寡肽-36，alpha-endorphin）结构相同，是一种内成性（人脑下垂体分泌）的类吗啡生物化学合成物激素，人类角质形成细胞也能生成内啡肽。α-内啡肽是十六肽，氨基酸顺序为 Tyr-Gly-Gly-Phe-Met-Thr-Ser-Glu-Lys-Ser-Gln-Thr-Pro-Leu-Val-Thr，现可用生化法制取。

sh-寡肽-6(α-内啡肽)的结构式

[理化性质]　sh-寡肽-6 为白色冷冻干粉。可溶于水，不溶于酒精等有机溶剂。CAS 号为 59004-96-5。

[安全管理情况]　CTFA 将 sh-寡肽-6 作为化妆品原料，MTT 法测定对成纤维细胞无细胞毒性，未见其外用不安全的报道。

[药理作用]　sh-寡肽-6 与化妆品相关的药理研究见表 12-36。

[化妆品中应用]　sh-寡肽-6 作为皮肤外敷用成分可加速皮层细胞的增殖，也可促进细胞外基质蛋白如胶原蛋白的生成，有抗皱抗衰的调理作用；sh-寡肽-8 对 LPS 诱发 NO 等生成的抑制显示有优异的抗炎性，并具缓解皮肤刺激过敏。用量在

10μg/mL 以下，与泛醇、植物甾醇、小麦水解蛋白、乳清蛋白等配合更好。使用浓度超过 10μg/mL，会促进表皮黑素细胞的活性，增加黑色素的生成。

表12-36 sh-寡肽-6 与化妆品相关的药理研究

试验项目	浓度	效果说明
对成纤维细胞增殖的促进	5μmol/L	促进率122%
对花生四烯酸诱发小鼠耳郭肿胀的抑制	10nmol/L	抑制率56.9%
斑贴法测定对 10% SLS 溶液诱发刺激的抑制	10nmol/L	抑制率85.0%

37 sh-寡肽-7 sh-Oligopeptide-7

sh-寡肽-7 也称 β-内啡肽（β-endorphin），与寡肽-37（oligopeptide-37）结构相同。**sh-寡肽-7** 是一种内成性（人脑下垂体分泌）的类吗啡生物化学合成物激素，人类角质形成细胞也能生成内啡肽。内啡肽有 α、β、γ 三种类型，以 β 型最重要，由 31 个氨基酸组成。现可用生化法制取。

Tyr-Gly-Gly-Phe-Met-Tyr-Ser-Glu-Lys-Ser-

Gln-Thr-Pro-Leu-Val-Thr-Leu-Phe-Lys-Asn-

Ala-Ile-Ile-Lys-Asn-Ala-His-Lys-Lys-Gly-Glu

sh-寡肽-7(β-内啡肽)的氨基酸顺序

[**理化性质**] β-内啡肽为白色冷冻干粉。可溶于水，不溶于酒精等有机溶剂。CAS 号为 60617-12-1。

[**安全管理情况**] CTFA 将 β-内啡肽作为化妆品原料，未见其外用不安全的报道。

[**药理作用**] β-内啡肽与化妆品相关的药理研究见表 12-37。

表12-37 β-内啡肽与化妆品相关的药理研究

试验项目	浓度	效果说明
细胞培养对表皮细胞增殖的促进	0.5ng/mL	促进率10%
细胞培养对纤维芽细胞增殖的促进	0.25ng/mL	促进率10%
对钙调素样皮肤蛋白生成的促进	0.01μmol/L	促进率74%
对转谷氨酰胺酶活性的促进	0.01μmol/L	促进率76%
对酪氨酸酶活性的抑制	2.5ng/mL	抑制率65%
	3.5ng/mL	抑制率40%
大鼠试验对皮肤伤口愈合的促进	10nmol/L	促进率55.84%

[**化妆品中应用**] β-内啡肽对钙调素样皮肤蛋白的生成有促进作用，此蛋白在角质细胞分化后期起调节作用，并在伤口愈合过程中帮助恢复，对皮肤有调理、保护作用；浓度较高的 β-内啡肽有促进表皮黑素细胞的活性，促进黑色素的生成，

但浓度小时，则为抑制。微量使用，浓度小于 1mg/L，多用不利，需与泛醇、卵磷脂、神经酰胺等配合。

参考文献

Liu L P. Effects of β-endorphin in the skin[J]. Journal of Clinical Dermatology, 2006, 35(3): 192-193.

38　　sh-寡肽-8　sh-Oligopeptide-8

sh-寡肽-8 也称 γ-内啡肽（γ-endorphin），与寡肽-38 结构相同。内啡肽是一种内成性（人脑下垂体分泌）的类吗啡生物化学合成物激素，有 α、β 和 γ 三种类型。γ型内啡肽是十七肽，属于神经肽，氨基酸顺序为 Tyr-Gly-Gly-Phe-Met-Thr-Ser-Glu-Lys-Ser-Gln-Thr-Pro-Leu-Val-Thr-Leu，现为化学合成品。

　　[理化性质]　sh-寡肽-8 为白色粉末，可溶于水，分子量 1859.1。CAS 号为60893-02-9。

　　[安全性]　CTFA 将 sh-寡肽-8 作为化妆品原料，中国香化协会 2010 年版的《国际化妆品原料标准中文名称目录》中列入，MTT 法测定对成纤维细胞无细胞毒性，未见其外用不安全的报道。

　　[药理作用]　sh-寡肽-8 与化妆品相关的药理研究见表 12-38。

表 12-38　sh-寡肽-8 与化妆品相关的药理研究

试验项目	浓度	效果说明
对成纤维细胞增殖的促进	5μmol/L	促进率 120%
对花生四烯酸诱发小鼠耳郭肿胀的抑制	10nmol/L	抑制率 50.84%
斑贴法测定对 10% SLS 溶液诱发刺激的抑制	10nmol/L	抑制率 88.3%
对白介素 IL-5 生成的抑制	10μg/mL	抑制率 44.1%

　　[化妆品中应用]　sh-寡肽-8 作为皮肤外敷用成分可加速皮层细胞的增殖，也可促进细胞外基质蛋白如胶原蛋白的生成，有抗皱抗衰的调理作用；sh-寡肽-8 对 LPS诱发 NO 等生成的抑制显示有优异的抗炎性，并具缓解皮肤刺激过敏。用量在10μg/mL 以下，与泛醇、植物甾醇、小麦水解蛋白、乳清蛋白等配合更好。

39　　sh-寡肽-9　sh-Oligopeptide-9

sh-寡肽-9 也称神经肽-3（neuropeptide-3），与寡肽-39（oligopeptide-39）结构相同，结构为 Tyr-Gly-Gly-Phe-Leu-Glu-Glu-Met-Gly-Arg-Arg。sh-寡肽-9 是 γ-内啡肽所含片段的改造，含 11 个氨基酸，现为化学合成品。

［理化性质］ sh-寡肽-9 为白色粉末，可溶于水和生理盐水，分子量 1314.7。

［安全性］ CTFA 将 sh-寡肽-9 作为化妆品原料，MTT 法测定对成纤维细胞无细胞毒性，未见其外用不安全的报道。

［药理作用］ sh-寡肽-9 与化妆品相关的药理研究见表 12-39。

表 12-39 sh-寡肽-9 与化妆品相关的药理研究

试验项目	浓度	效果说明
对成纤维细胞增殖的促进	5μmol/L	促进率 115%
对花生四烯酸诱发小鼠耳郭肿胀的抑制	10nmol/L	抑制率 61.42%
斑贴法测定对 10% SLS 溶液诱发刺激的抑制	10nmol/L	抑制率 88.3%

［化妆品中应用］ sh-寡肽-9 的性能与 γ-内啡肽相同，但性价比优于 γ-内啡肽。作为皮肤外敷成分可加速皮层细胞的增殖，也可促进细胞外基质蛋白如胶原蛋白的生成，有抗皱抗衰的调理作用；sh-寡肽-8 对 LPS 诱发 NO 等生成的抑制显示有优异的抗炎性，并具缓解皮肤刺激过敏，减轻痛感。用量在 10μg/mL 以下，与泛醇、植物甾醇、小麦水解蛋白、乳清蛋白等配合更好。

40 sh-寡肽-16 sh-Oligopeptide-16

sh-寡肽-16 也称人趋化因子（neurotactin 和 fractalkine），又称神经趋化素，简称 FKN，存在于人的皮肤中，是唯一已知的膜结合趋化因子。趋化因子是指能使细胞发生趋化运动的小分子细胞因子。到目前为止，已经发现的趋化因子有 40 多种。趋化因子结构和功能相似。sh-寡肽-16 是一种由 397 个氨基酸组成的膜蛋白，现在可采用生化法制取。

sh-寡肽-16 的氨基酸顺序为：

MAPISLSWLL	RLATFCHLYV	LLAGQHHGVT	KCNITCSKMT	SKIPVALLIH	50
YQQNQASCGK	RAIILETRQH	RLFCADPKEQ	WVKDAMQHLD	RQAAALTRNG	100
GTFEKQIGEV	KPRTTPAAGG	MDESVVLEPE	ATGESSSLEP	TPSSQEAQRA	150
LGTSPELPTG	VTGSSGTRLP	PTPKAQDGPP	VGTELFRVPP	VSTAATWQSS	200
APHQPGPSLW	AEAKTSEAPS	TQDPSTQAST	ASSPAPEENA	PSEGQRVWGQ	250
GQSPRPENSL	EREEMGPVPA	HTDAFQDWGP	GSMAHVSVVP	VSSEGTPSRE	300
PVASGSWTPK	AEEPIHATMD	PQRLGVLITP	VPDAQAATRR	QAVGLLAFLG	350
LLFCLGVAMF	TYQSLQGCPR	KMAGEMAEGL	RYIPRSCGSN	SYVLVPV	397

［理化性质］ sh-寡肽-16 为白色粉末，可溶于水，不溶于酒精等有机溶剂。

［安全管理情况］ CTFA 将 sh-寡肽-16 作为化妆品原料，未见其外用不安全的报道。

［药理作用］ sh-寡肽-16 与化妆品相关的药理研究见表 12-40。

表 12-40　sh-寡肽-16 与化妆品相关的药理研究

试验项目	浓度	效果说明
对原胶原蛋白生成的促进	1μg/mL	促进率 17.4%
对成纤维细胞增殖的促进	1μg/mL	促进率 11.8%
对中性粒细胞趋化运动作用的促进	0.01μg/mL	促进率 72.4%

[化妆品中应用]　sh-寡肽-16 可加速皮层细胞的增殖，有改善皮肤皱纹、提高皮肤弹性、保湿等调理作用。但更重要的是，sh-寡肽-16 因具有一独特的半胱氨酸配置，对中性粒细胞趋化运动作用有显著的促进，在对免疫力方面各种皮肤病如扁平苔藓和寻常型银屑病有抗感染和防治功能。

参考文献

Sugaya M. Human keratinocytes express fractalkine/CX3CL1[J]. Journal of Dermatological Science, 2003, 31: 179-187.

41　sh-寡肽-71　sh-Oligopeptide-71

sh-寡肽-71 也称强啡肽（dynorphin A），是一人体内源性类阿片肽（opioids），属于神经肽。强啡肽有若干个构型，CTFA 列入的是 A 构型，由 13 个氨基酸组成，结构为 Tyr-Gly-Gly-Phe-Leu-Arg-Arg-Ile-Arg-Pro-Lys-Leu-Lys。

sh-寡肽-71(强啡肽A)的氨基酸顺序

[理化性质]　sh-寡肽-71 为白色粉末，微溶于水，易溶于稀酸水溶液，分子量 1604.0。CAS 号为 72957-38-1。sh-寡肽-71 的产品形式为其乙酸盐，其稀酸水溶液的浓度一般为 100mg/kg。

[安全性]　CTFA 将 sh-寡肽-71 作为化妆品原料，未见其外用不安全的报道。

[药理作用]　sh-寡肽-71 与化妆品相关的药理研究见表 12-41。

[化妆品中应用]　sh-寡肽-71 有吗啡类样止痛效果，与吗啡类药物配合可大大促进吗啡样的效果，止痛 ED_{50} 为 2.25μg/mouse。sh-寡肽-71 有较广谱的抗炎性，对多个炎症因子均有抑制作用，尤其是可显著抑制血清免疫球蛋白的生成，这是衡

量其抑制过敏的重要指标。用量 1mg/kg 左右。

表 12-41　sh-寡肽-71 与化妆品相关的药理研究

试验项目	浓度	效果说明
对血清免疫球蛋白（IgE）生成的抑制	10μg/mL	抑制率 66.6%
对白介素 IL-4 生成的抑制	10μg/mL	抑制率 16.8%
对白介素 IL-5 生成的抑制	10μg/mL	抑制率 12.6%
对白介素 IL-13 生成的抑制	10μg/mL	抑制率 36.3%
小鼠试验对瘙痒生成的抑制	10μg/mL	抑制率 88.6%

参考文献

Bigliardi P L. Opioids and skin homeostasis, regeneration and ageing[J]. Experimental Dermatology, 2016, 25(8): 586-591.

42　sh-寡肽-72　sh-Oligopeptide-72

sh-寡肽-72 也称白细胞介素-8（interleukin-8，IL-8），IL-8 是趋化因子家族的一种细胞因子，参与和调节人类生殖、生理和病理过程。人 IL-8 有若干构型，最主要的构型为 72 个氨基酸。

```
Ser Ala Lys Glu Leu Arg Cys Gln Cys Ile Lys Thr Tyr Ser Lys
                5                   10                  15
Pro Phe His Pro Lys Phe Ile Lys Glu Leu Arg Val Ile Glu Ser
            20              25                  30
Gly Pro His Cys Ala Asn Thr Glu Ile Ile Val Lys Leu Ser Asp
        35                  40                  45
Gly Arg Glu Leu Cys Leu Asp Pro Lys Glu Asn Trp Val Gln Arg
    50                  55                  60
Val Val Glu Lys Phe Leu Lys Arg Ala Glu Asn Ser
        65                  70
```

人 IL-8的结构

［**理化性质**］　sh-寡肽-72（IL-8）的分子量约 8000，可溶于水和生理盐水。

［**安全性**］　CTFA 将 sh-寡肽-72 作为化妆品原料，未见其外用不安全的报道。

［**药理作用**］　IL-8 与化妆品相关的药理研究见表 12-42。

表 12-42　IL-8 与化妆品相关的药理研究

试验项目	浓度	效果说明
对弹性蛋白酶活性的抑制		ED_{50} 12nmol/L
对中性粒细胞趋化运动作用的促进	0.1μg/mL	促进率提高 49 倍

［**化妆品中应用**］　IL-8 是巨噬细胞和上皮细胞等分泌的细胞因子，对中性粒细胞有细胞趋化作用而实现其对炎症反应的调节控制，有很强的促血管生成作用，

可用于皮肤伤口愈合，也用作皮肤调理剂。对弹性蛋白酶的活性有抑制作用显示有抗皱效果。需注意的是，IL-8 只可微量使用，用量小于 0.1μg/mL，超量有副反应。

参考文献

Clark-Lewis I. Chemical synthesis, purification, and characterization of two inflammatory proteins, neutrophil activating peptide 1 (interleukin-8) and neutrophil activating peptide 2[J]. Biochemistry, 1991, 30(12): 3128-3135.

43 　sh-寡肽-73　sh-Oligopeptide-73

sh-寡肽-73 也称 P 物质（substance P），氨基酸顺序为 Arg-Pro-Lys-Pro-Gln-Gln-Phe-Phe-Gly-Leu-Met-NH₂，广泛存在于动物的丘脑下部或小肠，是一种小分子肽，含 11 个氨基酸，是神经肽中的一种。现在可采用化学合成法制取，也可从生化产物中分离。

sh-寡肽-73的结构式

[**理化性质**] 　P 物质一般为冻干粉末，可溶于水，不溶于酒精等有机溶剂。在正常情况下，P 物质水溶液将很快失去活性，须在低 pH 下保存，并通氮气和加入抗氧剂，但吐温 80、人血白蛋白、γ-球蛋白可增加其水溶液的稳定性；但粗制 P 物质的水溶液反而是稳定的，在 pH>8 时将迅速被破坏。P 物质分子量 1347.6。CAS号为 33507-63-0。

[**安全管理情况**] 　CTFA 将 P 物质作为化妆品原料，P 物质应在低浓度下使用，浓度稍高即对皮肤有炎症反应并致敏。

[**药理作用**] 　P 物质与化妆品相关的药理研究见表 12-43。

表 12-43　P 物质与化妆品相关的药理研究

试验项目	浓度	效果说明
成纤维细胞培养对其增殖的促进	5μg/mL	促进率 122.1%
角质细胞培养对其增殖的促进	0.1μmol/L	促进率 63.0%
对角质细胞细胞迁移能力的促进	1μmol/L	促进率 126.5%

试验项目	浓度	效果说明
涂敷对皮肤经表皮失水的抑制	0.01μmol/L	抑制率 19.3%
皮肤伤口愈合速度的促进	5μg/mL	促进率 25.2%

[化妆品中应用]　P 物质在低浓度时对皮肤细胞的增殖有增殖作用，并使迁移能力加强，在愈伤制品中用入，可缩短愈合的时间，还可使疤痕的面积大大的缩小，与 rh-寡肽-2 配合效果更显著；可抑制经皮失水率，有保湿作用，可用作皮肤调理剂。在护肤化妆品中，P 物质可用于防治皮肤过敏，对皮疹、皮肤瘙痒都有疗效；利用其能促进血液流通的性质，在生发制品中协助毛发生成。需注意的是，如果物质 P 的使用浓度过大，并不能增加上述试验的效果，而且会起反作用。

参考文献

Eschenfelder C. The role of substance P in the sunburn reaction of mammalian skin[J]. Neuropeptides, 1994, 26(1): 39-45.

44　sh-寡肽-74　sh-Oligopeptide-74

sh-寡肽-74，也称生长抑制激素（somatostatin），简称为生长抑素，是动物或人分泌的神经肽中的一种。生长抑素在体内分布广泛，在神经系统中，广泛存在于中枢和外周神经系统，在脑内以下丘脑正中隆起的浓度为最高。它由 14 个氨基酸组成，现可采用化学合成法制取。

H—Ala—Gly—Cys—Lys—Asn—Phe—Phe—Trp—Lys—Thr—Phe—Thr—Ser—Cys—OH

sh-寡肽-74的结构式

[理化性质]　生长抑制激素为白色冻干粉末，可溶于水，溶解度为 0.1%，不

溶于有机溶剂。分子量 1637.9。需用超纯无菌水来溶解，即配即用。CAS 号为386264-39-7。

[**安全管理情况**]　CTFA 将生长抑制激素作为化妆品原料,中国香化协会 2010年版的《国际化妆品原料标准中文名称目录》中列入,未见其外用不安全的报道。

[**药理作用**]　生长抑制激素与化妆品相关的药理研究见表 12-44。

表 12-44　生长抑制激素与化妆品相关的药理研究

试验项目	浓度	效果说明
小鼠试验对皮肤炎症的抑制	剂量 0.1mg/kg	抑制率 28.6%
皮肤创伤愈合速度的促进	2ng/d	促进率 194%
对组胺释放的抑制	0.1μmol/L	抑制率 32%

[**化妆品中应用**]　生长抑制激素对皮肤创伤、皮肤炎症有治疗作用,对组胺释放的抑制意味着可抑制皮肤的过敏。可用作皮肤调理剂和护肤剂,用量 0.01～0.1μmol/L。

参考文献

Theoharides T C. Dermatitis characterized by mastocytosis at immunization sites in mast-cell-deficient W/Wv mice[J]. International Archives of Allergy and Immunology, 1993, 102(4): 352-361.

45　sh-寡肽-75　sh-Oligopeptide-75

sh-寡肽-75 也称精蛋白（protamine）。精蛋白是一种分子量较小的碱性肽,分子量 4000～10000,其中 2/3 以上的氨基酸组成是精氨酸。精蛋白从新鲜鱼类成熟精子中提取,适合用作精蛋白的鱼类仅为鲑鱼和鲱鱼。现在市售精蛋白只能从鱼的精子中提取。CTFA 列入的衍生物是精蛋白酰胺和曲酰羧基精蛋白酰胺。人精蛋白的氨基酸顺序如下:

ARYRCCRSQS　RSRYYRQRQR　SRRRRRRSCQ　TRRRAMRCCR　PRYRPRCRRH

[**理化性质**]　精蛋白为白色或类白色无晶型粉末,微溶于水,不溶于乙醇。市售的精蛋白产品是其硫酸盐,作用与精蛋白相同。精蛋白硫酸盐为白色粉末,溶于水,不溶于乙醇。

[**安全管理情况**]　CTFA 将精蛋白和精蛋白硫酸盐作为化妆品原料,MTT 法在 0.3mmol/L 以下测定无细胞毒性,未见其外用不安全的报道。

[**药理作用**]　精蛋白有抗菌作用,对大肠杆菌、铜绿假单胞菌、枯草芽孢杆菌、金黄色葡萄球菌、白色念珠菌的 MIC 分别为 1mg/mL、4mg/mL、0.1mg/mL、0.5～1.0mg/mL 和 0.5mg/mL。

精蛋白与化妆品相关的药理研究见表 12-45。

表 12-45　精蛋白与化妆品相关的药理研究

试验项目	浓度	效果说明
4℃测试对成纤维细胞生存率的促进	1μmol/L	促进率 95%
在头发上的吸附量		吸附量为 3.986mg/g 头发

[化妆品中应用]　精蛋白为碱性肽，对微生物的细胞壁有融毁作用而具抗菌性，与洗必泰（chlorhexidine）等配合，抗菌效果更好，对表皮葡萄球菌、变异链球菌等也有强烈抑制作用。易为头发和皮肤吸附，有调理作用。在漂发染发等制品中用入，可减少双氧水对头发的伤害。可用作皮肤和头发的调理剂，使用浓度 0.0001%～0.05%。

参考文献

Mckay D J. The amino acid sequence of human sperm protamine P1[J]. Bioscience Reports, 1985, 5(5): 383-391.

46　sh-寡肽-77　sh-Oligopeptide-77

　　sh-寡肽-77 也称诺金蛋白（noggin protein），与 rh-多肽-13（rh-polypeptide-13）的结构相同。诺金蛋白是一种参与许多身体组织发育的小分子蛋白质，这些组织包括神经组织、胚胎、肌肉和骨骼。诺金蛋白由 11 个氨基酸组成，现在可用生化法制取。CTFA 列入的衍生物为乙酰诺金蛋白酰胺（Acetyl sh-Oligopeptide-77 Amide）和咖啡酰诺金蛋白酰胺（Caffeoyl Oligopeptide-77）。sh-寡肽-77（诺金蛋白）的氨基酸顺序如下：

His-Tyr-Leu-His-Ile-Arg-Pro-Ala-Pro-Ser-Asp-NH$_2$

　　[理化性质]　诺金蛋白为白色冷冻干粉。可溶于水，不溶于酒精等有机溶剂，CAS 号为 148294-77-3。乙酰诺金蛋白酰胺的分子量为 1347.5。

　　[安全管理情况]　CTFA 将诺金蛋白（sh-寡肽-77 和 rh-多肽-13）作为化妆品原料，未见其外用不安全的报道。

　　[药理作用]　诺金蛋白与化妆品相关的药理研究见表 12-46。

表 12-46　诺金蛋白与化妆品相关的药理研究

试验项目	浓度	效果说明
大鼠试验对脊椎细胞增殖的促进	剂量 17.8μg/kg	促进率 38.3%
细胞培养对干细胞增殖的促进	10nmol/L	促进率 91.8%
在头发生长中期对毛囊细胞增殖的促进	5μg/mL	促进率 173.0%
对骨形态发生蛋白质（bone morphogenetic protein，BMP）致脱发的抑制	0.1μg/mL	抑制率 29.2%

[**化妆品中应用**] 诺金蛋白及其衍生物对多种表皮细胞如成纤维细胞等都有增殖促进作用，对肌肉萎缩、神经组织萎缩等均有防治作用，可用作皮肤调理剂，与 γ-氨基丁酸等配合更显效果；可显著促进毛发生长，对脱发也有防治作用，适用于非甾类激素而引起的脱发。

参考文献

范晓棠. Noggin 基因对成年大鼠海马神经前体细胞增殖的影响[J]. 第三军医大学学报，2003，25(15):1311-1314.

47 sh-寡肽-78 sh-Oligopeptide-78

sh-寡肽-78 也称Ⅱ型角蛋白（type Ⅱ keratin）。角蛋白为动物角、蹄、趾、爪、毛发的成分，富含胱氨酸和半胱氨酸，硫含量 2%～5.7%，主要有I型和Ⅱ型两种。Ⅱ型角蛋白比I型的分子量大一些（5 万～7 万）；另外Ⅱ型角蛋白主要由中性氨基酸和碱性氨基酸组成，等电点为 6.5～8.5，而I型角蛋白主要由中性氨基酸和酸性氨基酸组成，等电点为 4.5～6.0。

[**理化性质**] 角蛋白一般不溶于水、稀碱、稀酸和有机溶剂，可以微细粉状、全部水解液和部分水解液三种形式用入化妆品，其中以部分水解液这类产品应用较多（分子量 0.1 万～1.0 万），在此范围内可溶于水。

[**安全性**] CTFA 将 sh-寡肽-78 作为化妆品原料，未见其外用不安全的报道。

[**药理作用**] sh-寡肽-78 与化妆品相关的药理研究见表 12-47。

表 12-47　sh-寡肽-78 与化妆品相关的药理研究

试验项目	浓度	效果说明
对角质层细胞增殖的促进（分子量约 1000）	0.5μg/mL	促进率 28.4%
对成纤维细胞增殖的促进（分子量约 1000）	5μg/mL	促进率 12.4%
在 UVB 30mJ/cm^2 照射下对皮肤角质细胞凋亡的抑制（分子量约 10000）	20μg/mL	抑制率 18.1%
对脂质过氧化的抑制（分子量约 1000）	25μg/mL	抑制率 23.3%
对 LPS 诱发 NO 生成的抑制（分子量约 10000）	80μg/mL	抑制率 27.5%
对 LPS 诱发 TNF-α生成的抑制（分子量约 1000）	20μg/mL	抑制率 21.5%
在 UVB 30mJ/cm^2 照射下对金属蛋白酶 MMP-1 抑制（分子量约 10000）	40μg/mL	抑制率 70%

[**化妆品中应用**] Ⅱ型角蛋白水解物可广泛用作营养剂，与维生素 B$_2$（riboflavin）和脯氨酸等制成生发水，对毛发有保护和调理作用。对皮层细胞有增殖促进作用，对损伤组织和皮肤、老化组织和皮肤或病态组织和皮肤均有护理和调理效果。

McKittrick J. The structure, functions, and mechanical properties of keratin[J]. Journal of Orthomolecular Medicine, 2012, 64(4): 449-468.

 48 **sh-寡肽-81　sh-Oligopeptide-81**

sh-寡肽-81 也称富组蛋白-3（histatin-3）。富组蛋白是一类分子量 1000～5000 的肽，最早在大鼠的唾液中发现，也存在于人及哺乳动物的口腔内，有十几种构型。富组蛋白因其中含有组氨酸较多而得名，CTFA 仅列入的是富组蛋白-3（histatin-3），通常采用其酰胺形式。

Asp-Ser-His-Ala-Lys-Arg-His-His-Gly-Tyr-Lys-Arg-Lys-Phe-His-Glu-Lys-His-His-Ser-His-Arg-
Gly-Tyr-Arg-Ser-Asn-Tyr-Leu-Tyr-Asp-Asn

sh-寡肽-81（富组蛋白-3）的结构

[**理化性质**]　sh-寡肽-81 为白色粉末，可溶于水，分子量 4062.4。

[**安全性**]　CTFA 将 sh-寡肽-81 作为化妆品原料，未见其外用不安全的报道。

[**药理作用**]　sh-寡肽-81 与化妆品相关的药理研究见表 12-48。

表 12-48　sh-寡肽-81 与化妆品相关的药理研究

试验项目	浓度	效果说明
对白色念珠菌的杀灭作用	5μmol/L	杀灭率 63%
对铜绿假单胞菌的杀灭作用	0.1μmol/L	杀灭率 81%
对变形链球菌的杀灭作用	0.1μmol/L	杀灭率 80%
对梭菌蛋白酶活性的抑制	10μmol/L	抑制率 79%
对牙周炎症状的抑制	2μg/mL	抑制率 76.1%

[**化妆品中应用**]　sh-寡肽-81 有显著的抗菌性，可用于痤疮的防治、口腔卫生制品对牙周炎的防治，sh-寡肽-81 还有调理皮肤和保湿作用。用量 2μg/mL，可与其他抗菌剂配合使用。

参考文献

Troxler R F. Structural Relationship Between Human Salivary Histatins[J]. Journal of Dental Research, 1990, 69(1): 2-6.

 49 **抗生肽-1　Alloferon-1**

抗生肽-1 即 His-Gly-Val-Ser-Gly-His-Gly-Gln-His-Gly-Val-His-Gly，是由 13 个氨

基酸组成的短肽，最早在红头丽蝇（*Calliphora vicina*）的血液中发现，在许多昆虫中也存在，现在采用合成法制取。

[**理化性质**]　抗生肽-1　白色粉末，可溶于水，不溶于酒精。CAS 号为347884-61-1。

[**安全管理情况**]　2016 年 CTFA 将抗生肽-1 作为化妆品原料，MTT 法测定浓度在 4mg/mL 时对角质形成细胞无细胞毒性，未见其外用不安全的报道，但应在很低的浓度下使用。

[**药理作用**]　抗生肽-1 与化妆品相关的药理研究见表 12-49。

表 12-49　抗生肽-1 与化妆品相关的药理研究

试验项目	浓度	效果说明
对白介素 IL-1α生成的抑制	4μg/mL	抑制率 7.7%
在 UVB（100J/m²）照射下对白介素 IL-1α生成的抑制	4μg/mL	抑制率 7.3%
对白介素 IL-1β生成的抑制	4μg/mL	抑制率 5.5%
在 UVB（100J/m²）照射下对白介素 IL-1β生成的抑制	4μg/mL	抑制率 22.5%
对白介素 IL-6 生成的抑制	4μg/mL	抑制率 15.5%
对白介素 IL-18 生成的抑制	4μg/mL	抑制率 11.7%
对 TNF-α生成的抑制	4μg/mL	抑制率 17.5%
对维生素 C 经皮渗透的促进	0.25μg/mL	维生素 C 渗透达 7μg/mL（空白为零）

[**化妆品中应用**]　抗生肽-1 对若干白介素有抑制作用，如对 IL-1α的抑制即对防治头皮糠疹、脂溢性皮炎有效，有较广谱的抗炎作用；在紫外线照射下作用更大，可保护皮肤天然抵抗力。

参考文献

Kim Y. The anti-inflammatory effect of alloferon on UVB-induced skin inflammation through the down-regulation of pro-inflammatory cytokines[J]. Immunology Letters, 2013, 149(1-2): 110-118.

第十三章

多肽

rh-多肽-1　rh-Polypeptide-1

rh-多肽-1 也称碱性成纤维细胞生长因子-2（basic fibroblast growth factor-2，bFGF-2），在哺乳动物体内普遍存在，最早从牛的大脑垂体中分离。人碱性成纤维细胞生长因子-2 是人的最简单的成纤维细胞生长因子之一，由 155 个氨基酸组成。可采用生化法制取。

MAAGSITTLP	ALPEDGGSGA	FPPGHFKDPK	RLYCKNGGFF	LRIHPDGRVD	50
GVREKSDPHI	KLQLQAEERG	VVSIKGVCAN	RYLAMKEDGR	LLASKCVTDE	100
CFFFERLESN	NYNTYRSRKY	TSWYVALKRT	GQYKIGSKTG	PGQKAILFLP	150
MSAKS					155

人碱性成纤维细胞生长因子-2 的氨基酸顺序

[理化性质]　rh-多肽-1 为白色冻干粉末，能溶解于水，不溶于酒精。CAS 号为 106096-93-9。

[安全管理情况]　CTFA 将 rh-多肽-1 作为化妆品原料，MTT 法测定无细胞毒性，未见其外用不安全的报道。

[药理作用]　rh-多肽-1 与化妆品相关的药理研究见表 13-1。

表 13-1　rh-多肽-1 与化妆品相关的药理研究

试验项目	浓度	效果说明
细胞培养对成纤维细胞的增殖促进	10ng/mL	促进率 50%
对毛发毛囊母细胞增殖的促进	1ng/mL	促进率 79%
大鼠试验对皮肤伤口愈合的促进	$150IU/cm^2$	促进率 22.7%
对成纤维细胞中细胞迁移的促进	0.06mg/kg	促进率提高 12 倍

[化妆品中应用]　rh-多肽-1 能促进成纤维细胞的有丝分裂、促进中胚层细胞的生长，还可刺激血管形成，在创伤愈合及肢体再生中发挥作用，可用作抗皱剂和调理剂；可促进毛囊母细胞的增殖，可用作生发剂。痕量使用，否则有反作用。

参考文献

Galzie Z. Fibroblast growth factors and their receptors[J]. Biochemistry and Cell Biology, 1997, 75: 669-685.

 2   rh-多肽-2   rh-Polypeptide-2

rh-多肽-2 也称硫氧还蛋白（thioredoxin）。硫氧还蛋白是一类已知存在于所有生物体中的氧化还原小蛋白。它在许多重要的生物过程中发挥作用，包括氧化还原信号。分子量约在 10000～13000，最常见的是含有 108 个氨基酸。现在已可采用生化法制取。

SDKIIHLTDD	SFDTDLVKAD	GAILVDFWAE	WCGPCKMIAP	ILDEIADEYE	**50**
GKLTVAKLDI	DQDPGTAPKY	IGRGIPTLLL	FKDGEVAATK	VGALSKGQLK	**100**
EFLDADLA					**108**

rh-多肽-2（硫氧还蛋白）的氨基酸顺序

［理化性质］　硫氧还蛋白为黄色冻干粉末，稍能溶解于水，溶解度 2 mg/mL，水溶液的 pH 为 8.0。不溶于酒精。CAS 号为 52500-60-4。

［安全管理情况］　CTFA 将硫氧还蛋白作为化妆品原料，未见其外用不安全的报道。

［药理作用］　硫氧还蛋白与化妆品相关的药理研究见表 13-2。

表 13-2　硫氧还蛋白与化妆品相关的药理研究

试验项目	浓度	效果说明
对Ⅳ型胶原蛋白生成的促进	30mg/kg	促进率 155.8%
对皮肤角质层细胞增殖的促进	5mg/kg	促进率 195%
对层粘连蛋白（laminin-5）生成的促进	30mg/kg	促进率 153.0%
对弹性蛋白生成的促进	30mg/kg	促进率 123.3%
表皮细胞培养对外皮蛋白（involucrin）生成的促进	30mg/kg	促进率 181.0%
对纤蛋白（fibulin）生成的促进	30mg/kg	促进率 27.5%
对激肽释放酶血管舒缓素 7（kallikrein-7）生成的促进	1μg/mL	促进率 154.2%
对皮肤角质层含水量的促进（6周后）	0.1%	促进率 120%

［化妆品中应用］　硫氧还蛋白对皮层细胞、胶原蛋白、弹性蛋白等有增殖促进作用，可用作抗皱调理剂；还可用作保湿剂。对激肽释放酶血管舒缓素的生成有促进，显示可增加血流量，有活血作用。用量 0.0001%～0.5%。

参考文献

Morizane S. Kallirein expression and cathelicidin processing are independently controlled in keratinocytes by calcium, vitamin D3, and retinoic acid [J]. Journal of Investigative Dermatology, 2010, 130(5): 1297-1306.

 rh-多肽-3　rh-Polypeptide-3

　　rh-多肽-3 也称角质化细胞生长因子（keratinocyte growth factor，KGF），属于成纤维细胞生长因子，编号为 FGF7，是人体内自然存在的一种碱性蛋白，其受体主要分布在上皮组织。人 KGF 由 194 个氨基酸组成，现在采用生化法制取。

MHKWILTWIL	PTLLYRSCFH	IICLVGTISL	ACNDMTPEQM	ATNVNCSSP	50
ERHTRSYDYM	EGGDIRVRRL	FCRTQWYLRI	DKRGKVKGTQ	EMKNNYNIME	100
IRTVAVGIVA	IKGVESEFYL	AMNKEGKLYA	KKECNEDCNF	KELILENHYN	150
TYASAKWTHN	GGEMFVALNQ	KGIPVRGKTK	KEQKTAHFLP	MAIT	194

rh-多肽-3（角质化细胞生长因子）的氨基酸顺序

　　［理化性质］　rh-多肽-3 为白色冻干粉末，能溶解于水，不溶于酒精。CAS 号为 126469-10-1。

　　［安全管理情况］　CTFA 将 rh-多肽-3 作为化妆品原料，未见其外用不安全的报道。

　　［药理作用］　rh-多肽-3 与化妆品相关的药理研究见表 13-3。

表 13-3　rh-多肽-3 与化妆品相关的药理研究

试验项目	浓度	效果说明
对胶原蛋白生成的促进	1μg/mL	促进率 205.3%
细胞培养对干细胞增殖的促进	1μg/mL	促进率 204.0%（空白 100）
信使核糖核酸（mRNA）表达的促进	1μg/mL	促进率 192%（空白 100）
涂敷对大鼠毛发长度的促进	400IU/mL	促进率 26.0%
涂敷对大鼠毛发密度的促进	400IU/mL	促进率 11.5%

　　［化妆品中应用］　rh-多肽-3 有多种生物学功能，能参与组织器官发育、促进细胞生长增殖、促进创伤愈合，可用作护肤品抗皱抗老的调理剂，也可用于生发制品。用量 1mg/kg。

参考文献

马丽. 重组人角质细胞生长因子 2 在伤口愈合及毛发再生方面的影响[J]. 南华大学学报（自然科学版），2017, 31(2): 84-89.

 rh-多肽-4　rh-Polypeptide-4

　　rh-多肽-4 也称干细胞生长因子（stem cell growth factors，SCF）。干细胞生长因

子主要由肝细胞产生，在人和哺乳动物如鼠中均存在，是新近发现的重要造血细胞因子。人干细胞生长因子有分子量相差不大的多个结构，由248～273个氨基酸组成。现可采用生化法制取。

sh-多肽-4（sh-Polypeptide-4）与 rh-多肽-4 结构和性能相同，在此一起介绍。

MKKTQTWILT	CIYLQLLLFN	PLVKTEGICR	NRVTNNVKDV	TKLVANLPKD	50
YMITLKYVPG	MDVLPSHCWI	SEMVVQLSDS	LTDLLDKFSN	ISEGLSNYSI	100
IDKLVNIVDD	LVECVKENSS	KDLKKSFKSP	EPRLFTPEEF	FRIFNRSIDA	150
FKDFVVASET	SDCVVSSTLS	PEKGKAKNPP	GDSSLHWAAM	ALPALFSLII	200
GFAFGALYWK	KRQPSLTRAV	ENIQINEEDN	EISMLQEKER	EFQEV	245

rh-多肽-4（人干细胞生长因子）的结构

[理化性质]　rh-多肽-4 为白色冻干粉末，该冻干粉末是从含 1mg/mL 人干细胞因子（SCF）的 10mmol/L 乙酸溶液中冻干产生的，可溶于水。

[安全性]　CTFA 将 rh-多肽-4 和 sh-多肽-4 作为化妆品原料，未见其外用不安全的报道。

[药理作用]　rh-多肽-4 与化妆品相关的药理研究见表 13-4。

表13-4　rh-多肽-4 与化妆品相关的药理研究

试验项目	浓度	效果说明
对原胶原蛋白生成的促进	1μg/mL	促进率 8.5%

[化妆品中应用]　rh-多肽-4 可促进肥大细胞的增殖，肥大细胞广泛分布于皮肤及内脏黏膜下的微血管周围，分泌多种细胞因子，参与免疫调节；SCF 是能够激活包括皮肤在内的所有组织中的干细胞活性，在皮肤上防止老化，在毛发上促进新的毛囊形成。rh-多肽- 4 可用于护肤调理；rh-多肽-4 可促进黑色素细胞的增殖，可用于晒黑类制品和灰发的防治。rh-多肽-4 产品形式通常是 0.0001%的水溶液，配方使用 1%，即配即用。

5　rh-多肽-5　rh-Polypeptide-5

rh-多肽-5 也称转化生长因子-3（transforming growth factor-3，TFG-3），又名阿伏特明（avotermin），普遍存在于生物体内，在组织再生、细胞分化、胚胎发育和免疫系统调节中起着关键作用，相对而言在人的血液中含量最高。人体转化生长因子还有α、β两种构型，α型（即 rh-多肽-19，TFG-α）由 50 个氨基酸组成；β型又有β-1（即 sh-多肽-22，TFG-β1）、β-2（即 sh-多肽-76）、β-3（即 sh-多肽-19）等，它们化妆品的应用性能相似，在此一起介绍。现可采用生化法制取。

VVSHFNKCPD	SHTQYCFHGT	CRFLVQEEKP	ACVCHSGYVG	VRCEHADLLA	50

rh-多肽-5（人体转化生长因子α型）的结构

[理化性质]　转化生长因子为白色冻干粉末，能溶解于水，不溶于有机溶剂，

rh-多肽-5 的 CAS 号 为 76057-06-2 和 182212-66-4；rh-多肽-19 的 CAS 号 为 105186-99-0。

[安全管理情况] CTFA 将转化生长因子作为化妆品原料，未见其外用不安全的报道。

[药理作用] 转化生长因子与化妆品相关的药理研究见表 13-5。

表13-5 转化生长因子与化妆品相关的药理研究

试验项目	浓度	效果说明
细胞培养 TFG-3 对纤维芽细胞增殖的促进	10ng/mL	促进率 30%
TFG-β1 对正常人皮肤纤维母细胞增殖的促进	10ng/mL	促进率 87%
TFG-3 对胶原蛋白生成的促进	30ng/mL	促进率 140%
TFG-3 大鼠试验加速皮肤创口愈合	1μg/mL	加快 49.6%
细胞培养 TFG-β1 对弹性蛋白生成的促进	10ng/mL	促进率：提高 10 倍多
TFG-β1 对肌原纤维蛋白-1（myofibrillar protein）生成的促进	10ng/mL	促进率：提高 7 倍多
TFG-β1 对谷氨酰胺转移酶活性的促进	10ng/mL	促进率 26%
TFG-α对表皮角质层细胞增殖的促进	0.1μg/mL	促进率 153.6%

[化妆品中应用] 转化生长因子可用作皮肤调理剂，微量使用即有抗皱作用；可加快皮肤创口的愈合，并且疤痕小而色浅，与表皮生长因子配合效果更好。用量 0.01～1mg/kg，超量意义不大。

参考文献

李江红. 转化生长因子 β 的作用机理[J]. 北京医科大学学报, 1993, 25(3): 227-228.

6 rh-多肽-6 rh-Polypeptide-6

rh-多肽-6 也称白细胞介素-10（interleukin-10），简称白介素-10。白介素-10 是一种多细胞源、多功能的细胞因子，调节细胞的生长与分化，参与炎性反应和免疫反应，是目前公认的炎症与免疫抑制因子。在肿瘤、感染、器官移植、造血系统及心血管系统中发挥重要作用，与血液、消化，尤其是心血管系统疾病密切相关。人白介素-10 由 160 个氨基酸组成，白介素-10 由生化法制取。

SPGQGTQSEN	SCTHFPGNLP	NMLRDLRDAF	SRVKTFFQMK	DQLDNLLLKE	50
SLLEDFKGYL	GCQALSEMIQ	FYLEEVMPQA	ENQDPDIKAH	VNSLGENLKT	100
LRLRLRRCHR	FLPCENKSKA	VEQVKNAFNK	LQEKGIYKAM	SEFDIFINYI	150
EAYMTMKIRN					160

人白介素-10 的氨基酸顺序

[理化性质] 人白介素-10 为白色冻干粉末，可溶于水。CAS 号为 453656-85-4。

[**安全性**]　CTFA 将 rh-多肽-6 作为化妆品原料，未见其外用不安全的报道。

[**药理作用**]　rh-多肽-6 与化妆品相关的药理研究见表 13-6。

表 13-6　rh-多肽-6 与化妆品相关的药理研究

试验项目	浓度	效果说明
对原胶原蛋白生成的促进	1μg/mL	促进率 13.0%
对成纤维细胞增殖的促进	1μg/mL	促进率 5.5%
在 UVB 0.15J/cm² 的照射下，皮肤纤维芽细胞培养对其 DNA 生成的促进	10ng/mL	促进率 123.6%
在湿度 10%时对皮肤纤维芽细胞培养对其 DNA 生成的促进	10ng/mL	促进率 448.2%
兔试验对白介素 IL-4 表达的促进	10μg/(kg·d)	促进率 291.1%
兔试验对 TNF-α表达的促进	10μg/(kg·d)	促进率 69.4%
兔试验对白介素 IL-1β表达的抑制	10μg/(kg·d)	抑制率 51.2%

[**化妆品中应用**]　微量使用 rh-多肽-6 可加速皮肤成纤维细胞的增殖，在外界条件不利的情况下，与空白比较更能促进其增殖；也能促进细胞外基质蛋白如胶原蛋白的生成，可用作皮肤调理剂，减少了皮肤细纹和皱纹。rh-多肽-6 有抗炎性，对自身免疫性疾病、感染性疾病等有防治作用。用量 0.01～1mg/kg，多用有害。

参考文献

Reitamo S. Interleukin-10 modulates type I collagen and matrix metalloprotease gene expression in cultured human skin fibroblasts[J]. Journal of Colloid and Interface Science, 1994, 94(6): 2489-2492.

7　rh-多肽-7　rh-Polypeptide-7

rh-多肽-7 也称人生长激素（human growth hormone，简称 hGH），是由脑垂体分泌的一种非糖基化的蛋白质激素，是人类出生后促进生长的最重要的激素，具有调节人体生长代谢等多重功能，由 191 个氨基酸残基组成。现可用生化法制取。

```
FPTIPLSRLF  DNAMLRAHRL  HQLAFDTYQE  FEEAYIPKEQ  KYSFLQNPQT  50
SLCFSESIPT  PSNREETQQK  SNLELLRISL  LLIQSWLEPV  QFLRSVFANS   100
LVYGASDSNV  YDLLKDLEEG  IQTLMGRLED  GSPRTGQIFK  QTYSKFDTNS  150
HNDDALLKNY  GLLYCFRKDM  DKVETFLRIV  QCRSVEGSCG  F            191
```
rh-多肽-7（人生长激素）的结构式

[**理化性质**]　人生长激素为白色冻干粉末，能溶解于水，不溶于酒精，比旋光度为 25°～38.7°（0.1mol/L，乙酸）。等电点 4.9，分子量 22124.12，CAS 号为 12629-01-5。

[**安全管理情况**]　CTFA 将人生长激素作为化妆品原料，未见其外用不安全的报道。

[**药理作用**]　人生长激素与化妆品相关的药理研究见表 13-7。

表 13-7　人生长激素与化妆品相关的药理研究

试验项目	浓度	效果说明
对表皮细胞增殖的促进	0.03 IU/mL	促进率 50.9%
细胞培养对胶原蛋白生成的促进	10ng/mL	促进率 18%
对原胶原蛋白生成的促进	1μg/mL	促进率 24.1%
细胞培养对弹性蛋白生成的促进	100ng/mL	促进率提高 1 倍

[**化妆品中应用**]　人生长激素可使停止分裂的皮肤底层细胞再生长，吸附水分子使皮肤含水量增加，使面部深裂皱纹变浅，肤色光亮、变白、细嫩有弹性，恢复青春皮肤质地；能促进伤口的愈合，重生烧伤的皮肤，减少局部水肿和疤痕的形成。可用作保湿剂和调理剂。用量 0.01～1mg/kg，多用无益。

参考文献

Breederveld R S. Recombinant Human growth hormone for treating burns and skin graft donor sites[J]. Cochrane Database of Systematic Reviews, 2012,12:CD008990.

8　rh-多肽-8　rh-Polypeptide-8

　　rh-多肽-8 也称血小板源生长因子-A（platelet-derived growth factor-A, PDGF-A），由 370 个氨基酸组成。rh-多肽-59（rh-polypeptide-59）也称血小板源生长因子-B，由 109 个氨基酸组成。它们均在人的血清中发现，在血小板中多量存在而得名。血小板源生长因子还有若干个其他构型，化妆品采用的是这两种，可由生化法制取，也可从动物血小板中提取分离。两个血小板源生长因子在化妆品应用方面的性能相似，一起介绍。

SLGSLTIAEP	AMIAECKTRT	EVFEISRRLI	DRTNANFLVW	PPCVEVQRCS	**50**
GCCNNRNVNC	RPTQVQLRPV	QVRKIEIVRK	KPIFKKATVT	LEDHLACKCE	**100**
TVAAARPVT					**109**

rh-多肽-8（血小板源生长因子-A）的结构式

[**理化性质**]　血小板源生长因子为白色冻干粉末，能溶解于水，不溶于酒精。

[**安全管理情况**]　CTFA 将血小板源生长因子作为化妆品原料，未见其外用不安全的报道。

[**药理作用**]　血小板源生长因子与化妆品相关的药理研究见表 13-8。

[**化妆品中应用**]　血小板源生长因子是一种重要的促有丝分裂因子，可强力地使皮肤细胞再生长，从而修复由于衰老和损伤造成的真皮层胶原纤维断裂与变形，促进真皮层生长与弹性提升，使皱纹自然长平；能促进皮下毛细血管形成，修复皮

下血液微循环系统，促进伤口的愈合，重生烧伤的皮肤，减少局部水肿和疤痕的形成。可用作抗皱剂、调理剂和生发剂。痕量使用，用量 50ng/mL 左右。

表 13-8　血小板源生长因子与化妆品相关的药理研究

试验项目	浓度	效果说明
细胞培养对纤维芽细胞增殖的促进	10ng/mL	促进率 40%
对胶原蛋白生成的促进	30ng/mL	促进率 220%
对弹性蛋白生成的促进	1ng/mL	促进率 80%
大鼠试验加速皮肤创口愈合	1μg/mL	加快 51.9%
对角质形成细胞中细胞迁移的促进	0.06mg/kg	促进率 71.6%
对成纤维细胞中细胞迁移的促进	0.06mg/kg	促进率：提高 10 倍多
对毛发毛母细胞增殖的促进	50ng/mL	促进率 62%

参考文献

孙峰. 血小板源性生长因子在创伤修复中的作用及其研究进展[J]. 中国烧伤创疡杂志, 2010, 22(1): 17-22.

9　rh-多肽-9　rh-Polypeptide-9

　　rh-多肽-9 也称血管内皮生长因子（vascular endothelial growth factor，VEGF），是一种分子量约为 4.6 万的二聚体糖蛋白，有若干个构型，最大的由 412 个氨基酸组成。血管内皮生长因子是特异作用于血管内皮细胞的强有力的多功能细胞因子。它强烈而特异地促使内皮细胞分裂增殖、增生、转移，增加血管通透性并促进新血管生成。sh-多肽-9 的结构和性能与 rh-多肽-9 一样，均由生化法制取。

GQHIGEMSFL QHNKCECRPK KDRARQEKKS VRGKGKGQKR KRKKSRYKSW　　　50
SVPCGPCSER RKHLFVQDPQ TCKCSCKNTD SRCKARQLEL NERTCRCDKP RR　　102

血管内皮生长因子的片段

　　［理化性质］　rh-多肽-9 和 sh-多肽-9 都为白色冻干的粉末，可溶于水，CAS 号为 127464-60-2。

　　［安全性］　CTFA 将 rh-多肽-9 和 sh-多肽-9 作为化妆品原料，未见其外用不安全的报道。

　　［药理作用］　血管内皮生长因子与化妆品相关的药理研究见表 13-9。

表 13-9　血管内皮生长因子与化妆品相关的药理研究

试验项目	浓度	效果说明
对原胶原蛋白生成的促进	1μg/mL	促进率 17.5%
对胶原蛋白生成的促进	3ng/mL	促进率 84.3%
对血管内皮细胞（HUVECS）增殖的促进	1mg/kg	促进率 66%

[**化妆品中应用**]　　血管内皮生长因子可以促使大量毛细血管再生，可有效提高局部血管通透性，促进细胞的分裂、增殖，改善皮肤微循环，使蜡黄、无光泽、不健康的皮肤变得红润有光泽，有活血调理作用。用量 0.1～1μg/mL，多用无益，配方中与指定氨基酸如脯氨酸、丝氨酸等配合效果更好。

参考文献

Kwon Y W. The expression of VEGF in HaCaT cell induced by pressure and its role in the pathogenesis of psoriasis[J]. Korean Journal of Dermatology, 2004, 42(5):592-598.

10　　rh-多肽-10　　rh-Polypeptide-10

rh-多肽-10 也称成纤维细胞生长因子-10（fibroblast growth factor-10，FGF-10），属于碱性纤维细胞生长因子家族。在人的多种器官如心脏、肝脏等中均存在。化妆品一般采用生化法制取的 rh-多肽-10。该物质与人成纤维细胞生长因子-10 的应用性能可以一样，但结构有区别。

MESKEPQLKG	IVTRLFSQQG	YFLQMHPDGT	IDGTKDENSD	YTLFNLIPVG	50
LRVVAIQGVK	ASLYVAMNGE	GYLYSSDVFT	PECKFKESVF	ENYYVIYSST	100
LYRQQESGRA	WFLGLNKEGQ	IMKGNRVKKT	KPSSHFVPKI	EVCMYREPSL	150
HEIGEKQGRS	RKSSGTPTMN	GGKVVNQDST			180

rh-多肽-10（人成纤维细胞生长因子-10）的结构式

[**理化性质**]　　rh-多肽-10 为白色粉末，可溶于水。CAS 号为 62031-54-3。

[**安全性**]　　CTFA 将 rh-多肽-10 作为化妆品原料，未见其外用不安全的报道。

[**药理作用**]　　rh-多肽-10 与化妆品相关的药理研究见表 13-10。

表 13-10　rh-多肽-10 与化妆品相关的药理研究

试验项目	浓度	效果说明
对成纤维细胞增殖的促进	10ng/mL	促进率 41.2%
对原胶原蛋白生成的促进	1μg/mL	促进率 17.5%
对胶原蛋白生成的促进	10ng/mL	促进率：提高 1 倍以上

[**化妆品中应用**]　　rh-多肽-10 可加速皮层成纤维细胞的增殖，对细胞外基质蛋白如原胶原蛋白和胶原蛋白的生成有显著的促进作用；在皮肤伤口修复过程中效果显著，与硫酸软骨素配合愈合的速度加快。建议用量 10ng/mL，浓度加大并无作用。

参考文献

Radek K A. FGF-10 and specific structural elements of dermatan sulfate size and sulfation promote maximal keratinocyte migration and cellular proliferation[J]. Wound Repair Regen, 2009, 17(1):118-126.

11   **rh-多肽-11**   **rh-Polypeptide-11**

rh-多肽-11 也称酸性成纤维细胞生长因子（acidic fibroblast growth factor, aFGF），由 155 个氨基酸组成。酸性成纤维细胞生长因子来源于中胚层及神经外胚层的细胞，这些细胞主要分布于脑、垂体、神经组织、视网膜、肾上腺、心脏和骨等器官或组织内，其他组织含量很少，在血清和体液中以极低的浓度存在。rh-多肽-11 采用生化法制取。

MAEGEITTFT	ALTEKFNLPP	GNYKKPKLLY	CSNGGHFLRI	LPDGTVDGTR	**50**
DRSDQHIQLQ	LSQESVGEVY	IKSTETGQYL	AMCTDGLLYG	SQTPNEECLF	**100**
LERLEENHYN	TYISKKHAEK	NWFVGLKKNG	SCKRGPRTHY	GQKAILFLPL	**150**
PVSSD					**155**

rh-多肽-11（人酸性成纤维生长因子）的结构

[**理化性质**] 酸性成纤维细胞生长因子为白色冻干粉末，可溶于水。CAS 号为 62031-54-3。

[**安全性**] CTFA 将 rh-多肽-11 作为化妆品原料，未见其外用不安全的报道。

[**药理作用**] rh-多肽-11 与化妆品相关的药理研究见表 13-11。

表 13-11   rh-多肽-11 与化妆品相关的药理研究

试验项目	浓度	效果说明
对皮肤角质细胞增殖的促进	5ng/mL	促进率 18%
对胶原蛋白生成的促进	1.5mg/kg	促进率 22.1%
在 200mJ/cm² UVB 照射下对细胞凋亡的抑制	2.5mg/kg	抑制率 72%
对皱纹深度的改善	2.5mg/kg	主皱纹深度减少 14.1%
对金属蛋白酶 MMP-1 活性的抑制	1.5mg/kg	抑制率 9.7%

[**化妆品中应用**] 酸性成纤维细胞生长因子能刺激和调节上皮细胞、成肌细胞等的分化增殖，促进表皮组织的修复和代谢，可平复皱纹、减轻日晒对皮肤的损伤。在伤口愈合方面，酸性成纤维细胞生长因子比碱性成纤维细胞生长因子更温和持久，并有抗炎性，对增生性瘢痕的形成有抑制。微量使用，用量 0.1～1mg/kg，需与具抗氧性的植物提取物配合。

<h3 align="center">参考文献</h3>

Mellin N. Acidic fibroblast growth factor accelerates dermal wound healing[J]. Growth Factors, 1992, 7(1): 1-14.

12   **rh-多肽-12**   **rh-Polypeptide-12**

rh-多肽-12 也称白细胞介素-4（interleukin-4, IL-4），有若干构型，最多的由 153

个氨基酸组成，是人体 Th2 细胞分泌的细胞因子，在调节体液免疫和适应性免疫中起关键作用。白细胞介素-4 主要采用生化法制取或从动物提取。

MHIHGCDKNH	LREIIGILNE	VTGEGTPCTE	MDVPNVLTAT	KNTTESELVC	50
RASKVLRIFY	LKHGKTPCLK	KNSSVLMELQ	RLFRAFRCLD	SSISCTMNES	100
KSTSLKDFLE	SLKSIMQMDY	S			121

rh-多肽-12（小鼠白细胞介素-4）的结构

[理化性质]　rh-多肽-12 为白色冻干粉末，可溶于水。CAS 号为 453656-85-4。

[安全性]　CTFA 将 rh-多肽-12 作为化妆品原料，未见其外用不安全的报道。

[药理作用]　rh-多肽-12 与化妆品相关的药理研究见表 13-12。

表 13-12　rh-多肽-12 与化妆品相关的药理研究

试验项目	浓度	效果说明
对原胶原蛋白生成的促进	1μg/mL	促进率 13.3%
在 UVB 0.15J/cm^2 的照射下，皮肤纤维芽细胞培养对 DNA 生成的促进	10ng/mL	促进率 63.6%
湿度 10% 时对皮肤纤维芽细胞培养对 DNA 生成的促进	10ng/mL	促进率：提高 6 倍多
湿度 90% 时对皮肤纤维芽细胞培养对 DNA 生成的促进	10ng/mL	促进率 12%

[化妆品中应用]　微量使用 rh-多肽-12 可加速皮肤成纤维细胞的增殖，在紫外光照、极端干燥或高湿度的情况下，与空白比较更能促进其增殖；也能促进细胞外基质蛋白如胶原蛋白的生成，可用作皮肤调理剂，减少了皮肤细纹和皱纹。rh-多肽-12 对自身免疫性疾病、感染性疾病等有防治作用。用量 0.01～1mg/kg，多用有害。

参考文献

Hwang H. IL-4 suppresses UVB-induced apoptosis in skin[J]. Journal of Biochemistry & Molecular Biology, 2007, 40(1):36-41.

13　rh-多肽-14　rh-Polypeptide-14

rh-多肽-14 也称神经生长因子（nerve growth factor，NGF），是迄今为止研究得较清楚的一个生长因子。NGF 广泛存在于动物体内，以成年雄性小鼠颌下腺中含量最高。神经生长因子有若干构型，以 β 型最为常见，应用也最广。神经生长因子可从小鼠颌下腺中提取，也可采用生化法制取，含 118 个氨基酸。

SSTHPVFHMG	EFSVCDSVSV	WVGDKTTATD	IKGKEVWVLA	EVNINNSVFR	50
QYFFETKCRA	SNPVESGCRG	IDSKHWNSYC	TTTHTFVKAL	TTDEKQAAWR	100
FIRIDTACVC	VLSRKATR				118

rh-多肽-14（神经生长因子）的结构

[理化性质]　神经生长因子白色冻干粉末，可溶于水，不溶于酒精。CAS 号为 9061-61-4。

[**安全管理情况**]　CTFA 将神经生长因子作为化妆品原料，未见其外用不安全的报道。

[**药理作用**]　神经生长因子与化妆品相关的药理研究见表 13-13。

表 13-13　神经生长因子与化妆品相关的药理研究

试验项目	浓度	效果说明
对信使 RNA（mRNA）表达的促进	100ng/mL	促进率 105.5%
对人头发生长的促进	0.1mg/kg	促进率 24.3%
大鼠试验对皮肤伤口愈合的促进	$3000AU/cm^2$	促进率 30.3%

[**化妆品中应用**]　神经生长因子在神经、免疫、造血、生殖及内分泌等系统均具有重要的生物学作用，尤其在神经系统中的作用已被公认，其对调节神经元的生长、发育、分化、存活及损伤神经的再生修复均有重要作用，也可促进皮肤伤口的愈合，可用作皮肤调理剂和生发剂。神经生长因子应微量使用，浓度过大有反作用。

参考文献

Angeletti R H. Nerve growth factor from the mouse submaxillary glands:amino acids equence[J]. Proceedings of the National Academy of Sciences, 1971, 68(10): 2417-2423.

14　rh-多肽-16　rh-Polypeptide-16

rh-多肽-16 也称人胎盘生长因子（placenta growth factor，PLGF），从人的胎盘中分离提取。人胎盘生长因子是一个对滋养层细胞功能有自分泌作用和对血管生长有旁分泌作用的蛋白。PLGF 对滋养层细胞和内皮细胞功能有独特的调节作用，能够促进新生血管生成。人胎盘生长因子有多个结构，最大的含 221 个氨基酸。

sh-多肽-8（sh-polypeptide-8）与 rh-多肽-16 的结构和性能相同。

[**理化性质**]　rh-多肽-16 为类白色粉末，可溶于水。CAS 号为 144321-81-3 和 797794-90-2。

[**安全性**]　CTFA 将 rh-多肽-16 和 sh-多肽-8 作为化妆品原料，未见其外用不安全的报道。

[**药理作用**]　rh-多肽-16 与化妆品相关的药理研究见表 13-14。

表 13-14　rh-多肽-16 与化妆品相关的药理研究

试验项目	浓度	效果说明
对皮肤皱纹深度的改善	30ng/mL	皱纹深度减少 26%
对皮肤皱纹密度的改善	30ng/mL	皱纹密度下降 4%
对皮肤弹性的提高	30ng/mL	促进率：增加 2.4 倍
对皮肤角质层含水量的提高（湿度 75% 中测定）	30ng/mL	促进率 139.2%

[**化妆品中应用**]　人胎盘生长因子的作用与血管内皮生长因子相似，因为在结构和氨基酸组成上两者有 53%的相同。可用于抗皱纹、抗氧化和抗衰老的调理化妆品，对皮肤创伤和脂溢性角化病也有防治作用；用于发制品则防治脱发。用量 10～30ng/mL，多用无益。

参考文献

Teresa O. The placenta growth factor in skin angiogenesis[J]. Journal of Dermatological Science, 2006, 41(1): 11-19.

15　rh-多肽-17　rh-Polypeptide-17

rh-多肽-17 也称白细胞介素-1α（interleukin-1α，IL-1α）。白细胞介素-1α是由哺乳动物表皮（包括人表皮）的细胞以活性形式组成型产生的唯一白细胞介素-1 家族成员。白细胞介素-1α在健康的人皮肤中约有 10～20ng/cm^2 的水平，在牛皮癣或老化皮肤中含量经常降低。

sh-多肽-17（sh-polypeptide-17）的结构和性能与 rh-多肽-17 一样。

SAPFSFLSNV	KYNFMRIIKY	EFILNDALNQ	SIIRANDQYL	TAAALHNLDE	50
AVKFDMGAYL	SSKDDAKITV	ILRISKTQLY	VTAQDEDQPV	LLKEMPEIPK	100
LLKEMPEIPK	TITGSETNLL	FFTETHGTKN	YFTSVAHPNL	FIATLQDYWV	150
CLAGGPPSIT	DFQILENQA				169

rh-多肽-17（人白细胞介素-1α）的结构式

[**理化性质**]　白细胞介素-1α为白色冻干粉末，可溶于水和生理盐水。CAS 号为 722588-92-3。

[**安全性**]　CTFA 将白细胞介素-1α作为化妆品原料，未见其外用不安全的报道。

[**药理作用**]　白细胞介素-1α与化妆品相关的药理研究见表 13-15。

表 13-15　白细胞介素-1α与化妆品相关的药理研究

试验项目	浓度	效果说明
对原胶原蛋白生成的促进	1μg/mL	促进率 24.1%
对胶原蛋白生成的促进	10ng/mL	促进率 30.7%
对成纤维细胞增殖的促进	3ng/mL	促进率 10.0%

[**化妆品中应用**]　白细胞介素-1α能促进成纤维细胞的增殖；另外成纤维细胞经白细胞介素-1α的刺激，促进原胶原蛋白、弹性蛋白和透明质酸，以及胶原蛋白的生成，可用作皮肤调理剂；对头发的生成也有促进作用。需注意的是，白细胞介素-1α是一种促炎性细胞因子，可诱导皮肤出现一系列不良反应，如水肿和发红。应严格控制使用量，用量在 10ng/mL 左右。

Camp R. Potent inflammatory properties in human skin of interleukin-1 alpha-like material isolated from normal skin[J]. Journal of Investigative Dermatology, 1990, 94(6): 735-741.

16   rh-多肽-18   rh-Polypeptide-18

    rh-多肽-18 也称白细胞介素-1β（interleukin-1β，IL-1β），是人体是在感染和炎症状态下，由多种细胞产生的、有多方面生物学功能的细胞因子。作为一个重要的炎症应答中间因子，能够参与免疫反应中的多种细胞活动，包括细胞增殖、分化和凋亡、介导炎症反应等。白细胞介素-1β 有多个构型，最大的由 269 个氨基酸组成。rh-多肽-18 由生化法制取。

APVRSLNCTL	RDSQQKSLVM	SGPYELKALH	LQGQDMEQQV	VFSMSFVQGE	50
ESNDKIPVAL	GLKEKNLYLS	CVLKDDKPTL	QLESVDPKNY	PKKKMEKRFV	100
FNKIEINNKL	EFESAQFPNW	YISTSQAENM	PVFLGGTKGG	QDITDFTMQF	150
VSS					153

rh-多肽-18（白细胞介素-1β）的结构式

    [**理化性质**]   rh-多肽-18 为白色冻干粉末，可溶于水和 pH 7.1 的磷酸缓冲液，室温下水溶液容易降解，需现配现用。

    [**安全性**]   CTFA 将白细胞介素-1β 作为化妆品原料，未见其外用不安全的报道。

    [**药理作用**]   白细胞介素-1β 与化妆品相关的药理研究见表 13-16。

表 13-16   白细胞介素-1β 与化妆品相关的药理研究

试验项目	浓度	效果说明
对原胶原蛋白生成的促进	1μg/mL	促进率 32.8%
对胶原蛋白生成的促进	10ng/mL	促进率 6.9%
对成纤维细胞增殖的促进	1μg/mL	促进率 6.2%
对人粘蛋白生成的促进	10ng/mL	促进率 25%

    [**化妆品中应用**]   微量白细胞介素-1β 能促进成纤维细胞的增殖；以及促进胶原蛋白的生成，可用作皮肤调理剂；对人唾液黏蛋白的生成有促进作用，唾液黏蛋白是唾液腺分泌的重要蛋白成分，主要功能是黏附牙体及口腔黏膜表面，并参与膜的形成，起到口腔组织屏障作用，防治牙周炎等口腔疾病。需注意的是，白细胞介素-1α 是一种促炎性细胞因子，可诱导皮肤出现一系列不良反应，如水肿和发红。应严格控制使用量，用量在 10ng/mL 左右，超过 1mg/kg，呈反作用。

参考文献

李学森. IL-1β 对成纤维细胞合成I型胶原蛋白作用及机制[J]. 青岛大学医学院学报, 2010, 3:229-231.

rh-多肽-25　rh-Polypeptide-25

　　rh-多肽-25 也称人白细胞介素-2（human interleukin-2），由 T 淋巴细胞产生，有多个结构，最大的含 153 个氨基酸。人白细胞介素-2 可诱导细胞因子的分泌，促进成纤维细胞、内皮细胞的生长，促进胶原蛋白的合成，促进结缔组织的形成。rh-多肽-25 由生化法制取。

MPTSSSTKKT	QLQLEHLLLD	LQMILNGINN	YKNPKLTRML	TFKFYMPKKA	50
TELKHLQCLE	EELKPLEEVL	NLAQSKDFHL	RPRDLISNIN	VIVLELKGSE	100
TTFMCEYADE	TATIVEFLNR	ITFSQSIIST	LT		132

rh-多肽-25（人白细胞介素-2）的部分结构式

　　[理化性质]　人白细胞介素-2 为白色冻干粉末，可溶于水。CAS 号为90804-20-9、102524-44-7 和 453656-85-4。

　　[安全性]　CTFA 将人白细胞介素-2 作为化妆品原料，未见其外用不安全的报道。

　　[药理作用]　白介素-2 与化妆品相关的药理研究见表 13-17。

表 13-17　白介素-2 与化妆品相关的药理研究

试验项目	浓度	效果说明
对原胶原蛋白生成的促进	1μg/mL	促进率 4.2%
在 UVB 0.15J/cm² 的照射下，皮肤纤维芽细胞培养对 DNA 生成的促进	10ng/mL	促进率 31.8%
湿度 10%时对皮肤纤维芽细胞培养对 DNA 生成的促进	10ng/mL	促进率提高 3 倍多
湿度 90%时对皮肤纤维芽细胞培养对 DNA 生成的促进	10ng/mL	促进率 6%

　　[化妆品中应用]　rh-多肽-25 应微量使用，可加速皮肤成纤维细胞的增殖，在紫外光照、极端干燥或高湿度的情况下，与空白比较更能促进其增殖。rh-多肽-25对自身免疫性疾病、感染性疾病等有防治作用，可促进白细胞介素-12 的表达，从而减轻皮炎、瘙痒和特应性皮炎。用量 0.05～0.2mg/kg，多用有害。

参考文献

Volkman D J. Human T cell leukemia/lymphoma virus-infected antigen-specific T cell clones: indiscriminant helper and lymphokine production[J]. Journal of Immunology, 1985, 134(6): 4237-4243.

rh-多肽-33　rh-Polypeptide-33

　　rh-多肽-33 也称肿瘤坏死因子-α（tumor necrosis factor-α，TNF-α），由巨噬细胞

产生一种能够直接杀伤肿瘤细胞而对正常细胞无明显毒性的细胞因子。现为生化法制取。有多个 rh-多肽-33 的结构，最大的含 233 个氨基酸。市售的肿瘤坏死因子-α 分离自牛血，含 157 个氨基酸。

LRSSSQASSN	KPVAHVVADI	NSPGQLRWWD	SYANALMANG	VKLEDNQLVV	50
PADGLYLIYS	QVLFRGQGCP	STPLFLTHTI	SRIAVSYQTK	VNILSAIKSP	100
CHRETPEWAE	AKPWYEPIYQ	GGVFQLEKGD	RLSAEINLPD	YLDYAESGQV	150
YFGIIAL					157

分离自牛血的 TNF-α 结构

[理化性质]　rh-多肽-33 为白色粉末，可溶于水。肿瘤坏死因子-α 的 CAS 号为 94948-59-1。

[安全性]　CTFA 将 rh-多肽-33 作为化妆品原料，未见其外用不安全的报道。

[药理作用]　rh-多肽-33 与化妆品相关的药理研究见表 13-18。

表 13-18　rh-多肽-33 与化妆品相关的药理研究

试验项目	浓度	效果说明
对趋化因子 1（CXCL1）生成的促进	10ng/mL	促进率增加到 9.1 倍
对趋化因子 2（CXCL2）生成的促进	10ng/mL	促进率增加到 8.1 倍
对单核细胞趋化蛋白（CCL5）生成的促进	10ng/mL	促进率增加到 14.4 倍
对钙结合蛋白（S100A12）生成的促进	10ng/mL	促进率增加到 6.5 倍

[化妆品中应用]　趋化因子（chemokines）是指能够吸引白细胞移行到感染部位的一些低分子量（多为 8000～10000）的蛋白质（MCP-1 等），在炎症反应中具有重要作用；钙结合蛋白属于 S100 蛋白家族成员，具有上调内皮细胞黏附分子、活化炎性细胞、趋化特性和抗菌活性。肿瘤坏死因子-α 上述数据显示可，激活皮肤免疫力，增加抗微生物肽的表达，抑制炎症，促进表皮修复，提高皮肤屏障功能。痕量使用，用量 1ng/mL。

19　rh-多肽-45　rh-Polypeptide-45

rh-多肽-45 也称粒细胞巨噬细胞集落刺激因子（granulocyte macrophage colony stimulating factor），是人 5 号染色体中的一个基因，由 144 个氨基酸组成。现采用生化法制取或从小鼠提取。粒细胞巨噬细胞集落刺激因子是一种作用广泛的细胞因子，为造血生长因子家族成员，通过细胞膜表面特异性受体介导维持细胞存活，刺激细胞增殖与分化。sh-多肽-45 和 rh-多肽-45 的结构和性能相同。

MWLQSLLLLG	TVACSISAPA	RSPSPSTQPW	EHVNAIQEAR	RLLNLSRDTA	50
AEMNETVEVI	SEMFDLQEPT	CLQTRLELYK	QGLRGSLTKL	KGPLTMMASH	100
YKQHCPPTPE	TSCATQIITF	ESFKENLKDF	LLVIPFDCWE	PVQE	144

rh-多肽-45（粒细胞巨噬细胞集落刺激因子）的结构式

［**理化性质**］ rh-多肽-45 为白色冻干粉末，可溶于微酸性水溶液。

［**安全性**］ CTFA 将 rh-多肽-45 和 sh-多肽-45 作为化妆品原料，未见其外用不安全的报道。

［**药理作用**］ rh-多肽-45 与化妆品相关的药理研究见表 13-19。

表 13-19　rh-多肽-45 与化妆品相关的药理研究

试验项目	浓度	效果说明
中性粒细胞培养对神经酰胺生成的促进	0.1μg/mL	促进率 72.0%
对伤口愈合速度的促进	10μg/mL	促进率 63.3%
对原胶原蛋白生成的促进	1μg/mL	促进率 7.5%
对皮肤弹性的改善	1μg/mL	促进率 16.3%

［**化妆品中应用**］ rh-多肽-45 对神经酰胺的生成有强烈的促进作用，对皮肤的内源性神经酰胺具有调节作用。神经酰胺是皮肤角质层细胞间基质重要组成成分，是强韧肌肤屏障的关键，持久维系水分，保持肌肤鲜活，用作皮肤高效调理剂。微量使用，用量 0.1mg/L，浓度高了反而不利。rh-多肽-45 可提高皮肤的免疫功能，加速损伤的修复，用于痤疮的治疗。

参考文献

杨帆. 重组人粒细胞-巨噬细胞集落刺激因子促进皮肤软组织撕脱伤创面修复效果临床观察[J]. 解放军医药杂志, 2017, 29: 80-83.

20　　rh-多肽-47　rh-Polypeptide-47

rh-多肽-47 即人胶原蛋白α1，rh-多肽-69（rh-polypeptide-69）即人胶原蛋白α1-（Ⅲ），都属于胶原蛋白家族。rh-多肽-47 与 sh-多肽-47（sh-polypeptide-47）的结构相同，rh-多肽-69 与 sh-多肽-69（sh-polypeptide-69）的结构相同。

人胶原蛋白α1 是在骨、肌腱、韧带中组成纤维的胶原蛋白，最大由 1464 个氨基酸组成，等电点 5.6；人胶原蛋白α1-（Ⅲ）则是在结缔组织中组成纤维的胶原蛋白，最大由 1466 个氨基酸组成，等电点 6.21。两者均以生化法制取。

rh-多肽-47 和 rh-多肽-69 与常见的胶原蛋白在结构上有许多不同，见表 13-20。

［**理化性质**］ rh-多肽-47 和 rh-多肽-69 为白色冻干粉末，可溶于水。

［**安全性**］ CTFA 将 rh-多肽-47、rh-多肽-69、sh-多肽-47 和 sh-多肽-69 作为化妆品原料，未见其外用不安全的报道。

表 13-20　rh-多肽-47 和 rh-多肽-69 的氨基酸组成

氨基酸品种	Collagen α1	Collagen α1-(Ⅲ)	氨基酸品种	Collagen α1	Collagen α1-(Ⅲ)
Ala	9.5	7.8	Arg	4.8	4.1
Asn	1.2	2.8	Asp	4.5	3.8
Cys	1.2	1.5	Gln	3.3	2.9
Glu	5.1	5.0	Gly	26.7	28.2
His	0.6	1.0	Ile	1.6	2.5
Leu	3.3	3.3	Lys	3.9	4.2
Met	0.9	1.2	Phe	1.8	1.6
Pro	19.0	19.2	Ser	4.1	5.0
Thr	3.1	2.1	Trp	0.4	0.5
Tyr	0.9	0.1	Val	3.2	2.5

［药理作用］　胶原蛋白与化妆品相关的药理研究见表 13-21。

表 13-21　胶原蛋白与化妆品相关的药理研究

试验项目	浓度	效果说明
人胶原蛋白α1-（Ⅲ）对成纤维细胞增殖的促进	0.5μg/mL	促进率 20%
人胶原蛋白α1 对成纤维细胞增殖的促进	0.5μg/mL	促进率 4%

［化妆品中应用］　人胶原蛋白α1 和人胶原蛋白α1-（Ⅲ）有良好的渗透性和保湿力，主要应用于愈疤、抗皱、皮肤粗糙、干性皮肤的调理剂。可与许多功能性成分配合以提高它们的功效；在洗发水中使用可有效护理头发。

参考文献

Nassa M. Analysis of human collagen sequence[J]. Bioinformation, 2012, 8(1):26-33.

21　rh-多肽-50　rh-Polypeptide-50

　　rh-多肽-50［也称弹性蛋白原（tropoelastin）、原弹性蛋白、可溶性的弹性蛋白］，是弹性蛋白的前驱物。此结构在人和一些动物的皮肤、平滑肌、血管中存在。现弹性蛋白原主要以生化法制取，也可从动物的主动脉中分解提取。

　　弹性蛋白原与弹性蛋白相似，不同的是弹性蛋白原赖氨酸的含量较高，没有交联。主链为 Val-Pro-Gly-Val-Gly 的 5 个氨基酸组合的重复片段和 Pro-Ala-Ala-Ala-Ala-Lys-Ala-Ala 的 8 个氨基酸的重复片段的叠加。人弹性蛋白原由 786 个氨基酸组成，分子量约 7 万。生化法制取的弹性蛋白原分子量要小许多。

　　rh-多肽-50 与 sh-多肽-50（sh-polypeptide-50）结构相同，在此一起介绍。

[理化性质] 　rh-多肽-50 为淡黄色纤维状粉末，在紫外线下有浅蓝色荧光，可溶于水。

[安全性] 　CTFA 将 rh-多肽-50 与 sh-多肽-50 作为化妆品原料，未见其外用不安全的报道。

[药理作用] 　rh-多肽-50 与化妆品相关的药理研究见表 13-22。

表 13-22　rh-多肽-50 与化妆品相关的药理研究

试验项目	浓度	效果说明
细胞培养对弹性蛋白生成的促进	1mg/kg	促进率 65%
细胞培养对真皮纤维芽细胞增殖的促进	5mg/kg	促进率提高 1 倍多
对血管内皮细胞增殖的促进	1mg/kg	促进率提高接近 1 倍

[化妆品中应用] 　rh-多肽-50 主要用于损伤性皮肤的修复（烧伤、创伤等），可加快愈合速度，减少疤痕，对皮肤严重的皲裂有极强的预防和改善作用，用量 0.0001%～0.01%。

参考文献

Robert K. Biomimetic skin substitutes created from tropoelastin help to promote wound healing[J]. Frontiers in Bioengineering & Biotechnology, 2016, 1: 174-179.

22　rh-多肽-51　rh-Polypeptide-51

rh-多肽-51 也称超氧化物歧化酶-3（SOD-3，细胞外超氧化物歧化酶）。sh-多肽-51（sh-polypeptide-51）与 rh-多肽-51 结构相同。超氧化物歧化酶在植物（藻类）、动物的血液和微生物（真菌）中都有存在，对动物体而言，超氧化物歧化酶是生化系统和免疫系统不可或缺的酶种。超氧化物歧化酶的结构随来源的不同而有变化，CTFA 列入的除超氧化物歧化酶-3 外，还有超氧化物歧化酶-1（rh-polypeptide-60 和 sh-polypeptide-60）和超氧化物歧化酶-2（rh-polypeptide-62）。超氧化物歧化酶-3 由 240 个氨基酸组成，超氧化物歧化酶-1 由 154 个氨基酸组成，超氧化物歧化酶-2 由 222 个氨基酸组成，这三种超氧化物歧化酶化妆品应用性能相同，也均可以生化法制取。

MLALLCSCLL	LAAGASDAWT	GEDSAEPNSD	SAEWIRDMYA	KVTEIWQEVM	50
QRRDDDGTLH	AACQVQPSAT	LDAAQPRVTG	VVLFRQLAPR	AKLDAFFALE	100
GFPTEPNSSS	RAIHVHQFGD	LSQGCESTGP	HYNPLAVPHP	QHPGDFGNFA	150
VRDGSLWRYR	AGLAASLAGP	HSIVGRAVVV	HAGEDDLGRG	GNQASVENGN	200
AGRRLACCVV	GVCGPGLWER	QAREHSERKK	RRRESECKAA		240

rh-多肽-51（超氧化物歧化酶-3）的结构式

[理化性质] 　超氧化物歧化酶为白色粉末，可溶于水，在 pH7.6～9.0 时稳定，

在 pH6 以下或 pH12 以上不稳定，微溶于 30%的乙醇和丙酮，不溶于纯乙醇和丙酮。白蛋白对 SOD 的稳定有促进作用。

[**安全性**] CTFA 将上述超氧化物歧化酶作为化妆品原料，未见其外用不安全的报道。

[**药理作用**] 超氧化物歧化酶与化妆品相关的药理研究见表 13-23。

表 13-23　超氧化物歧化酶与化妆品相关的药理研究

试验项目	浓度	效果说明
对超氧自由基的消除	0.02μg/mL	消除率 43.4%
对黄嘌呤氧化酶活性的抑制		半数抑制量 IC_{50} 0.55IU/mL
对油脂过氧化的抑制	0.02%	抑制率 95.9%
小鼠试验对白介素 IL-1β生成的抑制	2.0μg/ear	抑制率 19.0%
小鼠试验对白介素 IL-6 生成的抑制	2.0μg/ear	抑制率 11.7%
小鼠试验对环氧合酶 COX-2 活性的抑制	2.0μg/ear	抑制率 14.8%
涂敷对过敏性皮炎的防治	4000～6000 IU/mg	显效率 78.4%

[**化妆品中应用**] 超氧化物歧化酶有抗氧性，可用作化妆品的添加剂，可使色斑淡白，有增白效果，同时具抗炎性，对皮肤瘙痒、痤疮、日光性皮炎等都有治疗作用。超氧化物歧化酶在微量铜/锌离子存在时，活性显著提高，在 0.1μmol/L 的铜/锌离子存在时，活性提高近 1 倍，但铜/锌离子浓度在达到 0.5μmol/L 后，则有抑制作用。

参考文献

Bivalacqua T J. Gene transfer of extracellular SOD to the penis reduce O_2^- *and improves erectile function in aged rats[J]. American Journal of Physiology, Heart and Circulatory Physiology, 2003, 284(4): 1408-1421.

23　rh-多肽-52　rh-Polypeptide-52

rh-多肽-52 也称骨形态发生蛋白（bone morphogenic protein，BMP）。骨形态发生蛋白能够诱导动物或人体间充质细胞分化为骨、软骨、韧带、肌腱和神经组织。在中枢神经的发生中也起着关键作用。人体有一组骨形态生成蛋白，CTFA 列入的是骨形态发生蛋白-7。骨形态发生蛋白-7 由 431 个氨基酸组成，现为生化法制取。

```
MHVRSLRAAA  PHSFVALWAP  LFLLRSALAD  FSLDNEVHSS  FIHRRLRSQE      50
RREMQREILS  ILGLPHRPRP  HLQGKHNSAP  MFMLDLYNAM  AVEEGGGPGG     100
QGFSYPYKAV  FSTQGPPLAS  LQDSHFLTDA  DMVMSFVNLV  EHDKEFFHPR     150
YHHREFRFDL  SKIPEGEAVT  AAEFRIYKDY  IRERFDNETF  RISVYQVLQE     200
HLGRESDLFL  LDSRTLWASE  EGWLVFDITA  TSNHWVVNPR  HNLGLQLSVE     250
TLDGQSINPK  LAGLIGRHGP  QNKQPFMVAF  FKATEVHFRS  IRSTGSKQRS     300
```

QNRSKTPKNQ   EALRMANVAE   NSSSDQRQAC   KKHELYVSFR   DLGWQDWIIA   350
PEGYAAYYCE   GECAFPLNSY   MNATNHAIVQ   TLVHFINPET   VPKPCCAPTQ   400
LNAISVLYFD   DSSNVILKKY   RNMVVRACGC   H   431

rh-多肽-52（骨形态发生蛋白-7）的结构式

［理化性质］ rh-多肽-52 为白色冻干粉末，可溶于水。

［安全性］ CTFA 将 rh-多肽-52 作为化妆品原料，未见其外用不安全的报道。

［药理作用］ rh-多肽-52 与化妆品相关的药理研究见表 13-24。

表 13-24 rh-多肽-52 与化妆品相关的药理研究

试验项目	浓度	效果说明
细胞增殖对角质形成细胞增殖的促进	1μg/mL	促进率提高到 9.1 倍
磷脂酰丝氨酸细胞凋亡检测对细胞活力的促进	0.1μg/mL	促进率 79.2%

［化妆品中应用］ rh-多肽-52 微量使用可对成纤维细胞生长因子的表达、皮层细胞的增殖、细胞的新陈代谢有显著的促进作用，用作衰竭型、失调型皮肤的护肤调理剂。用量小于 0.1mg/kg。

参考文献

Klahr S. The bone morphogenetic proteins (BMPs)[J]. Journal of Nephrology, 2003, 16(2): 179-185.

24 rh-多肽-61　rh-Polypeptide-61

rh-多肽-61 也称人骨骼肌特异性蛋白（mitsugumin 53，MG53）。人骨骼肌特异性蛋白是一种 E3 泛素连接酶，TRIM 蛋白家族中的成员之一，主要存在于心脏和骨骼肌中。MG53 蛋白是一种膜修复蛋白，可作为肌膜机械性修复的关键组成部分之一，主要起着维持细胞的完整性作用，从而保持细胞的正常的形态和功能。MG53 蛋白由 477 个氨基酸组成，现主要以生化法制取。

MSAAPGLLHQ   ELSCPLCLQL   FDAPVTAECG   HSFCRACLGR   VAGEPAADGT   50
VLCPCCQAPT   RPQALSTNLQ   LARLVEGLAQ   VPQGHCEEHL   DPLSIYCEQD   100
RALVCGVCAS   LGSHRGHRLL   PAAEAHARLK   TQLPQQKLQL   QEACMRKEKS   150
VAVLEHQLVE   VEETVRQFRG   AVGEQLGKMR   VFLAALEGSL   DREAERVRGE   200
AGVALRRELG   SLNSYLEQLR   QMEKVLEEVA   DKPQTEFLMK   YCLVTSRLQK   250
ILAESPPPAR   LDIQLPIISD   DFKFQVWRKM   FRALMPALEE   LTFDPSSAHP   300
SLVVSSSGRR   VECSEQKAPP   AGEDPRQFDK   AVAVVAHQQL   SEGEHYWEVD   350
VGDKPRWALG   VIAAEAPRRG   RLHAVPSQGL   WLLGLREGKI   LEAHVEAKEP   400
RALRSPERRP   TRIGLYLSFG   DGVLSFYDAS   DADALVPLFA   FHERLPRPVY   450
PFFDVCWHDK   GKNAQPLLLV   GPEGAEA   477

rh-多肽-61（人骨骼肌特异性蛋白）的结构式

［**理化性质**］　rh-多肽-61 为白色冻干粉末，可溶于水。

［**安全性**］　CTFA 将 rh-多肽-61 作为化妆品原料，未见其外用不安全的报道。

［**药理作用**］　rh-多肽-61 与化妆品相关的药理研究见表 13-25。

表 13-25　rh-多肽-61 与化妆品相关的药理研究

试验项目	浓度	效果说明
对成纤维细胞增殖的促进	0.1μg/mL	促进率提高 1 倍多
对糖尿病人的足溃疡伤口愈合的促进	0.1μg/mL	愈合率 100%

［**化妆品中应用**］　rh-多肽-61 可显著加速皮层细胞如成纤维细胞的增殖，对皮肤伤口特别是难以愈合的外伤、皮肤膜外伤等有强烈的修复能力。微量使用，用于皮肤调理的浓度为 1ng/mL，多用无益。

 25　rh-多肽-62　rh-Polypeptide-62

rh-多肽-62 也称人肝细胞生长因子（hepatocyte growth factor，HGF）。肝细胞生长因子是一多功能性蛋白，是肝脏和肾脏组织中细胞再生的重要生长激素，其功能包括可控制不同细胞的生长、移动和型态生成，包括表皮细胞、内皮细胞、角质细胞等。人肝细胞生长因子由 728 个氨基酸组成。sh-多肽-62（sh-polypeptide-62）与 rh-多肽-62 结构相同，它们现主要为生化法制取。

```
MWVTKLLPAL  LLQHVLLHLL  LLPIAIPYAE  GQRKRRNTIH  EFKKSAKTTL      50
IKIDPALKIK  TKKVNTADQC  ANRCTRNKGL  PFTCKAFVFD  KARKQCLWFP     100
FNSMSSGVKK  EFGHEFDLYE  NKDYIRNCII  GKGRSYKGTV  SITKSGIKCQ     150
PWSSMIPHEH  SFLPSSYRGK  DLQENYCRNP  RGEEGGPWCF  TSNPEVRYEV     200
CDIPQCSEVE  CMTCNGESYR  GLMDHTESGK  ICQRWDHQTP  HRHKFLPERY     250
PDKGFDDNYC  RNPDGQPRPW  CYTLDPHTRW  EYCAIKTCAD  NTMNDTDVPL     300
ETTECIQGPG  EGYRGTVNTI  WNGIPCQRWD  SQYPHEHDMT  PENFKCKDLR     350
ENYCRNPDGS  ESPWCFTTDP  NIRVGYCSQI  PNCDMSHGQD  CYRGNGKNYM     400
GNLSQTRSGL  TCSMWDKNME  DLHRHIFWEP  DASKLNENYC  RNPDDDAHGP     450
WCYTGNPLIP  WDYCPISRCE  GDTTPTIVNL  DHPVISCAKT  KQLRVVNGIP     500
TRTNIGWMVS  LRYRNKHICG  GSLIKESWVL  TARQCFPSRD  LKDYEAWLGI     550
HDVHGRGDEK  CKQVLNVSQL  VYGPEGSDLV  LMKLARPAVL  DDFVSTIDLP     600
NYGCTIPEKT  SCSVYGWGYT  GLINYDGLLR  VAHLYIMGNE  KCSQHHRGKV     650
TLNESEICAG  AEKIGSGPCE  GDYGGPLVCE  QHKMRMVLGV  IVPGRGCAIP     700
NRPGIFVRVA  YYAKWIHKII  LTYKVPQS                              728
```

rh-多肽-62（人肝细胞生长因子）的结构式

［**理化性质**］　rh-多肽-62 为白色冻干粉末，可溶于水。

［**安全性**］　CTFA 将 rh-多肽-62 和 sh-多肽-62 和 sh-多肽-62 作为化妆品原料，未见其外用不安全的报道。

［**药理作用**］　rh-多肽-62 与化妆品相关的药理研究见表 13-26。

表 13-26　rh-多肽-62 与化妆品相关的药理研究

试验项目	浓度	效果说明
对原胶原蛋白生成的促进	0.1ng/mL	促进率 6.7%
对肉芽细胞增殖的促进	0.6ng/mL	促进率 34.5%
对微细血管数生成的促进	0.6ng/mL	促进率 42.4%
对皮肤伤口愈合的促进	0.6ng/mL	促进率 68.2%

[**化妆品中应用**]　肝细胞生长因子可作为靶点给药于皮肤病受影响部位，对皮肤角化细胞的增殖有显著促进，增强其新陈代谢，加快皮肤创伤的愈合，并有抗皱、抗衰、改善皮肤弹性等作用。需与神经酰胺、透明质酸、胶原蛋白、抗氧性植物提取物等配合使用，用量 0.1～1ng/mL。

参考文献

李金凤. 肝细胞生长因子对正常皮肤和增生性瘢痕成纤维细胞的影响[J]. 感染. 炎症. 修复, 2007, 3: 140-143.

26　rh-多肽-66　rh-Polypeptide-66

rh-多肽-66 也称长寿蛋白 1（sirtuin 1）；rh-多肽-67（rh-polypeptide67）也称长寿蛋白 2（sirtuin 2），属于长寿蛋白（sirtuin）家族，存在于染色体线粒体蛋白的基因内。人类 sirtuin 家族包含 7 种蛋白质，在进化过程中非常保守，称为 sirt1 到 sirt7。它们表达的失效等同于细胞的过早老化和寿命缩短、细胞的复制性能力极低。CTFA 列入的仅是长寿蛋白 1（sirtuin 1）和长寿蛋白 2（sirtuin 2）。

sh-多肽-66 的结构与 sh-多肽-66 相同，由 747 个氨基酸组成；而 sh-多肽-67 的结构与 sh-多肽-67 一致，由 389 个氨基酸组成。

```
MADEAALALQ  PGGSPSAAGA  DREAASSPAG  EPLRKRPRRD  GPGLERSPGE    50
PGGAAPEREV  PAAARGCPGA  AAAALWREAE  AEAAAAGGEQ  EAQATAAAGE   100
GDNGPGLQGP  SREPPLADNL  YDEDDDDEGE  EEEEAAAAAI  GYRDNLLFGD   150
EIITNGFHSC  ESDEEDRASH  ASSSDWTPRP  RIGPYTFVQQ  HLMIGTDPRT   200
ILKDLLPETI  PPPELDDMTL  WQIVINILSE  PPKRKKRKDI  NTIEDAVKLL   250
QECKKIIVLT  GAGVSVSCGI  PDFRSRDGIY  ARLAVDFPDL  PDPQAMFDIE   300
YFRKDPRPFF  KFAKEIYPGQ  FQPSLCHKFI  ALSDKEGKLL  RNYTQNIDTL   350
EQVAGIQRII  QCEGSFATAS  CLICKYKVDC  EAVRGDIFNQ  VVPRCPRCPA   400
DEPLAIMKPE  IVFFGENLPE  QFHRAMKYDK  DEVDLLIVIG  SSLKVRPVAL   450
IPSSIPHEVP  QILINREPLP  ELHPDVELLG  DCDVIINELC  HRLGGEYAKL   500
CCNPVKLSEI  TEKPPRTQKE  LAYLSELPPT  PLHVSEDSSS  PERTSPPDSS   550
VIVTLLDQAA  KSNDDLDVSE  SKGCMEEKPQ  EVQFLPPNRY  IFHGAEVYSD   600
SEDDVLSSSS  CGSNSDSGTC  QSPSLEEPME  DESEIEEFYN  GLETSRNVES   650
IAEQMENPDL  KNVGSSTGEK  NERTSVAGTV  RKCWPNRVAK  EQISRRLDGN   700
```

| QYLDEPDVPE | RAGGAGFGTD | GDDQEAINEA | ISVKQEVTDM | NYPSNKS | 747 |

sirtuin 1（长寿蛋白 1）的氨基酸顺序

MAEPDPSHPL	ETQAGKVQEA	QDSDSDSEGG	AAGGEADMDF	LRNLFSQTLS	50
LGSQKERLLD	ELTLEGVARY	MQSERCRRVI	CLVGAGISTS	AGIPDFRSPS	100
TGLYDNLEKY	HLPYPEAIFE	ISYFKKHPEP	FFALAKELYP	GQFKPTICHY	150
FMRLLKDKGL	LLRCYTQNID	TLERIAGLEQ	EDLVEAEGTF	YTSHCVSASC	200
RHEYPLSWMK	EKIFSEVTPK	CEDCQSLVKP	DIVFFGFSLP	ARFFSCMQSD	250
FLKVDLLLVM	GTSLQVQPFA	SLISKAPLST	PRLLTNKEKA	GQSDPFLGMT	300
MGLGGGMDFD	SKKAYRDVAW	LGECDQGCLA	LAELLGWKKE	LEDLVRREHA	350
SIDAQSGAGV	PNPSTSASPK	KSPPPAKDEA	RTTEREKPQ		389

sirtuin 2（长寿蛋白 2）的氨基酸顺序

［**理化性质**］　rh-多肽-66 等均为白色冻干粉末，可溶于水。

［**安全性**］　CTFA 将 rh-多肽-66、rh-多肽-67、sh-多肽-66 和 sh-多肽-67 都作为化妆品原料，未见其外用不安全的报道。

［**化妆品中应用**］　rh-多肽-66 等均显著减少细胞 DNA 氧化性的损伤，并激活 DNA 的修复机制，可提高端粒 DNA 结合蛋白（TRF-2）的表达，用于抗衰护肤品。

参考文献

Mostoslavsky R. Genomicinstability and aging-like phenotype in the absence of mammalian SIRT6[J]. Cell, 2006, 124(2): 315-329.

27　**rh-多肽-68　rh-Polypeptide-68**

　　rh-多肽-68 即过氧化氢酶（catalase），是一种蛋白质酶，存在于所有已知的动物的各个组织中，特别在肝脏中以高浓度存在。过氧化氢酶的作用主要是将催化过氧化氢分解成氧和水。过氧化氢酶可从牛肝中提取，但工业上用发酵法制取。来源不同，过氧化氢酶的结构也有不同，最大的由 527 个氨基酸组成。

MQNGYYGSLQ	NYTPSSLPGY	KEDKSARDPK	FNLAHIELEF	EVWNWDYRAD	50
DSDYYTQPGD	YYRSLPADEK	ERLHDTIGES	LAHVTHKEIV	DKQLEHFKKA	100
DPKYAEGVKK	ALEKHQKMMK	DMHGKDMHHT	KKKK		134

由幽门螺杆菌制取的过氧化氢酶氨基酸序列

［**理化性质**］　过氧化氢酶的产品有溶液状和冻干粉末两种。溶液状的过氧化氢酶的酶活力大于 3000U 蛋白质/mg，而冻干粉末的过氧化氢酶的酶活力大于 65000 蛋白质 U/mg。过氧化氢酶是一种蛋白质酶，温度过高、pH 过高或过低以及有重金属离子存在时，都易失去活性，最适宜的温度是 37℃，pH 范围在 4~5。过氧化氢酶的 CAS 号为 9001-05-2。

［**安全管理情况**］　CTFA 将过氧化氢酶作为化妆品原料，中国香化协会 2010 年版的《国际化妆品原料标准中文名称目录》中列入，须注意的是，该酶对人体无

害，但含有此物质的化妆品不可应用于伤损的皮肤。

[药理作用]　过氧化氢酶有抗菌性，酶活 2900U/mg 过氧化氢酶在浓度为 130μg/mL 时对大肠杆菌的消除率为 11.5%；酶活 65000U/mg 过氧化氢酶在浓度为 130μg/mL 时对大肠杆菌的消除率为 51.5%。

过氧化氢酶（酶活力大于 2000U/mg）与化妆品相关的药理研究见表 13-27。

表 13-27　过氧化氢酶（酶活力大于 2000U/mg）与化妆品相关的药理研究

试验项目	浓度	效果说明
对自由基 DPPH 的消除	0.1%	消除率 23%
对羟基自由基的消除		半数消除量 EC_{50} 0.591μg/mL
对脂质过氧化的抑制	0.1%	消除率 56%

[化妆品中应用]　过氧化氢酶在染发水或漂白水中使用，可分解剩余的双氧水，避免对发丝的伤害；过氧化氢也能诱发酪氨酸酶的活性，过氧化氢酶则表现为对酪氨酸酶的抑制，对老年斑的产生有预防作用。在肤用品和发用品中都有调理作用。

过氧化氢酶在化妆品中应用的最大难点是如何保持其酶活性。与聚乙烯醇、吐温系列的表面活性剂配合可增加其稳定性。

参考文献

Viroj W. Acidic catalase in human skin[J]. Melanoma Research, 2010, 20(2): 159-163.

28　rh-多肽-79　rh-Polypeptide-79

rh-多肽-79 也称过氧化物氧化还原酶（peroxiredoxin）。过氧化物氧化还原酶属于抗氧化蛋白家族，在人类、动物、果蝇、植物、真菌、水藻、细菌中都有发现，主要存在于细胞质中，也存在线粒体、过氧化物酶体、细胞核和细胞膜中，在细胞内发挥其抗氧化的保护作用，拮抗机体产生的活性氧，维持机体的氧化还原平衡。人过氧化物氧化还原酶有若干构型，人过氧化物氧化还原酶-1（rh-多肽-79）由 199 个氨基酸组成；人过氧化物氧化还原酶-2（sh-多肽-80）由 198 个氨基酸组成，两者性能相似。现都采用生化法制取。

MSSGNAKIGH	PAPNFKATAV	MPDGQFKDIS	LSDYKGKYVV	FFFYPLDFTF	50
VCPTEIIAFS	DRAEEFKKLN	CQVIGASVDS	HFCHLAWVNT	PKKQGGLGPM	100
NIPLVSDPKR	TIAQDYGVLK	ADEGISFRGL	FIIDDKGILR	QITVNDLPVG	150
RSVDETLRLV	QAFQFTDKHG	EVCPAGWKPG	SDTIKPDVQK	SKEYFSKQK	199

rh-多肽-79（人过氧化物氧化还原酶-1）的氨基酸顺序

[理化性质]　rh-多肽-79（人过氧化物氧化还原酶）为白色粉末，可溶于水，

分子量 22110.4，等电点为 8.27。

[**安全性**] CTFA 将人过氧化物氧化还原酶-1 和人过氧化物氧化还原酶-2 作为化妆品原料，未见其外用不安全的报道。

[**药理作用**] 过氧化物氧化还原酶-1 与化妆品相关的药理研究见表 13-28。

表 13-28 过氧化物氧化还原酶-1 与化妆品相关的药理研究

试验项目	浓度	效果说明
对 I 型胶原蛋白生成的促进	10μg/mL	促进率 369%
对 III 型胶原蛋白 3 型生成的促进	10μg/mL	促进率 326%
对成纤维细胞增殖的促进	10μg/mL	促进率 256%
对 LPS 诱发 TNF-α 生成的抑制	20nmol/L	抑制率 8.2%
对 LPS 诱发白介素 IL-6 生成的抑制	20nmol/L	抑制率 86.0%

[**化妆品中应用**] rh-多肽-79 可在细胞层面消除活性氧，维持机体的氧化还原平衡，可用作深层次抗氧剂；可加速皮层成纤维细胞的增殖，促进细胞外基质蛋白如多种胶原蛋白的生成，对皮肤有调理作用，并减少了皮肤细纹和皱纹。rh-多肽-79有抗炎性，可提高机体的免疫功能。微量使用，用量 1mg/kg 左右，多用无益。

参考文献

孙影. 新型过氧化物酶 peroxiredoxin-1 对大鼠肺成纤维细胞 JNK 介导的 I 和 III 型前胶原合成的影响[J]. 解剖学杂志, 2014, 37(5): 590-594.

 29 rh-多肽-83 rh-Polypeptide-83

rh-多肽-83 也称上皮调节蛋白（epiregulin），是表皮生长因子（EGF）家族的一个新成员，由 46 个氨基酸组成。上皮调节蛋白有多种生物功能，如促进纤维细胞等多种细胞生长。人上皮调节蛋白由 46 个氨基酸残基组成，现以生化法制取。

Val-Gln-Ile-Thr-Lys-Cys-Ser-Ser-Asp-Met-Asp-Gly-Tyr-Cys-Leu-His-Gly-Gln-Cys-Ile-Tyr-Leu-Val-Asp-Met-Arg-Glu-Lys-Phe-Cys-Arg-Cys-Gln-Val-Gly-Tyr-Thr-Gly-Leu-Arg-Cys-Glu-His-Phe-Phe-Leu

rh-多肽-83（人上皮调节蛋白）的结构式

[**理化性质**] rh-多肽-83 为白色粉末，可溶于水。

[**安全性**] CTFA 将 rh-多肽-83 作为化妆品原料，未见其外用不安全的报道。

[**药理作用**] rh-多肽-83 与化妆品相关的药理研究见表 13-29。

表 13-29 rh-多肽-83 与化妆品相关的药理研究

试验项目	浓度	效果说明
对成纤维细胞增殖的促进	0.1μg/mL	促进率 39.5%
对胶原蛋白生成的促进	1μg/mL	促进率提高 2 倍多

试验项目	浓度	效果说明
对粘连蛋白生成的促进	1μg/mL	促进率 39.6%
对表皮生成因子含量生成的促进	10μg/mL	促进率 163.0%
对磷酸化表皮生长因子受体表达的促进	0.1μg/mL	促进率提高 9 倍

[**化妆品中应用**] rh-多肽-83 有表皮生长因子样作用，可显著加速细胞外基质蛋白的合成，如粘连蛋白、纤维连接蛋白、胶原蛋白等，修复表皮-真皮连接组织，激活皮肤的自然恢复周期，微量使用，用于抗皱和抗衰。

参考文献

Bradley K. Topical epiregulin enhances repair of murine excisional wounds[J]. Wound Repair and Regeneration, 2003,11(3): 188-197.

 30 **sh-多肽-28 sh-Polypeptide-28**

sh-多肽-28 也称催乳激素（prolactin），由垂体前叶合成和分泌的一种蛋白激素，广泛分布于动物垂体以外的很多组织器官。催乳激素由 200 多个氨基酸组成，从结构上看，人和其他哺乳动物的催乳激素相差不大。女性血液中的催乳激素含量为 10～25ng/mL，是男性的一倍多，怀孕期女性血液中的含量升高为 150～200ng/mL。催乳激素一般用动物如羊的垂体作原料提取。

[**理化性质**] 催乳激素为白色冻干粉末，微溶于水（0.102g/L），其盐酸盐可溶于水，可溶于无水甲醇和乙醇（如有少量酸存在的话），在碱性条件下（pH=9～11）会失去活性，在酸性条件(pH=1～8)下稳定，等电点 pH5.7。$[\alpha]_D^{25} - 40.5°$（c=1.0mol/L，pH=7 的磷酸缓冲溶液）。

[**安全管理情况**] CTFA 将催乳激素作为化妆品原料，未见其外用不安全的报道。

[**药理作用**] 催乳激素与化妆品相关的药理研究见表 13-30。

表 13-30　催乳激素与化妆品相关的药理研究

试验项目	浓度	效果说明
人皮肤纤维芽细胞培养对胶原蛋白生成的促进	1.0ng/mL	促进率 136.8%（空白 100）
对人外皮蛋白生成的促进	1.0ng/mL	促进率 265.9%
对转谷氨酰胺酶-3 活性的促进	1.0ng/mL	促进率 181.6%
在紫外照射下对经皮蒸发（TEWL）的抑制	10ng/mL	抑制率 17.4%
对 B-16 黑色素细胞黑色素生成的抑制	500ng/mL	抑制率 36.2%

[**化妆品中应用**]   催乳激素在生长和代谢许多方面都有重要作用，外用可促进胶原蛋白的生成，还可增加胶原蛋白之间的交连速度（即从可溶性胶原转化不为可溶性胶原），从而延缓皮肤的老化。常与维生素 C 及其衍生物用于抗老或愈伤乳液。转谷氨酰胺酶主要存在于表皮和毛囊的角质形成细胞中，参与角质形成细胞分化，同时也是丝聚蛋白连接肽片段的底物，参与维护表皮屏障，对其活性的促进有助于护理皮肤，是皮肤调理剂。催乳激素尚有保湿和美白作用。用量 1～2μg/mL。

参考文献

Bole-Feysot C. Prolactin(PRL) and its receptor:Actions,signal transduction pathways and phenotypes observed in PRL receptor knockout mice[J]. Endocrine Reviews, 1998, 19: 225-268.

31 sh-多肽-29 sh-Polypeptide-29

sh-多肽-29 也称人白细胞介素-3（interleukin-3，IL-3）。人白细胞介素-3 是由激活的 T 淋巴细胞和 NK 细胞（nature killer）产生，作用于早期造血干细胞的细胞因子，具有促进骨髓红系、粒系及巨核系等造血祖细胞的分化增殖等作用。最大的人白细胞介素-3 由 152 个氨基酸组成，现由生化法（大肠杆菌）制取。

MAPMTQTTPL	KTSWVNCSNM	IDEIITHLKQ	PPLPLLDFNN	LNGEDQDILM	50
ENNLRRPNLE	AFNRAVKSLQ	NASAIESILK	NLLPCLPLAT	AAPTRHPIHI	100
KDGDWNEFRR	KLTFYLKTLE	NAQAQQTTLR	LAIF		134

sh-多肽-29（人白细胞介素-3）的结构式

[**理化性质**]   sh-多肽-29 为白色冻干粉末，可溶于水。

[**安全性**]   CTFA 将 sh-多肽-29 及其衍生物作为化妆品原料，但应注意的是，剂量稍大时，可刺激诱导过敏性介质如组织胺的释放，在指定的浓度下未见其外用不安全的报道。

[**药理作用**]   sh-多肽-29 与化妆品相关的药理研究见表 13-31。

表 13-31 sh-多肽-29 与化妆品相关的药理研究

试验项目	浓度	效果说明
对原胶原蛋白生成的促进	1μg/mL	促进率 17.8%
对成纤维细胞增殖的促进	1μg/mL	促进率 32.5%
中性粒细胞（neutrophilic granulocytes）培养对神经酰胺生成的促进	0.1μg/mL	促进率 52.5%

[**化妆品中应用**]   sh-多肽-29 可加速成纤维细胞的增殖以及细胞外基质蛋白如胶原蛋白的生成，有抗衰抗皱保湿的调理作用；sh-多肽-29 也有抗炎性，可抑制 NF-κB 的激活，可用于护肤。用量为 1mg/kg 左右。

Yang Y C. Identification by expression cloning of a novel hematopoietic growth factor related to murine IL-3[J]. Cell, 1986, 47(1): 3-10.

32 sh-多肽-30 sh-Polypeptide-30

sh-多肽-30 也称白血病抑制因子（leukemia inhibitory factor，LIF）。人白血病抑制因子在人的运动神经和知觉神经中存在，也见于新生儿的脊髓中，它可促进神经和星状细胞的前驱体的分化。人白血病抑制因子由 202 个氨基酸组成，现用微生物法制取（大肠杆菌）制取。

MFVLAAGVVP	LLLVLHWKHG	AGSPLPITPV	NATCAIRHPC	HNNLMNQIKN	50
QLAQLNSGAN	ALFILYYTAQ	GEPFPNNLDK	LCGPNVTNFP	PFHANGTEKA	100
RLVELYRIIV	YLGTSLGNIT	RDQRSLNPGA	VNLHSKLNAT	ADSMRGLLSN	150
VLCRLCSKYH	VGHVDVTYGP	DTSGKDVFQK	KKLGCQLLGK	YKQVIAVLAQ AF	202

sh-多肽-30（人的白血病抑制因子）的氨基酸顺序

[理化性质] sh-多肽-30 为白色冻干粉末，可溶于水，等电点在 9 左右。

[安全性] CTFA 将 sh-多肽-30 作为化妆品原料，未见其外用不安全的报道。

[药理作用] sh-多肽-30 与化妆品相关的药理研究见表 13-32。

表 13-32 sh-多肽-30 与化妆品相关的药理研究

试验项目	浓度	效果说明
对成纤维细胞增殖的促进	1ng/mL	促进率 20.4%
对皮肤干细胞增殖的促进	3000IU/mL	促进率 295%
对角蛋白形成细胞增殖的促进	1ng/mL	促进率 27.9%
对表皮皮层增厚的促进	1ng/mL	促进率 60.9%
对表皮细胞密度的促进	1ng/mL	促进率 24.5%

[化妆品中应用] sh-多肽-30 可显著促进表皮组织细胞群体的增殖再生能力，也可以维持和刺激人类皮肤干细胞的再生，与皮肤抗炎剂配合，可有效治疗以褥疮为代表的顽固性溃疡、烧伤等皮肤病，使皮肤加速再生，优化疤痕结构；也可用于皮肤干燥、开裂或老化的防治，用于发制品则防治毛发脱落。微量使用，用量 0.01mg/kg 以下，与胶原蛋白水解物、芦荟提取物等配合更好。

参考文献

Li M T. cDNA cloning, prokaryotic and eukaryotic expression and characterization of porcine leukemia inhibitory factor[J]. Chemical Research in Chinese Universities, 2006, 22(2):145-149.

33 sh-多肽-34　sh-Polypeptide-34

sh-多肽-34 也称白细胞介素-13（interleukin-13，IL-3）。白细胞介素-13 是由活化 Th2 细胞产生的细胞因子，有多重功能，主要对多种免疫细胞发挥作用。人白细胞介素-13 最大由 146 个氨基酸组成，市售品采用微生物法制取，分子量要小一些。

MALLLTTVIA	LTCLGGFASP	GPVPPSTALR	ELIEELVNIT	QNQKAPLCNG 50
SMVWSINLTA	GMYCAALESL	INVSGCSAIE	KTQRMLSGFC	PHKVSAGQFS 100
SLHVRDTKIE	VAQFVKDLLL	HLKKLFREGR	FN	132

sh-多肽-34（人源 IL-13）的氨基酸序列

[理化性质]　sh-多肽-34 为白色冻干粉末，可溶于水和生理盐水。

[安全性]　CTFA 将 sh-多肽-34 作为化妆品原料，需注意的是，sh-多肽-34 使用浓度应在规定浓度之内，否则有皮肤致敏反应。

[药理作用]　sh-多肽-34 与化妆品相关的药理研究见表 13-33。

表 13-33　sh-多肽-34 与化妆品相关的药理研究

试验项目	浓度	效果说明
对原胶原蛋白生成的促进	1μg/mL	促进率 12.5%
对黑色素细胞生成黑色素的抑制	10ng/mL	抑制率 20%
对酪氨酸酶活性的抑制	10ng/mL	抑制率 72%
对酪氨酸相关蛋白-2（TRP-2）mRNA 表达的抑制	10ng/mL	抑制率 65.6%

[化妆品中应用]　sh-多肽-34 微量使用可促使皮层成纤维细胞增殖，并促进原胶原蛋白等的生成，有活肤抗衰调理作用，用量在 1mg/kg 以下，多用无益。sh-多肽-34 痕量使用对黑色素细胞的增殖有抑制作用，也可深层次的抑制皮肤黑色素的生成，可用作皮肤美白剂。

参考文献

Dessein A. Interleukin-13 in the skin and interferon-γ in the liver are key players in immune protection in human schistosomiasis[J]. Immunological Reviews, 2004, 201(1):180-190.

34 sh-多肽-38　sh-Polypeptide-38

sh-多肽-38 也称 γ-干扰素（interferon-γ，IFN-γ）。γ-干扰素只由人体活化 T 细胞和自然杀伤细胞（NK 细胞）以及 NKT 细胞产生。γ-干扰素具有抗病毒、免疫调节及抗肿瘤特性，可以用来治疗传染病，但也能促成自身免疫。γ-干扰素由 166 个氨基酸组成，现可由生化法制取。

MNYTSYILAF	QLCVILCSSG	CNCQAMFFKE	IENLKEYFQA	SNPDVSDGGS	50
LFVDILKKWR	EESDKTIIQS	QIVSFYLKLF	DNFKDNQIIQ	RSMDTIKEDM	100
LGKFLQSSTS	KREDFLKLIQ	IPVNDLQVQR	KAINELIKVM	NDLSPRSNLR	150
KRKRSQNLFR	GRRASK				166

sh-多肽-38（γ-干扰素）的氨基酸顺序

［**理化性质**］　sh-多肽-38 为白色冻干粉末，可溶于水和生理盐水。

［**安全性**］　CTFA 将 sh-多肽-38 作为化妆品原料，未见其外用不安全的报道。

［**药理作用**］　sh-多肽-38 与化妆品相关的药理研究见表 13-34。

表 13-34　sh-多肽-38 与化妆品相关的药理研究

试验项目	浓度	效果说明
细胞培养对原胶原蛋白生成的促进	1μg/mL	促进率 15.0%
动物试验对脂溢性皮炎的防治	剂量 3ng/kg	防治率 67%

［**化妆品中应用**］　sh-多肽-38 对皮层成纤维细胞的胶原蛋白生成有促进作用，有护肤、抗皱和调理功能。sh-多肽-38 的主要作用是抗菌、抗病毒和提高皮肤的免疫功能，对真菌性皮炎、过敏性皮肤炎、特异反应性皮炎、激素类反应性皮炎、棘皮病等都有显著效果。与牛膝（*Carpesium abrotanoides*）等提取物配合更有效果，最大用量 1mg/kg。

35　sh-多肽-43　sh-Polypeptide-43

sh-多肽-43 也称白细胞介素-6、白介素-6（interleukin-6、IL-6），是由人体多种细胞如单核细胞、巨噬细胞、T 细胞、B 细胞等产生的并作用于多种细胞的一类细胞因子。白细胞介素-6 在传递信息，激活与调节免疫细胞，介导 T 细胞、B 细胞活化、增殖与分化及在炎症反应中起重要作用。最大的白介素-6 由 212 个氨基酸组成，现可由大肠杆菌发酵制取。

VPPGEDSKDV	AAPHRQPLTS	SERIDKQIRY	ILDGISALRK	ETCNKSNMCE	50
SSKEALAENN	LNLPKMAEKD	GCFQSGFNEE	TCLVKIITGL	LEFEVYLEYL	100
QNRFESSEEQ	ARAVQMSTKV	LIQFLQKKAK	NLDAITTPDP	TTNASLLTKL	150
QAQNQWLQDM	TTHLILRSFK	EFLQSSLRAL	RQM		183

sh-多肽-43（白细胞介素-6）的氨基酸顺序

［**理化性质**］　sh-多肽-43 为白色冻干粉末，可溶于水。产品通常是 0.1% 的水溶液。

［**安全性**］　CTFA 将 sh-多肽-43 作为化妆品原料，未见其外用不安全的报道。

［**药理作用**］　sh-多肽-43 与化妆品相关的药理研究见表 13-35。

［**化妆品中应用**］　sh-多肽-43 是一炎症因子，但痕量使用则可加速皮层细胞如成纤维细胞的增殖，也能促进细胞外基质蛋白如胶原蛋白的生成，有抗皱调理作用；sh-多肽-43 微量使用有抗炎性，并能提升免疫功能，加快皮肤伤口的愈合，尤

适合伤口难愈合患者如糖尿病患者。

表 13-35　sh-多肽-43 与化妆品相关的药理研究

试验项目	浓度	效果说明
对原胶原蛋白生成的促进	1μg/mL	促进率 9.0%
对胶原蛋白生成的促进	100ng/mL	促进率 50.2%
对成纤维细胞增殖的促进	30ng/mL	促进率 11.1%
对皮肤创伤愈合速度的促进	2ng/d	促进率：提高 1.8 倍

参考文献

Romero L I. In situ localization of interleukin-6 in normal skin and atrophic cutaneous disease[J]. International Archives of Allergy and Immunology, 1992, 99(1):44-49.

36　sh-多肽-49　sh-Polypeptide-49

　　sh-多肽-49 也称粘连蛋白、纤维连接蛋白（fibronectin），是广泛存在动物细胞表面（纤维芽细胞和间叶细胞）、基底膜和血浆中的糖蛋白，人血浆中粘连蛋白含量约为 0.3mg/mL。纤维连接蛋白的分子量随来源不同变化很大，血浆中纤维连接蛋白相对分子量在 20 万～25 万。纤维连接蛋白可从动物的胎盘或人的血浆中提取，但也采用生化法制取，分子量要小许多。

```
PTDLRFTNIG  PDTMRVTWAP  PPSIDLTNFL  VRYSPVKNEE  DVAELSISPS   50
DNAVVLTNLL  PGTEYVVSVS  SVYEQHESTP  LRGRQKTGLD  SPTGIDFSDI   100
TANSFTVHWI  APRATITGYR  IRHHPEHFSG  RPREDRVPHS  RNSITLTNLT   150
PGTEYVVSIV  ALNGREESPL  LIGQQSTVSD  VPRDLEVVAA  TPTSLLISWD   200
APAVTVRYYR  ITYGETGGNS  PVQEFTVPGS  KSTATISGLK  PGVDYTITVY   250
AVTGRGDSPA  SSKPISINYR  TEID                                274
```
sh-多肽-49（生化法纤维连接蛋白）的氨基酸顺序

　　[理化性质]　sh-多肽-49 为白色冻干粉末，可溶于水、生理盐水或缓冲溶液，等电点 pH5.0。

　　[安全性]　CTFA 将 sh-多肽-49 作为化妆品原料，中国香化协会 2010 年版的《国际化妆品原料标准中文名称目录》中列入，未见其外用不安全的报道。

　　[药理作用]　sh-多肽-49 与化妆品相关的药理研究见表 13-36。

表 13-36　sh-多肽-49 与化妆品相关的药理研究

试验项目	浓度	效果说明
对原胶原蛋白生成的促进	2ng/mL	促进率 185%
对血管内皮生长因子生成的促进	2ng/mL	促进率 15.1%
皮肤创伤愈合速度的促进	2ng/mL	促进率 37.5%
皮肤创伤处单位面积中毛细血管生成的促进	2ng/mL	促进率 30.9%

[**化妆品中应用**]　纤维连接蛋白对细胞表面，尤其是成纤维细胞表面具高度的亲和性，它也与胶原纤维结合在一起形成网，把成纤维细胞围在胶原蛋白的网中。因此，纤维连接蛋白可促进细胞与细胞间的粘连、细胞与器官之间的粘连，调节细胞间的关系，同时能恢复细胞的正常功能，促进细胞的分裂。纤维连接蛋白可用于治疗皮肤严重失调的药物和化妆品的调理剂，同时具有促进皮肤再生、愈合伤口、滋润皮肤、刺激生发等功能。微量使用，多用无益。

参考文献

Wysocki A B. Fibronectin profiles in normal and chronic wound fluid[J]. Laboratory Investigation, 1990, 63(6): 825-831.

37　sh-多肽-57　sh-Polypeptide-57

　　sh-多肽-57 也称蛋白二硫键异构酶（protein disulfide isomerase，PDI），是一种位于真核生物细胞内质网中的巯基/二硫键氧化还原酶，对催化内质网中新生肽链氧化折叠、维持蛋白以及细胞功能具有重要作用。蛋白二硫键异构酶在人、动物、植物和微生物中广泛存在，现可采用微生物法制取。生化法的蛋白质二硫键异构酶由 508 个氨基酸组成，而人蛋白质二硫键异构酶比它稍大一些。

MLRRALLCLA	VAALVRADAP	EEEDHVLVLR	KSNFAEALAA	HKYLLVEFYA	50
PWCGHCKALA	PEYAKAAGKL	KAEGSEIRLA	KVDATEESDL	AQQYGVRGYP	100
TIKFFRNGDT	ASPKEYTAGR	EADDIVNWLK	KRTGPAATTL	RDGAAAESLV	150
ESSEVAVIGF	FKDVESDSAK	QFLQAAEAID	DIPFGITSNS	DVFSKYQLDK	200
DGVVLFKKFD	EGVVLFKKFD	EGRNNFEGEV	TKENLLDFIK	KNQLPLVIEF	250
TEQTAPKIFG	GEIKTHILLF	LPKSVSDYDG	KLSNFKTAAE	SFKGKILFIF	300
IDSDHTDNQR	ILEFFGLKKE	ECPAVRLITL	EEEMTKYKPE	SEELTAERIT	350
EFCHRFLEGK	IKPHLMSQER	AGDWDKQPVK	VPVGKNFEDV	AFDEKKNVFV	400
EFYAPWCGHC	KQLAPIWDKL	GETYKDHENI	VIAKMDSTAN	EVEAVKVHSF	450
PTLKFFPASA	DRTVIDYNGE	RTLDGFKKFL	ESGGQDGAGD	DDDLEDLEEA	500
EEPDMEEDDD	QKAVKDEL				518

sh-多肽-57（人蛋白质二硫键异构酶）的结构式

[**理化性质**]　sh-多肽-57 为白色粉末，可溶于水。

[**安全性**]　CTFA 将 sh-多肽-57 作为化妆品原料，未见其外用不安全的报道。

[**药理作用**]　sh-多肽-57 与化妆品相关的药理研究见表 13-37。

表 13-37　sh-多肽-57 与化妆品相关的药理研究

试验项目	浓度	效果说明
对头发转化为二硫键的促进（5min）	0.001%	转化率 50%
对毛发角蛋白纤维永久成型的促进	0.001%	促进率 14.5%

[**化妆品中应用**]　sh-多肽-57 在护肤品中用入，可体现更高的还原特性，并在细胞内外高效率的表达，可消除过氧化脂质，有护肤作用；在发制品中用入则表现为氧化性，将半胱氨酸高效转化为胱氨酸而形成二硫键，永久成型性好，并可修复毛发角质纤维。

参考文献

Freedman R B. Protein disulfide isomerase: multiple roles in the modification of nascent secretory proteins [J]. Cell, 1989, 57(7): 1069-1072.

 38　sh-多肽-71　sh-Polypeptide-71

　　sh-多肽-71 也称血管活性肠肽（vasoactive intestinal peptide，VIP），是神经递质的一种，存在于人中枢神经和肠神经系统中，中枢神经系统中含血管活性肠肽的部位有大脑皮质、杏仁核、海马、中脑中央灰质等。血管活性肠肽来源不同，分子量的差别很大，最大的由 170 个氨基酸组成；从小肠黏膜提取的血管活性肠肽分子量较小，由 28 个氨基酸组成，是一碱性肽，小分子的血管活性肠肽应用面较广。血管活性肠肽也可以生化法制取，小分子的血管活性肠肽则可化学合成。

His-Ser-Asp-Ala-Val-Phe-Thr-Asp-Asn-Tyr-Thr-Arg-Leu-Arg-Lys-Gln-Met-Ala-Val-
Lys-Lys-Tyr-Leu-Asn-Ser-Ile-Leu-Asn-NH$_2$

sh-多肽-71（血管活性肠肽）的氨基酸顺序

[**理化性质**]　sh-多肽-71 为白色，可溶于水，分子量 3326。CAS 号为 37221-79-7。

[**安全性**]　CTFA 将 sh-多肽-71 作为化妆品原料，未见其外用不安全的报道。

[**药理作用**]　sh-多肽-71 与化妆品相关的药理研究见表 13-38。

表 13-38　sh-多肽-71 与化妆品相关的药理研究

试验项目	浓度	效果说明
大鼠试验对血流量的促进	0.1nmol/kg	促进率 63%
大鼠试验对毛发生长的促进	0.1μg/mL 涂敷	促进率 121.4%
对组胺游离释放的抑制	1μmol/L	抑制率 42.1%

[**化妆品中应用**]　sh-多肽-71 微量使用即有活血功能，用于护肤品有调理、抗衰、愈合伤口和抗过敏作用；用于发制品则可促进毛发生长。

参考文献

Myata A. Isolation of a novel 38 residue-hypothalamic polypeptide which stimulates adenylate cyclase in pituitary cells[J]. Biochemical and Biophysical Research Communications, 1989,164(1): 567-574.

39 **sh-多肽-72　sh-Polypeptide-72**

sh-多肽-72 也称红细胞生成素（erythropoietin），是一种由人体肾脏分泌的糖蛋白，是调节红系祖细胞生长的细胞因子。红细胞生成素有若干构型，最大的红细胞生成素由 193 个氨基酸组成。现采用生化法制取。

MAPPRLICDS	RVLERYLLEA	KEAENITTGC	AEHCSLNENI	TVPDTKVNFY	50
AWKRMEVGQQ	AVEVWQGLAL	LSEAVLRGQA	LLVNSSQPWE	PLQLHVDKAV	100
SGLRSLTTLL	RALRAQKEAI	SPPDAASAAP	LRTITADTFR	KLFRVYSNFL	150
RGKLKLYTGE	ACRTGDR				167

sh-多肽-72（人红细胞生成素）的氨基酸顺序

［理化性质］　红细胞生成素为白色冻干粉末，能溶解于水，不溶于酒精。

［安全管理情况］　CTFA 将 sh-多肽-72 作为化妆品原料，微量使用未见其外用不安全的报道。

［药理作用］　红细胞生成素与化妆品相关的药理研究见表 13-39。

表 13-39　红细胞生成素与化妆品相关的药理研究

试验项目	浓度	效果说明
大鼠试验对伤口愈合加速的促进	500IU/mL	促进率 20.7%
对伤口处毛细血管生成的促进	500IU/mL	促进率 78.0%
对血管内皮生长因子生成的促进	500IU/mL	促进率 144.0%
对角质细胞增殖的促进	1μg/mL	促进率 8.0%
对超氧化物歧化酶活性的促进	1μg/mL	促进率 75.3%
对水通道蛋白-3 表达的促进	1μg/mL	促进率 21.1%

［化妆品中应用］　红细胞生成素主要用于皮肤伤口的愈合，可使皮肤再生，在面积较大的伤口、严重烧伤伤口和难愈合伤口的治疗上效果明显，可显著减少疤痕，能从多方面提高愈合的速度。微量用于护肤品则有调理、保湿、抗衰和抗皱作用。

参考文献

Buemi M. Recombiant human erythropoietin influences revascularization and healing in a rat model of random ischaemic flaps[J]. Acta Dermato-Venereologica, 2002, 82(6): 411-417.

40 **sh-多肽-77　sh-Polypeptide-77**

sh-多肽-77 也称谷氧还蛋白（glutaredoxin-1），在人体和谷物如荞麦胚胎中都有存在。谷氧还蛋白含 106 个氨基酸，特征是含巯基-二硫键，这些蛋白质能改变细胞内的氧化还原状态，从而实现对蛋白功能的调控。现可用生化法制取。

MAQEFVNCKI	QPGKVVVFIK	PTCPYCRRAQ	EILSQLPIKQ	GLLEFVDITA	**50**
TNHTNEIQDY	LQQLTGARTV	PRVFIGKDCI	GGCSDLVSLQ	QSGELLTRLK	**100**
QIGALQ					**106**

sh-多肽-77（谷氧还蛋白）的氨基酸顺序

[**理化性质**]　谷氧还蛋白为白色冻干粉末，能溶解于水，不溶于酒精。

[**安全管理情况**]　CTFA 将谷氧还蛋白作为化妆品原料，未见其外用不安全的报道。

[**药理作用**]　谷氧还蛋白与化妆品相关的药理研究见表 13-40。

表 13-40　谷氧还蛋白与化妆品相关的药理研究

试验项目	浓度	效果说明
在双氧水存在下对细胞凋亡的抑制	0.5μmol/L	促进率 22.9%
对皮肤伤口愈合速度的促进	100ng/mL	促进率 46.1%
对蛋清白蛋白致皮肤过敏的抑制	500ng/mL	抑制率 52%

[**化妆品中应用**]　谷氧还蛋白能消除氧化压力对细胞的不良影响，在过氧化氢的毒性作用下，可增加细胞存活率；对神经元细胞有保护作用，可抑制过敏，并能促进皮肤伤口愈合，可用作调理剂。

参考文献

Tsang M L. Thioredoxin, glutaredoxin, and thioredoxin reductase from cultured HeLa cells[J]. Proceedings of the National Academy of Sciences, 1981, 78 (12): 7478-7482.

 41　sh-多肽-78　sh-Polypeptide-78

　　sh-多肽-78（sh-polypeptide-78）也称热激蛋白（heat shock protein，HSP），是真核细胞和原核细胞在应激条件（如高温、缺氧、饥饿等）下诱导生成的应激蛋白，现已证明，热激蛋白不仅在应激条件下高效表达，在正常状态的细胞中也广泛存在，参与一些重要的细胞生理活动。热激蛋白广泛存在于动植物体内，现可采用生化法制取。

　　热激蛋白为有 732 个氨基酸的蛋白质，其完全的结构至今尚未清楚，也很少直接使用热激蛋白。化妆品中采用其核心的一段肽链，从第 236～350 个氨基酸，此 115 个氨基酸片段与热激蛋白效果一致。

EEKEDKEEEK	EKEEKESEDK	PEIEDVGSDE	EEEKKDGDKK	KKKKIKEKYI	**50**
DQEELNKTKP	IWTRNPDDIT	NEEYGEFYKS	LTNDWEDHLA	VKHFSVEGQL	**100**
EFRALLFVPR	RAPFD				**115**

sh-多肽-78（热激蛋白核心片段）的氨基酸顺序

[**理化性质**]　热激蛋白为白色冻干粉末，能溶解于水。

[**安全管理情况**]　CTFA 将热激蛋白作为化妆品原料，未见其外用不安全的报道。

[**药理作用**]　热激蛋白与化妆品相关的药理研究见表 13-41。

表 13-41　热激蛋白与化妆品相关的药理研究

试验项目	浓度	效果说明
HaCat 细胞培养对角质蛋白生成的促进	1μg/mL	促进率 45.4%
HaCat 细胞培养对外皮蛋白（involucrin）生成的促进	10μg/mL	促进率 15.6%
对真皮层厚度增加的促进	100μg/mL	促进率增加 1 倍多
对 β-氨基己糖苷酶活性的抑制	10μg/mL	抑制率 68.8%
对谷氨酰胺转胺酶（transglutaminase-1）表达的促进	10μg/mL	促进率 71.8%

[**化妆品中应用**]　热激蛋白可加速皮层细胞的增殖，维护表皮-真皮连接组织，使皮层增厚，并可抑制皮肤过敏。用量 10μg/mL。

参考文献

Milani A. Heat-shock proteins in diagnosis and treatment: an overview of different biochemical and immunological functions[J]. Immunotherapy, 2019, 11(3): 215-239.

42　sh-多肽-82　sh-Polypeptide-82

sh-多肽-82 也称血管生成素（angiogenin），是一种存在于血清中的正常人体蛋白，在哺乳动物的血浆、乳汁、胎盘中都有存在。来源不同，血管生成素的分子量也略有不同，人血管生成素由 147 个氨基酸组成，牛血中的血管生成素由 126 个氨基酸组成。血管生成素还可采用生化法制取。

AQDDYDYIHF	LTQHYDAKPK	GRNDEYCFNM	MKNRRLTRRP	CKDRNTFIHG	50
NKNDIKAICE	DRNGQPYRGD	LRISKSEFQI	TICKHKGGSS	RPPCRYGATE	100
DSRVIVVGCE	NGLPVHFDES	FITPRH			126

sh-多肽-82（血管生成素）的结构式

[**理化性质**]　血管生成素为白色冻干粉末，能溶解于水，不溶于酒精。CAS号为 97950-81-7。

[**安全管理情况**]　CTFA 将血管生成素作为化妆品原料，未见其外用不安全的报道。

[**药理作用**]　血管生成素与化妆品相关的药理研究见表 13-42。

表 13-42　血管生成素与化妆品相关的药理研究

试验项目	浓度	效果说明
人成纤维细胞培养对胶原蛋白生成的促进	0.001%	促进率 156%
涂敷小鼠试验对其毛发生长的促进	0.001%	促进率 120%
对 B-16 黑色素细胞抑制黑色素的生成	5μg/mL	抑制率 41.4%
女性皮肤纤维母细胞培养对透明质酸生成的促进	0.001%	促进率 161%

［化妆品中应用］　血管生成素具有促进新生血管生成、对正常机体组织发育和再生有较重要的生理功能。对皮肤有调理作用，可用作抗皱剂、生发剂、皮肤美白剂和保湿剂。用量 10mg/kg。

参考文献

Loden M. Role of topical emollients and moisturizers in the treatment of dry skin barrier disorders[J]. American Journal of Clinical Dermatology, 2003, 4(11): 771-778.

43　sh-多肽-92　sh-Polypeptide-92

sh-多肽-92 也称生长分化因子 11（growth differentiation factor-11，GDF-11）。生长分化因子 11 属于转化生长因子超家族成员之一，可参与组织形成和胚胎发育。人生长分化因子 11 由 407 个氨基酸组成，现采用生化法制取。

```
MVLAAPIIIG  FIIIALELRP  RGEAAEGPAA  AAAAAAAAAA  AGVGGERSSR      50
PAPSVAPEPD  GCPVCWRQH   SRELRLESIK  SQILSKLRLK  EAPNISREVV     100
KQLLPKAPPL  QQILDLHDFQ  GDALQPEDFL  EEDEYHATTE  TVISMAQETD     150
PAVQTDGSPL  CCHFHFSPKV  MFTKVLKAQL  WVYLRPVPRP  ATVYLQILRL     200
KPLTGEGTAG  GGGGGRRHIR  IRSLKIELHS  RSGHWQSIDF  KQVLHSWFRQ     250
PQSNWGIEIN  AFDPSGTDLA  VTSLGPGAEG  LHPFMELRVL  ENTKRSRRNL     300
GLDCDEHSSE  SRCCRYPLTV  DFEAFGWDWI  IAPKRYKANY  CSGQCEYMFM     350
QKYPHTHLVQ  QANPRGSAGP  CCTPTKMSPI  NMLYFNDKQQ  IIYGKIPGMV     400
VDRCGCS                                                       407
```

sh-多肽-92（人生长分化因子 11）的氨基酸顺序

［理化性质］　sh-多肽-92 为白色冻干粉末，可溶于水。

［安全性］　CTFA 将 sh-六肽-4 及其衍生物作为化妆品原料，中国香化协会 2010 年版的《国际化妆品原料标准中文名称目录》中列入，未见其外用不安全的报道。

［药理作用］　sh-多肽-92 与化妆品相关的药理研究见表 13-43。

表 13-43　sh-多肽-92 与化妆品相关的药理研究

试验项目	浓度	效果说明
对成纤维细胞增殖的促进	0.02mg/kg	促进率提高到 6 倍多
对真皮层厚度增加的促进	0.02mg/kg	促进率增加 1 倍
对外皮蛋白（involucrin）生成的促进	0.02mg/kg	促进率 35%

[化妆品中应用]　　sh-多肽-92 微量使用有显著增强皮肤细胞的增殖作用，并可消除氧自由基，维持细胞活力，延缓衰老，改善皮肤皱纹。用量在 10ng/mL 左右，高了效果不好，应与透明质酸、卵磷脂、神经酰胺、泛醇等配合使用。

参考文献

Annalisa T. The growth differentiation factor 11 is involved in skin fibroblast ageing and is induced by a preparation of peptides and sugars derived from plant cell cultures[J]. Molecular Biotechnology, 2019, 61(3): 209-220.

Polyglutamic acid 聚谷氨酸

聚谷氨酸是氨基酸谷氨酸的聚合物，有 α 和 γ 两种构型，以 γ 构型更重要。γ-聚谷氨酸是日本纳豆中的主要成分。γ-聚谷氨酸可从纳豆中提取，但更多的是发酵法制取。

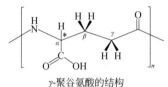

γ-聚谷氨酸的结构

[理化性质]　　γ-聚谷氨酸为类白色冻干状粉末，菌种不同，分子量相差很大，一般分子量 0.2 万～30 万。γ-聚谷氨酸可溶于水，不溶于乙醇。可中和成钾、钠、镁盐等形式使用。γ-聚谷氨酸的 CAS 号为 25513-46-6。等电点 3～4。

[安全管理情况]　　国家药品监督管理局 2014 年发布的《关于已使用化妆品原料名称目录的公告》、CTFA 和中国香化协会 2010 年版的《国际化妆品原料标准中文名称目录》都将聚谷氨酸作为化妆品原料，未见其外用不安全的报道。

[药理作用]　　γ-聚谷氨酸（分子量 10 万）与化妆品相关的药理研究见表 13-44。

表 13-44　γ-聚谷氨酸（分子量 10 万）与化妆品相关的药理研究

试验项目	浓度	效果说明
细胞培养对角质层细胞增殖的促进	1.0%	促进率 10%
细胞培养 γ-聚谷氨酸钠对纤维芽细胞增殖的促进	1.0%	促进率 14.9%
涂敷 γ-聚谷氨酸钾对皮肤水分量增加的促进	0.2%	促进率 11%
对酪氨酸酶活性的抑制	0.5%	抑制率 52.6%

[化妆品中应用]　　γ-聚谷氨酸对纤维芽细胞等的活性有很好的促进，有活肤作用，可用于抗衰抗皱化妆品；分子量较大的 γ-聚谷氨酸对纤维芽细胞活性的促进不如分子量小的，但其在稳定泡沫、保湿能力、在毛发上的吸附等性能优于小分子量产品，在洗发水中用入，可抗静电，使头发柔顺；γ-聚谷氨酸有美白皮肤的作用。

参考文献

Ahn J. The antiaging effects of poly-gamma-glutamic acid on broad band ultraviolet B light-induced photoaging skin in a mice model[J]. Journal of the American Academy of Dermatology, 2011, 64(2): 20-25.

45 Polylysine 聚赖氨酸

聚赖氨酸是一种由赖氨酸单体组成的均聚多肽，有 α 和 ε 两种构型，α 构型即通过赖氨酸中 α 位的氨基聚合，ε 构型即通过赖氨酸中 ε 位的氨基聚合，就应用层面来说，ε 构型的重要性比 α 构型大得多；ε 构型的赖氨酸现由白色链霉菌发酵制备。

ε构型赖氨酸的结构式

［理化性质］ ε-聚赖氨酸为淡黄色粉末，聚合度一般在 25～30，熔点 172.8℃，平均分子量为 4700，可溶于水，不溶于乙醇和甲醇等有机溶剂。聚赖氨酸的 CAS 号为 25104-18-1。

［安全管理情况］ 聚赖氨酸是一食品添加剂，国家药品监督管理局 2014 年发布的《关于已使用化妆品原料名称目录的公告》、CTFA 和中国香化协会 2010 年版的《国际化妆品原料标准中文名称目录》都将聚赖氨酸作为化妆品原料，未见其外用不安全的报道。

［药理作用］ 聚赖氨酸有抗菌性，对金黄色葡萄球菌、铜绿假单胞菌、枯草杆菌、蜡状芽孢杆菌、葡萄汁酵母菌的 MIC 都为 25μg/mL，对黑曲霉的 MIC 为 100μg/mL，对真菌的抑菌浓度为 128～256μg/mL；对白色念珠菌的 MIC 为 128μg/mL；对皮屑芽孢菌的 MIC 为 6μg/mL。

聚赖氨酸与化妆品相关的药理研究见表 13-45。

表 13-45 聚赖氨酸与化妆品相关的药理研究

试验项目	浓度	效果说明
对超氧自由基的消除	0.25%	消除率 85.1%
对脂质过氧化的抑制	0.25%	抑制率 70.7%
对黑色素 B-16 细胞活性的抑制	0.25%	抑制率 58.3%
对脂肪酶活性的抑制	0.25%	抑制率 97.4%
对组胺游离释放的抑制	0.25%	抑制率 54.2%

［化妆品中应用］ 聚赖氨酸对头屑生成菌（皮屑芽孢菌）有强烈抑制作用，与 ZPT 配合，可增加 ZPT 的抑菌效果，1%的聚赖氨酸与 2%的 ZPT 复合，抑菌能力是 2%ZPT 的 1.4 倍，可用于去头屑的香波；聚赖氨酸有广谱的抗菌活性，可用作化妆品的防腐剂；聚赖氨酸尚有抗氧、增白、减肥和过敏抑制的作用。

索引

1 英文名（或商品名）索引

2　中文俗名索引

3 CAS 索引